高等职业教育通信类系列教材

0-1 课程概述

移动通信技术与系统

主　编　华　山　于正永　秦崇力

副主编　丁胜高　韩金燕　王德华

西安电子科技大学出版社

内 容 简 介

本书从移动通信行业的技术发展和工作岗位分析出发，归纳了现有移动通信行业岗位需要掌握的基础知识及常识性知识，从技术成熟的 2G 网络至 5G SA/NSA 均有详尽讲解。书中根据通信领域的职业能力要求，安排了相关的学习情景，也重点阐述了移动通信技术的发展，移动通信的多址、功控和蜂窝等主要技术，移动通信系统结构与相关接口，以及 GSM 无线逻辑信道、移动通信网组网、7 号信令与通信流程等技术理论。

本书是“移动通信技术与系统”省级立项在线课程的配套教材，内容设计遵循认知规律，符合准确、重塑、透彻、可取舍、因材施教、张弛有度等要求，做到核心知识点讲透，关联知识点讲懂。使用本书时，教师可以采用在线微课预习、课堂核心知识精讲、师生互动讨论、及时的测试相结合的方式组织教学。

本书是为高职高专院校移动通信技术专业及其他通信类专业编写的教材，也可作为通信技术人员和通信管理人员的培训用书。

图书在版编目（CIP）数据

移动通信技术与系统 / 华山，于正永，秦崇力主编. -- 西安：西安电子科技大学出版社, 2024. 8. -- ISBN 978-7-5606-7362-2

Ⅰ. TN929.5

中国国家版本馆 CIP 数据核字第 2024UK8867 号

策　　划　高　樱
责任编辑　高　樱
出版发行　西安电子科技大学出版社（西安市太白南路 2 号）
电　　话　（029）88202421　88201467　　邮　　编　710071
网　　址　www.xduph.com　　电子邮箱　xdupfxb001@163.com
经　　销　新华书店
印刷单位　广东虎彩云印刷有限公司
版　　次　2024 年 8 月第 1 版　2024 年 8 月第 1 次印刷
开　　本　787 毫米×1092 毫米　1/16　　印 张　16
字　　数　371 千字
定　　价　46.00 元
ISBN 978-7-5606-7362-2

XDUP 7663001-1

前 言

本书是为中国大学慕课在线开放课程“移动通信技术与系统”配套的教材。“移动通信技术与系统”是移动通信技术专业的一门核心专业基础课程，笔者从移动通信行业的技术发展和工作岗位分析出发，归纳了现有的移动通信行业岗位需要掌握的基础知识及常识性知识，以技术成熟的 GSM 网络为依托，根据通信领域的职业能力要求，设计本书内容，并安排相关的学习情景。通过对本书内容的学习，学生可掌握 GSM 技术发展，GSM 多址、功控和蜂窝主要技术，移动通信系统结构与相关接口，GSM 无线逻辑信道、GSM 移动通信网组网、7 号信令与 GSM 通信流程等技术理论，了解移动通信的最新发展方向，为 5G 移动通信接入网运行和维护及 5G 网络优化等后续课程的学习打下基础，并培养系统的专业技术能力和适应职业变化的再学习能力。

本书引入大量微课、测试等内容，加强互动性，集知识性和趣味性于一体。本书遵循学生的认知规律，从日常生活中学生常接触的各类常识入手，结合生活实践，由浅入深，由易而难，逐步推进知识点。

本书内容设计遵循准确、重塑、透彻、可取舍、因材施教、张弛有度等要求，做到核心知识点讲透，关联知识点讲懂。

本书的基础目标是使学生掌握移动通信的常识和通识性知识，为后续课程奠定基础，这个目标针对所有通信类专业。本书的升级目标是使学生掌握 GSM 系统的专业性知识，理解整个网络结构及 GSM 系统的特色知识点，这个目标针对移动通信技术专业的学生和学习能力较强的其他通信类专业学生。本书的最高目标是使学生理解实际网络应用案例，理解整个网络的运行机制，这个目标针对学习能力较强的移动通信技术专业的学生。

本书的参考学时为 32～64 学时，具体的学时分配如下表所示。

32 学时分配表

序号	课程模块名称	模块单元名称	学时
1	移动通信概述	单元 1：移动通信的发展历史	2
		单元 2：移动通信的新发展	2
2	移动通信系统的主要技术	单元 1：多址技术	4
		单元 2：蜂窝技术	3
		单元 3：功率控制技术	1
		单元 4：跳频技术	1
		单元 5：定时提前技术	1
		单元 6：空间分集及 DTX、DRX 技术	1
		单元 7：语音处理技术	3
		阶段性测试 1	1
3	移动通信系统结构与相关接口	单元 1：GSM 系统结构和主要网元	1
		单元 2：MS	1
		单元 3：OSS	1
		单元 4：BSS	1
		单元 5：NSS	1
		单元 6：GSM 网络的主要业务	1
4	移动通信系统无线接口	单元 1：无线接口频率规划	1
		单元 2：无线接口逻辑信道分类	2
		复习	2
		阶段性测试 2	2
合　计			32

64 学时分配表

序号	课程模块名称	模块单元名称	学时
1	移动通信移动通信概述	单元 1：移动通信的发展历史	2
		单元 2：移动通信的新发展	2
2	移动通信系统的主要技术	单元 1：多址技术	4
		单元 2：蜂窝技术	3
		单元 3：功率控制技术	1
		单元 4：跳频技术	1
		单元 5：定时提前技术	1
		单元 6：空间分集及 DTX、DRX 技术	1
		单元 7：语音处理技术	3

续表

序号	课程模块名称	模块单元名称	学时
		阶段性测试 1	1
3	移动通信系统结构与主要业务	单元 1：GSM 系统结构和主要网元	1
		单元 2：MS	1
		单元 3：OSS	1
		单元 4：BSS	1
		单元 5：NSS	1
		单元 6：网元间的接口	1
		单元 7：各接口协议	1
		单元 8：GSM 网络的主要业务	1
		阶段性测试 2	1
		阶段性复习 1	2
4	移动通信系统无线接口	单元 1：GSM 无线接口概述	1
		单元 2：无线接口频率规划	1
		单元 3：帧结构	2
		单元 4：突发脉冲序列	1
		单元 5：无线接口逻辑信道分类	1
		单元 6：业务信道	1
		单元 7：控制信道	3
		单元 8：逻辑信道在物理信道上的复用	3
		阶段性测试 3	1
5	移动通信网组网	单元 1：信令网	2
		单元 2：7 号信令	2
		单元 3：GSM 系统区域和编号计划	4
		单元 4：GSM 通信网结构和组网实例	1
		阶段性测试 4	1
6	移动通信流程	单元 1：鉴权、加密、寻呼和指配流程	2
		单元 2：位置更新流程	2
		单元 3：语音呼叫流程	1
		单元 4：短信始发和短信终结	1
		阶段性复习 2	2
		阶段性测试 5	2
合　计			64

本书由江苏电子信息职业学院华山、于正永，江苏财经职业技术学院秦崇力任主编，其中华山负责第 2 章，第 5 章和第 6 章的撰写，并负责全书的统稿；于正永负责第 1 章和第 3 章的撰写；秦崇力负责第 4 章及附录的撰写。江苏电子信息职业学院丁胜高、韩金燕及中国移动通信集团江苏有限公司王德华任副主编，他们为本书提供了大量的案例和技术文献。江苏电子信息职业学院张悦、余建明参与了编写并承担文字整理工作。本书的编写得到了江苏电子信息职业学院计算机与通信学院各位领导和老师的大力支持，也得到了西安电子科技大学出版社的关心和支持，在此对他们表示诚挚的感谢。

由于编者水平和经验有限，书中难免存在疏漏和不足之处，敬请读者批评指正。

编　者

2024 年 1 月

目　录

第 1 章　移动通信概述

学习目标

1. 掌握移动通信的概念、无线电频带和波段的名称；
2. 了解移动通信的发展；
3. 了解 GSM 系统的发展历程；
4. 了解 3G/4G 的主要技术标准；
5. 了解 5G 移动通信的发展趋势。

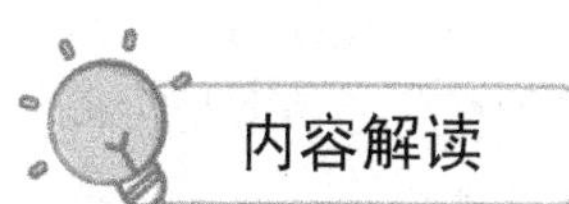

本章从无线通信、移动通信的历史谈起，介绍其发展的过程及各阶段的特点，以及几种实际应用的典型系统；简要介绍移动通信的发展动力和相关的技术储备；重点阐述从 20 世纪 90 年代开始推广和普及的第二代数字移动通信系统的发展过程和典型系统，以及 GSM 系统的发展阶段及各个阶段的主要内容。此外，本章对 GSM 系统的后续发展，3G 的标准演进过程和技术要点，4G 标准和关键技术以及当前国际国内最新的 5G 标准技术进行了简要介绍。

1.1　移动通信

1.1.1　无线通信

无线通信

无线通信(Wireless Communication)是利用电磁波信号可以在自由空间中传播的特性进行信息交换的一种通信方式。近些年在信息通信领域中，发展最快、应用最广的就是无线通信技术。

在生活中无线通信的应用无处不在，飞机等交通工具的导航要无线调度；手机及各种移动台要用无线的方式收发信号；现在无处不在的无线网络覆盖，也是使用无线的方式进行通信的。现代通信方式如图 1-1 所示。

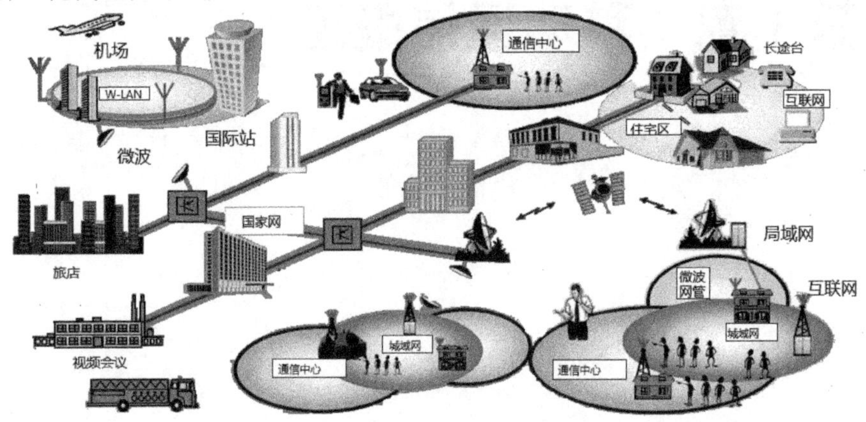

图 1-1　现代通信方式示意图

1.1.2　移动通信

什么是移动通信呢？通信的双方或一方处于移动中的通信就叫作移动通信。移动通信解决了因为移动而产生的通信问题。在移动中实现的无线通信统称为移动通信。

那么移动通信和无线通信有什么样的关系呢？通常来说在移动中实现的无线通信通称为移动通信。那么移动通信都是靠哪些设备实现的呢？日常接触最多的移动通信就是手机通信，在通信中将可以移动的设备(手机)称为移动台。手机把信号通过无线的方式发给基站，基站的信号再通过有线的方式汇总到移动交换局。整体来看，移动通信系统由移动台、基台(基站)、移动交换局组成，如图 1-2 所示。

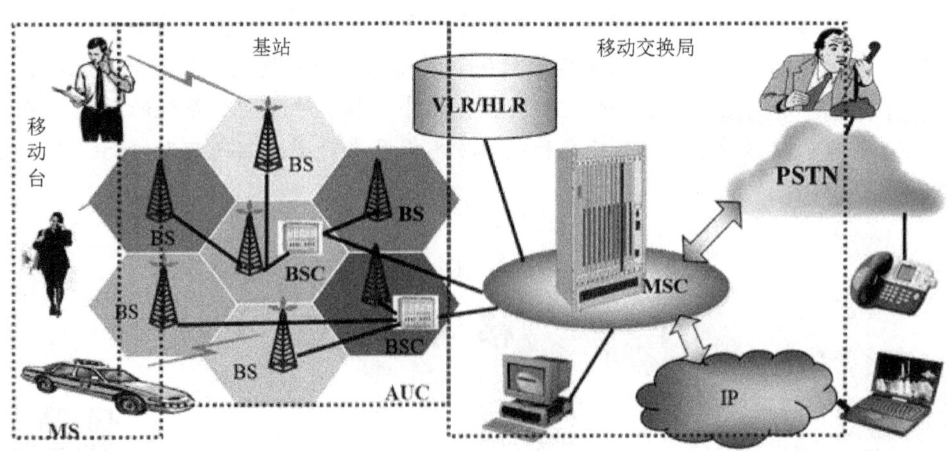

MS—移动台；BS—基站；BSC—基站控制器；MSC—移动业务交换中心；VLR—来访用户位置寄存器；HLR—归属用户位置寄存器；AUC—鉴权中心；PSTN—公用电话网；IP—因特网。

图 1-2　移动通信系统一般结构图

移动台为通信中的可移动部分，包括但不限于手机，还可以是车载台等。基站的主要功能是进行无线信号的收发，并且将无线信号通过有线的方式传输给移动交换局。移动交换局会将无线信号进行转换，并且和其他通信系统进行互通。

1.1.3　移动通信的频段

移动通信使用的频段

无线通信系统使用的电磁波信号需要规范在一定的范围之内，将通信系统使用的频率范围称为频段。无线通信中使用的频段只是整个电磁波频段中很小的一部分。

为了合理使用频谱资源，保证各种行业和业务使用频谱资源时彼此之间不会干扰，国际电信联盟无线通信委员会(ITU-R，Radio Communication Sector of International Telecommunication Union)颁布了国际无线电规则，对各种业务和通信系统所使用的无线频段都进行了统一的频率范围规定。这些频段的频率范围在各个国家和地区实际应用时会略有不同，但都必须在国际规定的这些范围内。按照国际无线电规则规定，现有的无线电通信共分为航空通信、航海通信、陆地通信、卫星通信、广播、电视、无线电导航、定位以及遥测、遥控、空间探索等 50 多种不同的业务，并对每种业务都规定了一定的频段。

频段的划分如图 1-3 所示，频率由低到高可以分为很多个频段，常用频段都有中文名称。

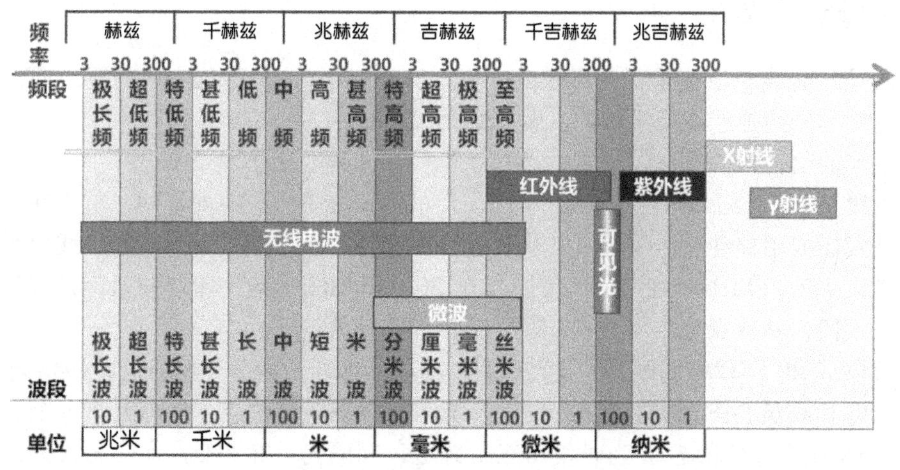

图 1-3　无线电频段和波段命名示意图

在通信领域中，频段指的是电磁波的频率范围，单位为 Hz，按照频率的大小，可以分为：

甚低频(VLF)3～30 kHz，对应电磁波的波长为甚长波 100～10 km。

低频(LF)30～300 kHz，对应电磁波的波长为长波 10～1 km。

中频(MF)300～3000 kHz，对应电磁波的波长为中波 1000～100 m。

高频(HF)3～30 MHz，对应电磁波的波长为短波 100～10 m。

甚高频(VHF)30～300 MHz，对应电磁波的波长为米波 10～1 m。

特高频(UHF)300～3000 MHz，对应电磁波的波长为分米波 100～10 cm。

超高频(SHF)3～30 GHz，对应电磁波的波长为厘米波 10～1 cm。

极高频(EHF)30～300 GHz，对应电磁波的波长为毫米波 10～1 mm。

至高频 300～3000 GHz，对应电磁波的波长为丝米波 1～0.1 mm。

大家仔细观察会发现频段的划分不是平均分配的，而是下一个频段是上一个频段的 10 倍。比如甚高频是 30 MHz 到 300 MHz，总宽度为 270 MHz；而高频是 3 MHz 到 30 MHz，总宽度为 27 MHz，甚高频频段的频率范围是高频频段的 10 倍。从极长频到至高频，通常被用作无线电波通信，称这些频段为无线电波。

红外线频率是从 300 GHz 到 400 THz 左右。日常可见的五颜六色的光被称为可见光，它的范围比较窄，紫外线的频率要高于可见光。还有一些对人体有较大伤害的射线比如 X 射线，γ 射线都处在较高的频段。

无线电波的后半段的波长较短，被称作微波。

移动通信主要使用的频段是特高频频段，对应的为分米波。

GSM(Global System for Mobile communication，全球移动通信系统)中，GSM900 使用的频段为上行 890～915 MHz，下行 935～960 MHz；DCS1800(Digital Cellular System at 1800 MHz，1800 MHz 数字蜂窝系统)使用的频段为上行 1710～1785 MHz，下行 1805～1880 MHz。

1.1.4 移动通信的发展

移动通信从无线电通信发明之日起就产生了。1897 年，马可尼完成的无线通信试验就是在固定站与一艘拖船之间进行的，距离为 18 海里。

现代移动通信技术的发展始于 20 世纪 20 年代，大致经历了四个阶段：

第一阶段从 20 世纪 20 年代至 40 年代，为早期发展阶段。在此期间，首先在短波几个频段上开发出专用移动通信系统，其代表是美国底特律市警察使用的车载无线电系统。该系统工作频率为 2 MHz，到 40 年代提高到 30～40 MHz。这个阶段被认为是现代移动通信的起步阶段，其特点是专用系统开发，工作频率较低。

第二阶段从 40 年代中期至 60 年代初期，公用移动通信业务开始问世。1946 年，根据美国联邦通信委员会(FCC)的计划，贝尔系统在圣路易斯城建立了世界上第一个公用汽车电话网，称为“城市系统”。当时使用三个频道，间隔为 120 kHz，通信方式为单工，随后，联邦德国(1950 年)、法国(1956 年)、英国(1959 年)等相继研制了公用移动电话系统。美国贝尔实验室完成了人工交换系统的接续问题。这一阶段的特点是从专用移动网向公用移动网过渡，接续方式为人工，网络的容量较小。

第三阶段从 60 年代中期至 70 年代中期。在此期间，美国推出了改进型移动电话系统(IMTS)，使用 150 MHz 和 450 MHz 频段，采用大区制，中小容量，实现了无线频道自动选择并能够自动接续到公用电话网。

第四阶段从 20 世纪 70 年代中期至今。1978 年年底，美国贝尔实验室成功研制出先进移动电话系统(AMPS)，建成了蜂窝移动通信网，极大地提高了系统容量。1983 年移动通信网首次在芝加哥投入商用，同年 12 月在华盛顿也开始启用，之后服务区域在美国逐渐扩大。1985 年 3 月移动通信网已扩展到 47 个地区，约 10 万移动用户。其他工业化国家也相继开发出蜂窝公用移动通信网。日本于 1979 年推出 800 MHz 汽车电话系统(HAMTS)，在东京、大阪、神户等地投入商用。联邦德国于 1984 年完成 C 网，频段为 450 MHz。英国在 1985 年开发出全地址通信系统(TACS)，该系统首先在伦敦投入使用，之后覆盖了全国，频段为 900 MHz。法国开发出 450 系统。加拿大推出 450 MHz 移动电话系统 MTS。瑞典等北欧四国于 1980 年开发出 NMT-450 移动通信网，并投入使用，频段为 450 MHz。

这一阶段的特点是蜂窝移动通信网成为实用系统，并在世界各地迅速发展。移动通信大发展的原因，除了用户需求迅猛增加这一主要推动力之外，还有几方面技术进展所提供的条件。

首先，微电子技术在这一时期得到了长足发展，这使得通信设备的小型化、微型化有了可能性，各种轻便电台被不断推出。

其次，提出并形成了移动通信新体制。随着用户数量的增加，大区制所能提供的容量很快饱和，这就必须探索新体制。在这方面最重要的突破是贝尔实验室在 20 世纪 70 年代提出的蜂窝网的概念。蜂窝网，即所谓小区制，由于实现了频率再用，极大地提高了系统容量。可以说，蜂窝概念真正解决了公用移动通信系统要求容量大与频率资源有限的矛盾。

第三方面的进展是随着大规模集成电路的发展而出现的微处理器技术日趋成熟以及计算机技术的迅猛发展，从而为大型通信网的管理与控制提供了技术手段。

思政

人类的需求是技术的推动力，人们有了不受限制通信的需求，于是就有了移动通信技术。

1.2　蜂窝移动通信的发展

蜂窝移动通信系统概述

1.2.1　蜂窝移动通信系统

在生活中，大家经常在旷野中、楼顶上看到基站，如图 1-4 所示。手机上的信号就是这些基站发射的。平时讲话时，声音大时传得远，声音小时传得近，但是无论喊多大声，总有声音传不到的地方，也就是说声音信号传输的距离是有限的。基站给手机发信号也面临同样的问题。

图 1-4　基站图片

如果想要一大片地区都有手机信号，显然一个基站是做不到的，需要很多个基站，每个基站负责一块区域。那么问题来了，怎么划分区域才合理呢？要划分的区域尽量少，这样可以节省基站的数量，而且要区域间没有缝隙，这样可以保证每处都有信号。聪明的电信人借助了蜂巢的原理。

蜂巢的形状是六边形的，接近于圆，这样可以做到同等面积里面蜂窝的数量较少，而且蜂窝是挨在一起的，它们之间是没有缝隙的，换句话说，这块区域中任何一处都有蜂窝，这和手机信号要求每个地方都要有信号是一致的。

这种利用蜂窝模型来覆盖信号的系统，称为蜂窝移动通信系统。图 1-5 所示为蜂窝模型，一个个大小相等的六边形彼此邻接，无缝覆盖。可以在每个六边形中心建设一个基站，这样，每个基站只需要保证自己所在区域里面的每个地方都能接收到信号就可以了。即蜂窝系统将整个网络服务区域划分为若干小区，每个小区分别设有一个(或多个)基站，用以负责本小区移动通信的联络和控制等功能。

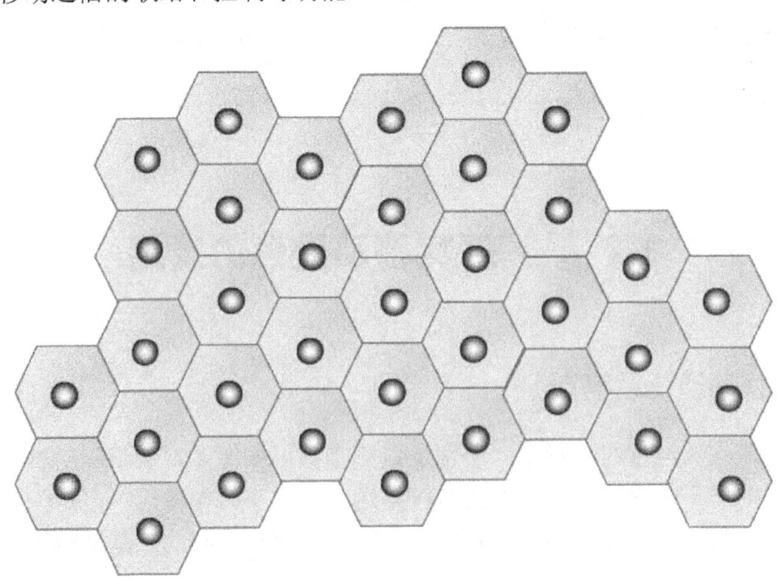

图 1-5　蜂窝分布示意图

早期的蜂窝系统是模拟系统，1979 年，第一个具有较大覆盖范围和自动交换功能的系统由爱立信公司推出，并基于此系统建立了北欧移动电话系统(NMT)。基于蜂窝的高级移动电话服务(AMPS)于 1983 年在北美建立。这个阶段用户使用的手机(就是俗称的大哥大)其个头大、功能少，而且资费昂贵。

随着数字系统的普及，蜂窝系统也进入了数字时代，称为数字蜂窝系统。

1.2.2　1G 到 5G 的变迁

1G～5G 的变迁

从 20 世纪 70 年代蜂窝移动网络产生至今，移动通信系统已经经历了 5 代，对应于 1G～5G。那么 G 是什么呢？G 就是英文单词 generation 的首字母，表示“代”，在字母 G 前面加上数字，在移动通信技术中指的就是蜂窝移动通信的第几代。移动通信技术每产生一个新的时代都会有核心技术的变革。

从 1G 到 5G 都有哪些技术变革呢？

(1) 1G 的手机终端就是我们在影视作品中看到的大哥大，它是模拟系统，依靠模拟信号进行通信，连续的模拟信号抗干扰能力较弱，保密性较差，而且模拟系统能够容纳的用户数也较少。

(2) 2G 时数字系统替代了模拟系统，开始使用数字信号进行通信，移动通信进入了数字时代。数字信号的抗干扰能力较强，加密技术增强了系统的保密性，而且数字系统能够容纳的用户数也大量增加。2G 最初只能实现语音业务，但单纯的语音业务显然无法满足用户的需求，需要能上网、能发彩信、能使用第三方软件的移动终端，这些业务被称为宽带多媒体。

(3) 随着通信技术的发展，3G 应运而生，满足了用户的宽带多媒体需求。但是 3G 的上网速度还比较慢，打开网页的速度和看视频的流畅程度不能满足高端用户的需求。

(4) 4G 对移动通信技术又进行了一次技术变革。4G 的数据传输速度是 3G 的百倍以上，实现了手机数据业务的高速智能。

(5) 5G 最显著的特征就是万物互联。现在人们不再满足于只有手机能连网，希望多种电子终端都能连到网络中来，于是就有了 5G。

1G 到 5G 的技术变革过程如图 1-6 所示。

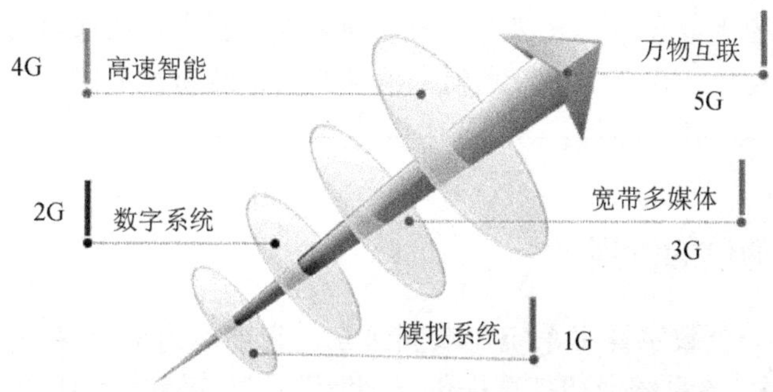

图 1-6　1G 到 5G 的技术变革示意图

从数字通信开始，2G 到 5G 数据速率有什么样的变化呢？在固定接入时，也就是手机基本不移动的情况下 2G 的速度最高可以达到 64 kb/s，3G 可以达到 2 Mb/s，而 4G 则可以达到 200 Mb/s，5G 的速度可以达到数十吉比特每秒，可以看出 2G 到 5G 数据速率有显著的提升。1G 到 5G 的数据速率变化如图 1-7 所示。

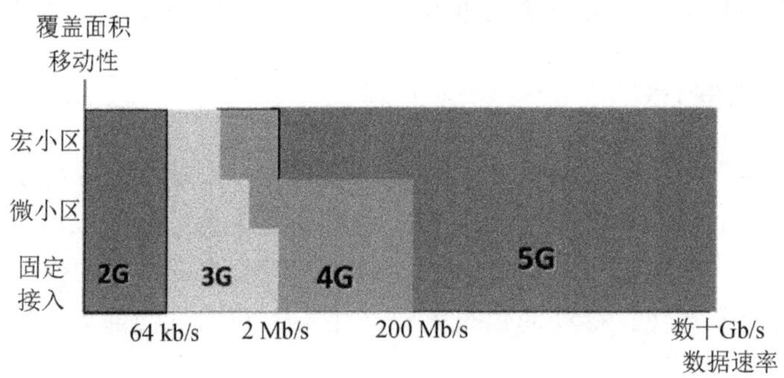

图 1-7　1G 到 5G 的数据速率变化示意图

当手机开始有限移动时，手机处在微小区中，2G 的速率不受影响，但是很低；3G 数据速率略受影响，但还是比 2G 高很多；4G 速率基本不受影响，依然非常高；5G 的速率不会受到影响。

当手机高速移动时，比如乘坐高铁、汽车等交通工具时，手机处于宏小区，2G 的速率不受影响；3G 数据速率继续下降，但还是比 2G 高很多；4G 速率急剧下降，但依然能达到 3G 时的最高速度；而 5G 的速率基本不会受到影响。从图 1-7 可以看出 2G 到 5G 手机的数据通信速率有显著的提升。

5G 网具有高速度、泛在网、低时延、低功耗的特征，可以流畅地使用 VR，能够高速下载，可以进行无人驾驶、远程手术等低时延业务。

思政

用户需求推动技术的发展变革，技术的发明发现都是为了给人民创造更美好的生活，都是为人民服务。经过通信人几十年的努力，移动通信在我国从无到有，从奢侈的服务变为生活常态，我国也成为了通信大国，我国的通信技术影响世界绝大多数的国家和地区。作为通信人我们要继往开来，继续奋斗！

1.2.3　2G 移动通信的发展

GSM 的技术变革

1988 年，第一个数字蜂窝系统在欧洲建立，它被称为全球移动通信系统(GSM)。该系统最初打算提供一个泛欧标准来取代当时大量运行的不兼容模拟系统，GSM 之后很快就出现了北美 IS-95 数字标准。数字蜂窝系统被称为第二代蜂窝系统，模拟蜂窝系统被称为第一代蜂窝系统。数字蜂窝系统最初主要提供语音业务，后来逐步演变到可以提供电子邮件、互联网接入、短消息等数据业务。现在数字蜂窝移动系统被广泛应用于全球各个地区。

全球移动通信系统(GSM)是最为成功的全球性移动通信系统之一。其开发始于 1982 年。欧洲电信标准协会(ETSI)的前身欧洲邮政电信管理会议(CEPT)成立了移动特别行动小组(Groupe Speciale Mobile)，该小组得到了对有关泛欧数字移动通信系统的诸多建议进行改进的授权。

由于 GSM 的发展，全球范围的漫游首次成为可能。GSM 能够取得成功，部分原因在于促使其发展的合作精神。在欧洲电信标准协会的主持下，一些企业共同合作，通过充分利用这些企业所提供的具有创造性的专业知识，GSM 成为一个强有力的可实现互操作的标准，被广泛接受，其发展历程如下：

(1) 1982 年，GSM 小组成立，主要目标定位于实现欧洲各国移动通信系统的互联互通；

(2) 1986 年，GSM 小组在巴黎对提出的八个建议系统进行现场试验；

(3) 1987 年，GSM 小组确定采用频分双工－窄带时分多址(FDD-TDMA)、规则脉冲激励－长期预测话音编码(RPE-LTP)和高斯滤波最小频移键控(GMSK)调制；

(4) 1988 年，十八个欧洲国家达成 GSM 谅解备忘录(MoU)；

(5) 1989 年，GSM 标准生效；

(6) 1991 年，GSM 系统在欧洲正式开通运行，移动通信跨入第二代；

(7) 1994 年，GSM 进入我国，最高峰时我国有近 10 亿的用户在使用 GSM 标准通话。

GSM 有三大核心技术，分别为频分双工－窄带时分多址(FDD-TDMA)，规则脉冲激励－长期预测话音编码(RPE-LTP)和高斯滤波最小频移键控调制(GMSK)。

频分双工－窄带时分多址包含三个部分：频分双工、窄带和时分多址。频分双工是指信号的上下行所用的频段不一样。窄带说明 GSM 系统每路信号所用的频带比较窄，仅有 200 kHz。时分多址指多个用户可以按时间不同使用同一条信道，GSM 每条频分信道可以分给 8 个用户使用。

规则脉冲激励－长期预测话音编码是一种使用激励帧中固定间隔脉冲的语言编码，取样速率为 8 kHz，其长期预报器用于建立精细结构模型(音调)。GSM 的语音信号处理也是属于模型式压缩方法，也就是说，将人的声音模型化为一个气流激发源流过气管与嘴型变化后的变化，这种方法和 CD 压缩音乐方式是不同的。由于这种方法是专门针对语音信息的，所以能够提供高压缩比但仍能得到可理解的语音信号。

高斯滤波最小频移键控调制(GMSK)是 GSM 系统采用的调制方式。数字调制解调技术是数字蜂窝移动通信系统空中接口的重要组成部分。GMSK 调制是在 MSK(最小频移键控)调制器之前插入高斯低通预调制滤波器这样一种调制方式。GMSK 提高了数字移动通信的频谱利用率和通信质量。

GSM 的发展经历了三个阶段：

第一阶段，表示为 PHASE Ⅰ标准，主要定义了 900M 频段的技术标准；

第二阶段，表示为 PHASE Ⅱ标准，除了对第一阶段标准进行必要的修正和业务补充外，主要增加了 1800M 频段的技术标准；

第三阶段，表示为 PHASE II+标准，是为了满足用户的数据通信要求而增加的，比如发彩信等，主要增加了 GPRS(General Packet Radio Service，通用分组无线业务)部分的内容。GPRS 是 GSM 移动电话用户可用的一种移动数据业务，属于第二代移动通信中的数据传输技术。GPRS 利用 GSM 基础设施提供速率达 100 kb/s 的分组数据业务。

可能有读者会疑惑，不是 3G 才实现的宽带多媒体吗，怎么 2G 就可以了？其实，这个阶段还称不上真正意义上的多媒体业务，速度相对较慢，而且信号质量不理想。

经历了这样三个阶段，GSM 技术发展成为 2G 时代最成熟、应用最广泛的标准。

在 2G 阶段，我国的三大运营商中，中国移动和中国联通使用 GSM 标准，使用的用户较多；中国电信使用的标准为 CDMA IS-95，市场占有率较低。

我国共有三大运营商，分别是中国移动，中国联通和中国电信，这些运营商使用的频段是不一样的。我国最早期使用的数字通信系统是 GSM900，当时只有移动和联通两家运营商运营，分配给中国移动的是它的前半段，上行为 890～909 MHz，下行为 935～954 MHz。分配给中国联通的是它的后半段，上行为 909～915 MHz，下行为 954～960 MHz。移动的频段比联通的大很多，移动是 19 MHz，联通是 6 MHz。也就是说，当时移动的用户是联通的几倍。同一时间，中国电信使用的是 CDMA800 系统，随着移动用户的增加，原有的频段已经不能满足用户的需求，移动和联通又添加了 DCS1800 频段，而中国电信也引入了 PHS1920 系统。2G 阶段三大运营商频段分配方案如表 1-1 所示。

表 1-1　2G 阶段三大运营商频段分配

中国移动通信 CHINA MOBILE	GSM900 上：890～909 MHz 下：935～954 MHz	DCS1800 上：1710～1725 MHz 下：1805～1920 MHz	TD-SCDMA 上：1880～1920 MHz 下：2010～2025 MHz 补充：2300～2400 MHz
中国联通 CHINA UNICOM	GSM900 上：909～915 MHz 下：954～960 MHz	DCS1800 上：1745～1755 MHz 下：1840～1850 MHz	WCDMA 上：1940～1955 MHz 下：2130～2145 MHz
中国电信 CHINA TELECOM	CDMA800 上：825～835 MHz 下：870～880 MHz	PHS1920 1900～1920 MHz	CDMA2000 上：1920～1935 MHz 下：2110～2125 MHz

1.2.4　3G 移动通信的发展

3G 的技术变革

全球 3G 标准为 IMT-2000。1985 年国际电信联盟(ITU)提出了第三代移动通信系统，当时称为未来公众陆地移动通信系统(Future

Public Land Mobile Telecommunications System，FPLMTS)。考虑到该系统将于 2000 年左右进入商用，其工作频段在 2000 MHz，且目标最高业务速率为 2000 kb/s，故于 1996 年正式更名为 IMT-2000(International Mobile Telecommunications-2000，国际移动通信-2000)。2000 年 5 月 5 日，在土耳其举行的 ITU-R 全会上，通过了无线传输技术的技术规范。“IMT-2000 无线接口技术规范”的通过表明，第三代移动通信系统开发和应用将进入实质阶段。

3G 的主要制式有 TD-SCDMA(Time Division-Synchronous CDMA，时分同步码分多址)、WCDMA(Wideband CDMA，宽带码分多址)和 CDMA2000，这三种制式在我国分别为中国移动、中国联通和中国电信使用。

1. TD-SCDMA

TD-SCDMA 全称为 Time Division-Synchronous CDMA(时分同步码分多址)，该标准是由中国独自制定的 3G 标准。1999 年 6 月 29 日，中国原邮电部电信科学技术研究院(大唐电信)向 ITU 提出，TD-SCDMA 具有辐射低的特点，被誉为绿色 3G。该标准将智能无线、同步 CDMA 和软件无线电等当今国际领先技术融于其中，其在频谱利用率、业务支持灵活性、频率灵活性及成本等方面具有独特的优势。另外，由于内地庞大的市场，该标准受到各大主要电信设备厂商的重视，全球一半以上的设备厂商都宣布可以支持 TD-SCDMA 标准。

TD-SCDMA 标准的提出不经过 2.5 代的中间环节，直接向 3G 过渡，非常适用于 GSM 系统向 3G 升级。中国移动是当时我国最大的运营商，就选择了这个标准。军用通信网也是 TD-SCDMA 的核心任务。相对于其他两个主要 3G 标准 CDMA2000 和 WCDMA，TD-SCDMA 的起步较晚，3G 阶段技术还不够成熟。

TD-SCDMA 技术标准于 1999 年 11 月 5 日在国际电信联盟 ITU-R TG8/1 第 18 次会议上通过了“IMT-2000 无线接口技术规范”建议，其中我国提出的 TD-SCDMA 技术写在了第三代无线接口规范建议的 IMT-2000 CDMA TDD 部分中。

思政

通信人攻克一个个难关，使 3G 有了属于我国完全知识产权的标准，并且将影响力辐射到全球，成为第四个国际标准。

2. WCDMA

WCDMA 的全称为 Wideband CDMA，也称为 CDMA Direct Spread，意为宽频分码多重存取，这是基于 GSM 网发展出来的 3G 技术规范，是欧洲提出的宽带 CDMA 技术，它与日本提出的宽带 CDMA 技术基本相同。WCDMA 的支持者主要是以 GSM 系统为主的欧洲厂商，日本公司也或多或少参与其中，包括欧美的爱立信、阿尔卡特、诺基亚、朗讯、北电，以及日本的 NTT、富士通、夏普等厂商。该标准提出了 GSM(2G)-GPRS-EDGE-WCDMA(3G)的演进策略，如图 1-8 所示。

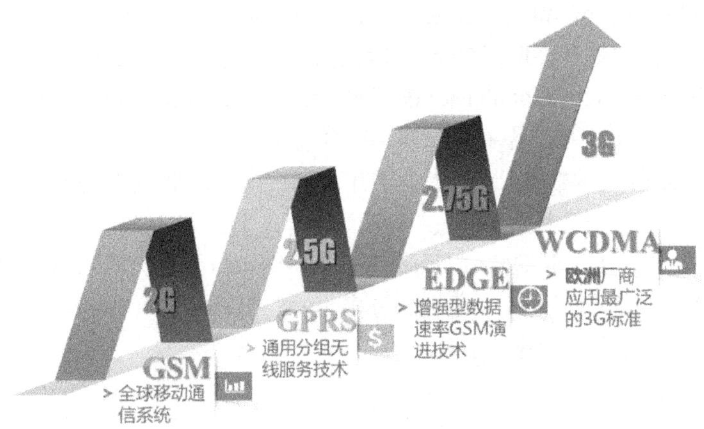

图 1-8 WCDMA 的演进策略示意图

WCDMA 系统能够架设在现有的 GSM 网络上，对于系统提供商而言可以较轻易地过渡。预计在 GSM 系统相当普及的亚洲，对这套新技术的接受度会相当高。因此 WCDMA 具有先天的市场优势。WCDMA 已是当前世界上采用的国家及地区最广泛的，终端种类最丰富的一种 3G 标准，占据全球 80%以上市场份额。我国的中国联通就选用了这个标准。

3. CDMA2000

CDMA2000 是由窄带 CDMA(CDMA IS95)技术发展而来的宽带 CDMA 技术，也称为 CDMA Multi-Carrier，它是由美国高通北美公司为主导提出的，摩托罗拉、Lucent 和后来加入的韩国三星都有参与，韩国成为该标准的主导者。这套系统是从窄频 CDMAOne 数字标准衍生出来的，可以从原有的 CDMAOne 结构直接升级到 3G，建设成本低廉。但使用 CDMA 的地区只有日、韩和北美，所以 CDMA2000 的支持者不如 WCDMA 多。不过 CDMA2000 的研发技术却是各标准中进度最快的，其 3G 手机率先面世。该标准提出了 CDMAIS95(2G)→CDMA20001x→CDMA20003x(3G)的演进策略。CDMA20001x 被称为 2.5 代移动通信技术。CDMA20003x 与 CDMA20001x 的主要区别在于 CDMA20003x 应用了多路载波技术，通过采用三载波使带宽提高。我国的中国电信选用了这一标准。

3G 同 2G 相比，技术优势明显，3G 的优越性主要体现在以下几个方面：

(1) 带宽更宽：3G 采用宽带技术，具有更宽的带宽，从而增强了系统的抗干扰能力；

(2) 速度更高：可以提供高速数据传输和宽带多媒体业务；

(3) 网络融合：把高速移动接入和基于 Internet 的服务相结合；

(4) 网间无缝：实现各种网络之间业务的无缝连接；

(5) 更高效：提高了无线频谱利用效率；

(6) 服务优越：为用户提供了更优越的无线通信服务。

同时 3G 也具有一定的局限性，主要体现在以下几个方面：

(1) 速度壁垒为 2 MHz，难以达到较高的通信速率；

(2) 灵活性低，难以提供动态范围多速率业务；

(3) 难以实现不同频段的不同业务环境间的无缝漫游；

(4) 3G 仍然是标准不统一的区域性标准。

1.2.5　4G 的技术变革

移动用户对通信的要求越来越高，既要实现移动办公，又要实现移动社区和移动商务，还要实现移动娱乐，这么多的要求促使移动通信更新到第四代。

4G 的技术变革

2008 年 2 月，ITU 正式发出通函，邀请世界各国以及各国际通信标准化组织向 ITU 提交 IMT-Advanced(4G)无线接入候选技术。同时也邀请世界各国和国际组织注册评估组，准备对提交者提交的候选技术方案进行进一步的分析和评估。

2009 年 10 月，ITU 收到了来自中国、3GPP、IEEE、日本和韩国的六个候选技术方案，具体如下：

(1) 国际标准化组织 3GPP 向 ITU 提交了 LTE-Advanced；

(2) IEEE 向 ITU 提交了候选技术 802.16 m；

(3) 日本政府向 ITU 提交了 LTE-Advanced 和 802.16 m 两种 IMT-Advanced 候选技术方案；

(4) 韩国标准化组织 TTA 提交的候选技术方案为 802.16 m 技术；

(5) 中国提交了 TD-LTE-Advanced。

随后，ITU 组织来自世界各地的评估组对候选技术进行评估，直到在 2010 年 10 月的 ITU-R WP5D(第 5 研究组国际移动通信工作组)第 9 次会议(重庆)上，一致通过将 ITU 收到的 6 个 4G 标准候选提案融合为 2 个，即 LTE-Advanced 和 WirelessMAN-Advanced(802.16 m)。

2012 年 1 月在 ITU 无线电全会上，最后批准将 LTE-Advanced 和 WirelessMAN-Advanced 作为 4G 标准。

4G 是多功能集成的宽带移动通信系统，是一种宽带接入的 IP 系统和分布式的网络，能提供传输速率达 100 Mb/s 和 1 Gb/s 的室外和室内数据传输能力。

3G 与 4G 的对比如表 1-2 所示，从表中可以看出 4G 的速度提高了近百倍，使用了全 IP 技术。

表 1-2　3G 与 4G 的对比

序号	特　征	3G	4G
1	业务特性	语音、数据、多媒体	融合数据业务和 VoIP
2	网络结构	蜂窝小区	混合结构
3	频率范围	1.6～2.5 GHz	2～8 GHz、800 MHz
4	带宽	5～20 MHz	100+MHz
5	速率	384 Kb/s～2 Mb/s	20～100 + Mb/s
6	接入方式	CDMA	MC-CDMA、OFDMA
7	交换方式	电路交换、分组交换	分组交换
8	移动性	200 km/h	200～350 + km/h
9	IP	包含 IP	全 IP

在4G商用阶段，主要使用的标准没有达到4G，被称为3.9G，主要包括LTE-FDD、TD-LTE两个标准，统一称为LTE网络，分别以FDD(频分双工)和TDD(时分双工)为主要双工方式。

两种双工方式有各自的优势和劣势。TDD与FDD相比TDD的优势表现如下：

(1) TDD能够灵活配置频率，使用FDD系统不易使用的零散频段；

(2) 可以通过调整上下行时隙转换点，提高下行时隙比例，能够很好地支持非对称业务；

(3) 具有上下行信道一致性，基站的接收和发送可以共用部分射频单元，从而降低了设备成本；

(4) 接收上下行数据时，不需要收发隔离器，只需要一个开关即可，降低了设备的复杂度；

(5) 具有上下行信道互惠性，能够更好地采用传输预处理技术，能有效地降低移动终端的处理复杂性。

TDD与FDD相比TDD的劣势表现如下：

(1) 由于 TDD 方式的时间资源分别给了上行两个通信方向和下行两个通信方向，因此TDD方式的发射时间大约只有FDD的一半；

(2) TDD系统上行通信时间受限，因此TDD基站的覆盖范围明显小于FDD基站；

(3) TDD系统收发信道同频，无法进行干扰隔离，系统内和系统间存在干扰；

(4) 为了避免与其他无线系统之间的干扰，TDD需要预留较大的保护带，从而影响了整体频谱利用效率。

LTE网络在全球范围内被广泛应用，主要的商用进展情况如下：

2009年12月14日，世界第一张LTE网络开始商用，在奥斯陆和斯德哥尔摩提供数据连接服务，该服务须使用上网卡。

2011年美国CDMA运营商规模部署LTE，标志着LTE开始了在全球的小规模商用启动。

2011年2月10日，推出全球首款商用LTE手机。

2013年6月26日，韩国电信运营商SK推出全球第一个消费级LTE-A网络。

2013年6月，全球首款LTE-Advanced智能手机由三星推出，采用骁龙800系列处理器。

截至2014年1月15日，全球商用LTE网络达263张，单独采用FDD-LTE标准的有235张，占总数的89.3%，单独采用TD-LTE标准的有15张，只占5.7%，混合组网的有13张，占5%。最高时，全球FDD-LTE标准拥有95%以上的用户。

LTE网络在我国同步进行商用，主要进展为：

2011年，中国移动TD-LTE规模试验网部署项目采取“6+1”方案，投资15亿人民币建网，覆盖上海、杭州、南京、广州、深圳、厦门6个城市，每个城市部署约200个基站；并在北京建TD-LTE演示网。

2012年，扩大规模试验。

2013年，继续扩大规模试验。

2013年12月4日，中国工信部给中国移动、中国联通、中国电信三大运营商同时颁布4G牌照。2013年12月18日，中国移动宣布4G网络正式商用。2014年2月

14 日，中国电信宣布 4G 网络正式商用。2014 年 3 月 18 日，中国联通宣布 4G 网络正式商用。

1.3　5G 技术变革

1.3.1　5G 网络愿景

“信息随心至、万物触手及”，这是 5G 描绘的美好愿景。面向未来，移动互联网和物联网业务将成为移动通信发展的主要驱动力。5G 将满足人们在居住、工作、休闲和交通等各种区域的多样化业务需求，即便在密集住宅区、办公室、体育场、露天集会场所、地铁、快速公路、高铁等具有超高流量密度、超高连接数密度、超高移动性特征的场景，也可以为用户提供超高清视频、虚拟现实、增强现实、云桌面、在线游戏等极致业务体验。与此同时，5G 还将渗透到物联网及各种行业领域，与工业设施、医疗仪器、交通工具等深度融合，能有效满足工业、医疗、交通等垂直行业的多样化业务需求，实现真正的“万物互联”。

5G 解决了多样化应用场景下差异化性能指标带来的挑战，满足不同场景下用户体验速率、流量密度、时延、能效和连接数等指标的不同要求。

从移动互联网和物联网主要应用场景、业务需求及挑战出发，中国 IMT2020(5G)推进组归纳出连续广域覆盖、热点高容量、低功耗大连接和低时延高可靠性等四个 5G 主要应用场景，如图 1-9 所示，对应的关键性能指标见表 1-3。

图 1-9　中国 IMT2020(5G)定义的 5G 应用场景

表 1-3　5G 主要应用场景与关键性能挑战

场　景	关 键 挑 战
连续广域覆盖	100 Mb/s 用户体验速率
热点高容量	用户体验速率：1 Gb/s；峰值速率：每秒数万兆比特；流量密度：每平方千米每秒数万吉比特
低功耗大连接	连接数密度：10^6/km^2；超低功耗，超低成本
低时延高可靠性	空口时延：1 ms；端到端时延：毫秒量级；可靠性：接近 100%

国际电信联盟(ITU)IMT-2020(5G)计划中定义了三大应用场景：增强移动宽带(eMBB，Enhanced Mobile Broadband)、大规模机器通信(mMTC，massive Machine Type Communication)和超高可靠低时延通信(uRLLC，ultra Reliable Low Latency Communication)，如图 1-10 所示。

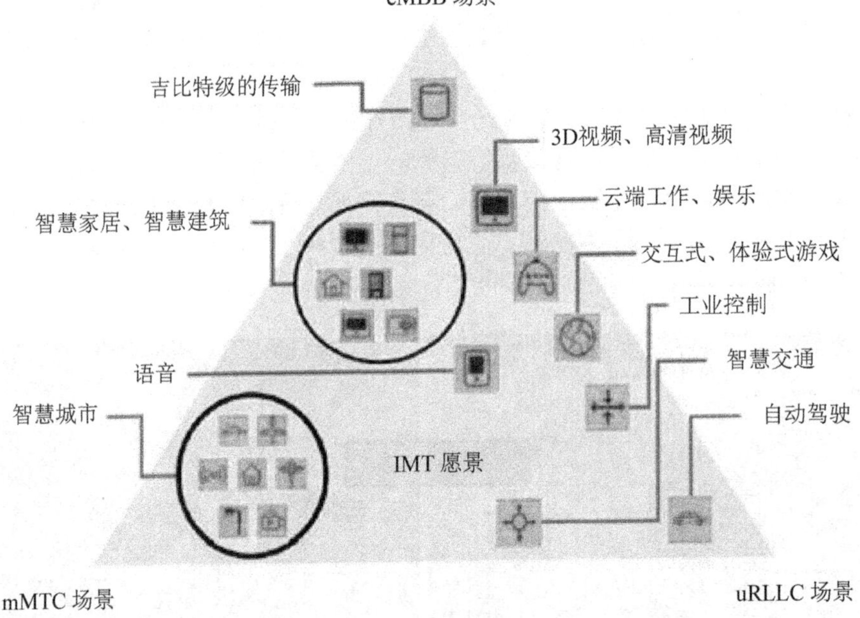

图 1-10　ITU IMT-2020(5G)定义的 5G 应用场景示意图

连续广域覆盖和热点高容量场景主要满足未来的移动互联网业务需求，也是传统 4G 的主要技术场景，对应 eMBB 应用场景；低功耗大连接和低时延高可靠性场景分别对应 mMTC 和 uRLLC 场景，主要面向物联网业务，是 5G 新拓展的场景，重点解决传统移动通信无法很好支持的物联网及垂直行业应用。

1.3.2　5G 协议标准化历程

国际电信联盟在 2015 年 6 月确定的 IMT-2020(5G)计划中规划的 5G 时间表如图 1-11

所示。IMT-2020 的工作计划如下：

(1) 2015 年完成 IMT-2020 国际标准的前期研究。

(2) 2016 年开展 5G 技术性能需求和评估方法研究。

(3) 2017 年底启动 5G 候选方案征集，2020 年底完成标准制定。

图 1-11　3GPP 5G 标准发展规划

3GPP(3rd Generation Partnership Project，第三代伙伴项目)作为国际移动通信行业的主要标准组织，承担了 5G 国际标准技术内容的制定工作。3GPP Rel-14 阶段被认为是 5G 标准研究的启动阶段，Rel-15 阶段是启动 5G 标准工作项目，Rel-16 及以后是对 5G 标准进行完善增强。

1. 3GPP Rel-15

2017 年启动的 Rel-15 作为 5G 标准的第一阶段，主要针对增强移动宽带场景和部分低时延高可靠性场景，完成了新空口非独立组网(Non Stand Alone，NSA)和独立组网(Stand Alone，SA)标准，满足市场上比较急迫的商用需求。

Rel-15 作为第一阶段 5G 的标准版本，按照时间先后分为以下三个部分，现都已完成并冻结。

Early drop(早期交付)支持 5G NSA 模式，系统架构采用 Option 3，对应的规范及 ASN.1 在 2018 年一季度已经冻结。

Main drop(主交付)支持 5G SA 模式，系统架构采用 Option 2，对应的规范及 ASN.1 分别在 2018 年 6 月及 9 月已经冻结。

Late drop(延迟交付)是 2018 年 3 月在原有的 Rel-15 NSA 与 SA 的基础上进一步拆分出的第三部分，包含了考虑部分运营商升级 5G 需要的系统架构 Option 4 与 7.5G NR 新空口双连接(NR-NR DC)等。该部分标准冻结比原定计划延迟了 3 个月。

2. 3GPP Rel-16

2018 年 6 月确定了 Rel-16 的工作范围，启动相应标准化工作。作为 5G 标准的第二阶段，Rel-16 在兼容 Rel-15 的基础上，对增强移动宽带场景进一步增强，引入包括增强多天线传输、蜂窝定位、终端节能、双连接/载波聚合、移动性增强等技术，并针对低时延高可靠场景、面向工业互联网场景以及车联网的应用需求进行标准化设计，详细制定工业物联网架构、有线/无线聚合、非公共网络以及非授权频段等技术，功能设计于 2019 年年底完成，最终版本于 2020 年 7 月正式冻结，满足 ITU IMT-2020 提出的要求。

Rel-16 5G 标准在增强型移动宽带能力和基础网络架构能力提升的同时，强化支援垂直产业应用，涵盖载波聚合、多天线技术、终端节能、定位应用、5G 车联网、低时延高可靠服务、切片安全、5G 蜂窝物联网安全、uRLLC 安全等议题，为 5G 的全面应用奠定坚实基础。

3. 3GPP Rel-17

2019 年 12 月，3GPP RAN 工作组在第 86 次全会上对 5G 第三个版本 Rel-17 进行了规划和布局，共设立 23 个标准立项，全面启动 Rel-17 5G 标准的设计工作。Rel-17 除了对 Rel-15、Rel-16 特定技术进行进一步增强外，将大连接低功耗的海量机器类通信作为 5G 场景的增强方向，基于现有架构与功能从技术层面持续演进，全面支持物联网应用。

Rel-17 版本在对现有 5G 网络和业务能力进行增强的同时也提出了新的业务和能力要求，涵盖了多天线技术增强、高精度定位、覆盖增强、极高频段通信、小数据包传输、组播广播、终端节能、双链接增强、最小化路测、多卡操作等通用技术，面向工业物联网垂直行业应用及低复杂度、低成本终端，具有高可靠低时延物联网通信、终端直连通信增强、低功耗广域物联网增强、网络切片及网络自动化增强、非公共网络等技术，以更全面地支持物联网应用。

1.3.3　5G 典型应用

1. eMBB 典型应用

虚拟现实(VR，Virtual Reality)与增强现实(AR，Augmented Reality)是能够彻底颠覆传统人机交互内容的变革性技术。这些技术不仅将深刻改变消费领域，更将应用于许多商业领域和企业中。

VR/AR 需要大量的数据传输、存储和计算功能，这些数据和计算密集型任务如果转移到云端，就能利用云端服务器的数据存储和高速计算能力。5G 通过大带宽、低时延可以明显改善云服务的访问速度，对市场的影响主要体现在以下两方面：

(1) 云 VR/AR 将极大地降低终端设备成本。通过 5G 进行信息传输，可以实现在云端进行渲染和内容发布，从而降低对终端和头盔的性能要求，降低终端设备成本，便于应用的快速推广。

(2) 云市场快速增长，家庭和办公室对桌面主机和笔记本电脑的需求将越来越少，转而使用连接到云端的各种人机界面，并引入语音和触摸等多种交互方式提升了用户的业务体验，将极大地促进云端市场的发展。

依赖于 VR/AR 自身的相关技术、移动网络演进和云端能力的进步，华为无线应用场景实验室将云 VR/AR 演进划分为五个阶段，如表 1-4 所示。

通过引入基于云端服务器的虚拟图像实时渲染，用户不再依赖游戏机或本地计算机的 GPU(Graphics Processing Unit，图形处理器)，而是像接收任何其他流媒体一样，从云端服务器接收游戏视频或虚拟内容。该技术降低了用户设备的价格，使用户设备变得更轻便、省电，并且无需连线，为更多样、互动性更强的 VR 素材带来机遇。

表 1-4　云 VR/AR 业务演进

云 VR/AR 演进的五个阶段				
	阶段 0/1		阶段 2	阶段 3/4
VR 应用及技术特点	PCVR	Mobile VR	Cloud Assisted VR	Cloud VR
	游戏、建模 (本地渲染，动作本地闭环)	360 视频、教育 (全景视频下载，动作本地闭环)	沉浸式内容、互动式模拟、可视化设计 (动作云端闭环，FOV(+)视频流下载)	超高体验的游戏和建模实时渲染/下载 (动作云端闭环，云端 CG 渲染，FOV(+)视频下载)
AR 应用及技术特点	2D AR		3D AR/Mixed Reality	Cloud MR
	操作模拟及指导、游戏、远程办公、零售、营销可视化 (图像和文字本地叠加)		空间不断扩大的全息可视化，高度联网化的公共安全 AR 应用 (图像上传，云端响应多媒体信息)	基于云的混合现实应用，用户密度和连接性增加 (图像上传，云端图像重新渲染)
连接需求	以 WiFi 连接为主	4G 和 WiFi 内容为流媒体 20 Mb/s + 50 ms 时延要求	4.5G 内容为流媒体 40 Mb/s + 20 ms 时延要求	5G 内容为流媒体 100 Mb/s～9.4 Gb/s + 2～10 ms 时延要求

2. uRLLC 典型应用

在 5G 支持下智能交通应用逐步具备落地的条件，它可在一定成本范围内大幅提高车辆感知距离和感知信息范围，且不受恶劣天气影响，从而提升车辆智能驾驶的速度和安全性，有效缓解城市道路拥堵现象，提升交通资源调配效率，提高出行率，实现城市智慧交通。

uRLLC 可以用于道路交通基础设施的自动化控制，低时延和高可靠性的 5G 连接用来连接道路两旁的基础设施，如路杆、交通灯、指示牌等，如图 1-12 所示，相应指标要求见表 1-5。

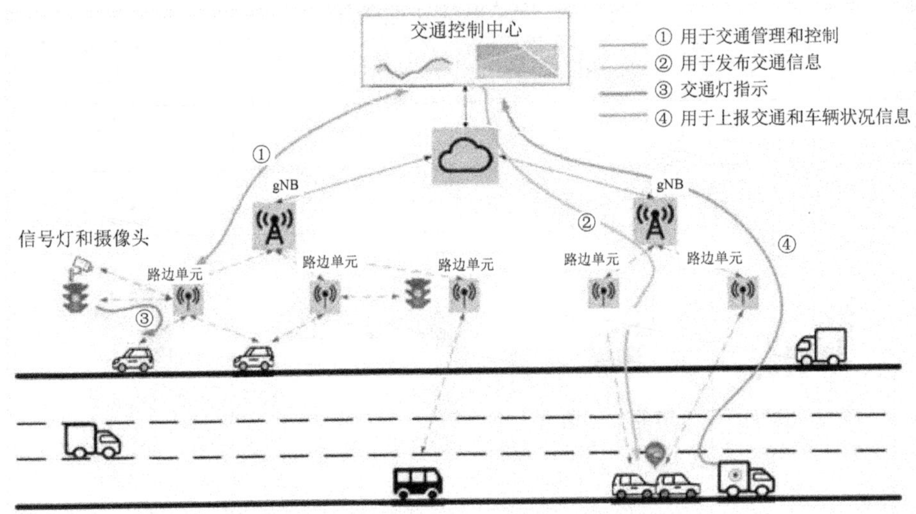

图 1-12　智能交通系统构成示意图

表 1-5　智能交通系统指标要求

最大允许端到端时延	时延容忍极限	高通信服务保证	高可靠性	预计路边单元(RSU)的数据吞吐量	服务区范围
30 ms	100 ms	99.9999%	99.999%	10 Mb/s	沿路 1～2 km

汽车应用 uRLLC 的需求包括传统的覆盖、容量、时延、可靠性、速率、移动性、安全、成本、功耗等。uRLLC 继承了蜂窝产品的产业链和先进的芯片，安全性、成本、移动性、功耗和容量都不是太大的问题，覆盖、速率、时延、可靠性将是未来 uRLLC 在汽车应用方面面临的主要挑战。

在汽车应用场景中，电信运营商、通信系统设备商、应用服务商、交通管理部门、行业业主和车企等多家企业联合起来，通过合作共赢、优势互补的方式，可以快速推出面向市场、成熟可用的车联网解决方案，共同打造车联网生态圈。

3. mMTC 典型应用

"5G＋智慧农业"就是各种先进设备和农业相结合，让农业生产变得更加便捷。5G 网络的发展将为农民和农业企业提供智慧农业所需要的基础设施，它们将被运用到物联网技术中，对农业活动进行跟踪、监测、自动化和分析。

5G 技术能将农业丰富的数据类型与应用场景不断进行深度融合，将实现应用创新层面的大爆炸。5G 将在农业物联网、智慧种植技术、农产品溯源、科学管理、劳动力管理等多个方面使智慧农业更加智能化、精准化、高效率。

农业物联网一般是用很多传感器节点构成相应的监控网络，通过多种传感器采集各种信息，大量使用各式各样智能化、自动化、远程控制的生产设施，促使以人力为中心、依赖于孤立机械的生产模式的传统农业向以信息和软件为中心生产模式的现代智慧农业转变。

在大棚精准种植中，温室蔬菜大棚基于农业人工智能(AI，Artificial Intelligence)四大关键能力(环境数据采集、视频图像识别、环境智能调控和水肥智能决策)，对大棚中的农作物种植环境和植物生长状态进行实时监测，基于 AI 决策控制生长环境，可以实现精准管理大棚作物，提高经济效益。智慧农业系统构成如图 1-13 所示。

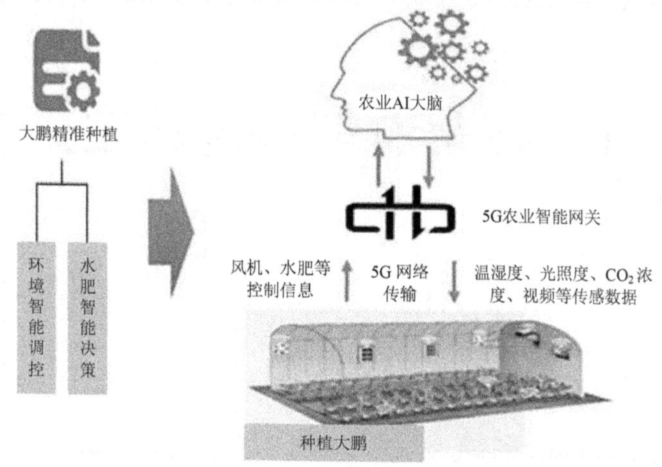

图 1-13　智慧农业系统构成示意图

本 章 小 结

本章对移动通信技术进行了概述，介绍了无线通信和移动通信的概念，移动通信使用的频段，1G 到 5G 的技术变迁和每一代蜂窝移动通信的特性。

通过本章的学习，读者应掌握移动通信的概念、无线电频带和波段的名称，能够了解移动通信的发展，了解 1G 到 5G 的主要技术标准和移动通信发展趋势。

思政

众志成城抗震救灾，争分夺秒恢复通信

2023 年 12 月 18 日 23 时 59 分，甘肃临夏州积石山县发生 6.2 级地震。地震发生后，习近平总书记高度重视并作出重要指示，强调“要全力开展搜救，及时救治受伤人员，最大限度减少人员伤亡”“妥善安置受灾群众，保障群众基本生活”“尽最大努力保障人民群众生命财产安全”。

国家发展改革委启动突发事件应急响应机制，全力做好灾区煤电油气运保障、应急救灾物资调配等工作。工业和信息化部 19 日发布消息，经信息通信行业应急抢修，截至 19 日 14 时，因地震和电力中断影响退服的 314 座基站已抢修恢复 279 座，2 条中断通信光缆已全部抢通。国家能源局成立现场工作组赶赴灾区，督促指导有关单位开展电力应急抢修。经紧急抢修，截至 19 日 19 时 20 分，甘肃临夏州地震受灾停电用户已全部恢复供电。

第2章　移动通信系统的主要技术

学习目标

1. 掌握多址技术；
2. 掌握蜂窝技术；
3. 掌握语音处理技术；
4. 掌握定时提前技术；
5. 了解调频、功率控制、空间分集、非连续发射技术、非连续接收技术。

内容解读

本章主要分析 GSM 系统的关键技术，着重介绍双工模式、多址技术(FDMA/TDMA/CDMA)，功率控制(功控)技术，定时提前技术(GSM 小区的最大覆盖距离)，非连续发送和非连续接收技术，蜂窝技术(小区簇、频率复用距离)，语音处理技术(语音编码、信道编码、交织实现的过程)等。通过对关键技术的介绍，突出移动网络面临的主要问题及 GSM 系统采取的对策。

2.1　多址技术

多址技术是为了提高信道利用率，使多个信号沿同一信道传输而互相不干扰的一种技术，它可以让众多的用户共用公共的通信线路。多路复用技术应用最多的主要有两大类：频分多路复用(FDM，Frequency Division Multiplexing)和时分多路复用(TDM，Time Division Multiplexing)。频分多路复用用于模拟通信，时分多路复用用于数字通信。

多点通信系统中的多路复用也被称为多址技术。多址的方法基本上有三种：频分多址

(FDMA，Frequency Division Multiple Access)、时分多址(TDMA，Time Division Multiple Access)和码分多址(CDMA，Code Division Multiple Access)三种接入方式。FDMA 是以不同的频率信道实现通信的，TDMA 是以不同的时隙实现通信的，CDMA 是以不同的代码序列实现多址的。实际使用的时候也可以采用多种多址方式的组合，如频分多址+时分多址的组合方式。图 2-1 用模型给出了这三种基本多址的一个简单描述。

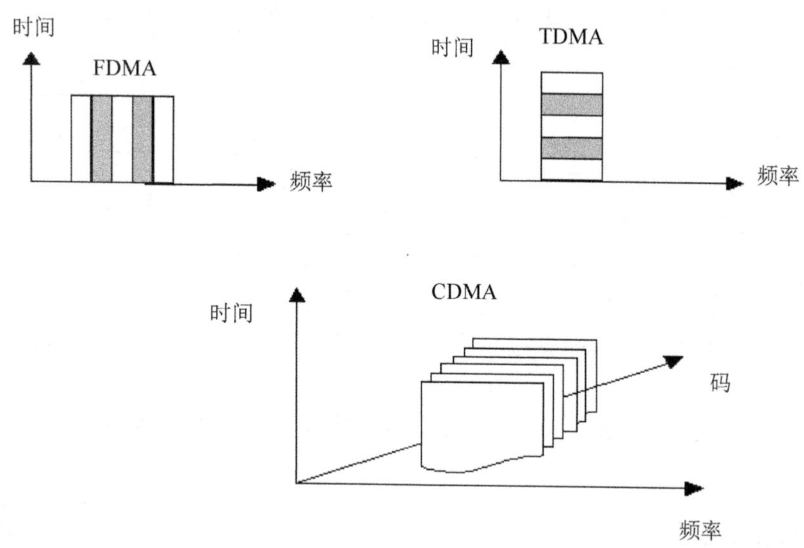

图 2-1　三种基本多址方式通信过程概念示意图

2.1.1　双工技术

对于点对点之间的通信按消息传送的方向与时间关系，通信模式可分为单工通信、半双工通信及全双工通信三种。

所谓单工通信，是指消息只能单方向传输的工作方式。单工通信信道是单向信道，发送端和接收端的身份是固定的，发送端只能发送信息，不能接收信息；接收端只能接收信息，不能发送信息，数据信号仅从一端传送到另一端，即信息流是单方向的。例如遥控、遥测、广播、电视等就是单工模式，其通信过程如图 2-2 所示。

图 2-2　单工模式通信过程示意图

半双工通信可以实现双向的通信，但不能在两个方向上同时进行，必须轮流交替地进行。也就是说，通信信道的每一段都可以是发送端，也可以是接收端。但同一时刻里，信息只能有一个传输方向。对讲机就是一个典型的半双工通信系统，通信双方采用“按—讲”(PTT，Push To Talk)方式，按下 PTT 键的一方说话，松开 PTT 键接收对方的信息；双方在发送信号的时候采用相同的频率，其通信过程如图 2-3 所示。

图 2-3 半双工模式通信过程示意图

全双工指可以同时(瞬时)进行信号的双向传输，指接收、发送时是瞬时同步、同时进行的，如图 2-4 所示。

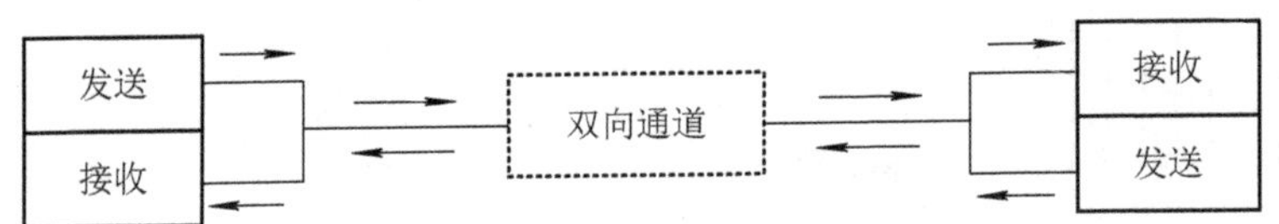

图 2-4 全双工模式通信过程示意图

例如，一座桥的两头分别有车要过桥，如果桥比较宽，就可以来左去右，互不影响，这就是全双工；如果桥窄，只能先过一边的车，然后再过另一边的车，这就是半双工；单行线就是单工的例子。

在通信系统中，广播电视是单工的应用，对讲机是半双工的典型例子，电话是全双工的应用。

2.1.2 多址的概念

多址的概念

手机之间是借助基站通话的，这个过程是怎么实现的呢？手机通话过程如图 2-5 所示。

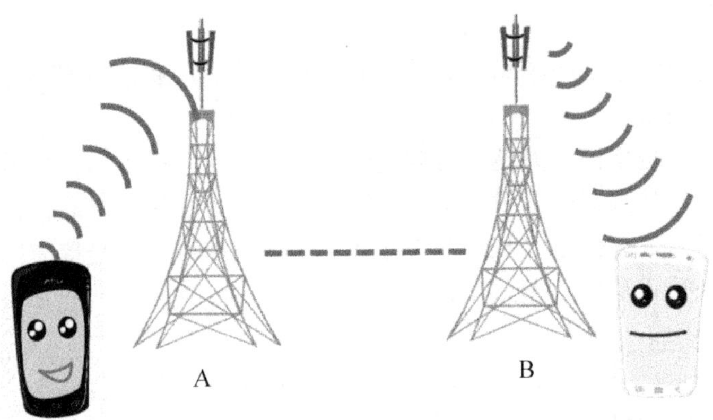

图 2-5 手机利用基站通话过程示意图

假设有两个手机要互打电话，黑色手机的信号发给手机附近的基站 A，这个基站 A 再通过移动通信网转发到对方附近的基站 B，基站 B 将信号进行无线发送，白色手机可以接收到这个无线信号，也就是说手机间通话是借助基站转发的。

如果多台手机需要同时通过一个基站通信，基站如何保证及时和每一个手机通信呢？

每个手机都是一个通信终端，网络中标识为一个通信地址，那么如何实现一个基站的信号发给多个地址也就是多址呢？生活中相似的问题大家是如何解决的呢？

家用电视机一台就可以收看丰富多彩的电视节目，那么问题来了，怎么实现一台电视机能看多个节目呢？

首先电视分为很多个频道，每个频道播放不同的节目，那么这些频道是如何区分的呢？看看电视搜台的过程，发现不同的频道用到的频率不一样。移动通信中也可以用相同的方式，实现多台手机和同一个基站通信。将不同手机的信号调制到不同的载波上，同一基站范围内的手机同时发信号，它们使用的载波频率不同，信号互不影响，从而就能实现多个手机同时向同一基站发信号的问题。这种载波频率不同的实现方式称为频分多址。图 2-6 展示了多部手机使用不同的频率同时和一个基站通信的方式。每个手机通过调制器分别将基带信号调制到不同的频率段，从而实现了频分多址。

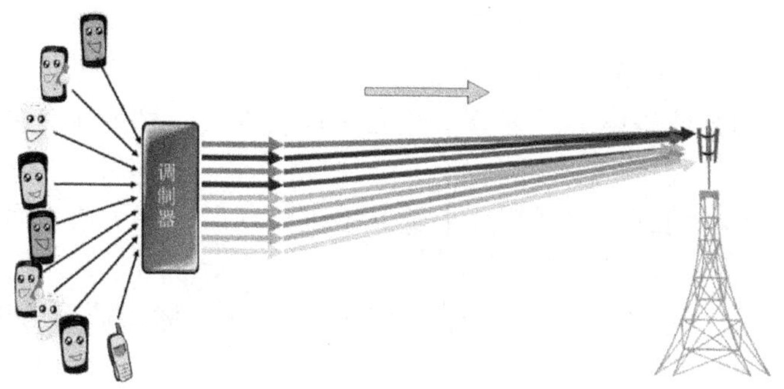

图 2-6　频分多址示意图

注意：每个手机使用内置的调制器，为了方便展示图中只有一个调制器。

同一个电视频道的不同时间段也可以播放不同的节目。多个手机也可以分不同的时间段向基站发信号，这样信号也不会互相影响。这种信号存在时间不同的实现方式称为时分多址。时分多址如图 2-7 所示，8 路信号使用相同的频率，第 1 路信号到第 8 路信号轮流发送，时间上没有重叠，一轮发送结束后再从第 1 路信号开始发送，每路信号的发送时间非常短暂，用户基本感受不到时间延迟。

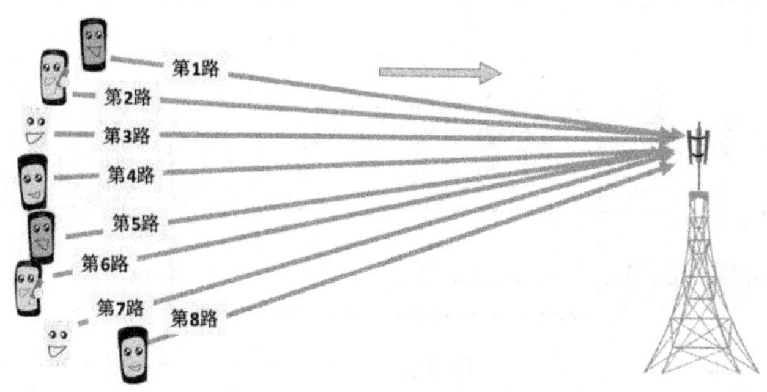

图 2-7　时分多址示意图

看综艺节目时如果有 5 个主持人，当他们同时说话时，你会把这 5 个主持人说的话弄混吗？一般不会，因为他们的声音不一样。通信中也可以让手机的信号不一样，是通过用不同的码型分别编码来实现的，这些不同编码的手机同时同频发信号，基站也可以很轻松的区分开来。这种信号码型不同的实现方式称为码分多址。

码分多址如图 2-8 所示，图中手机可以同时同频发送信号，但是每路手机信号都使用不同的码型编码。

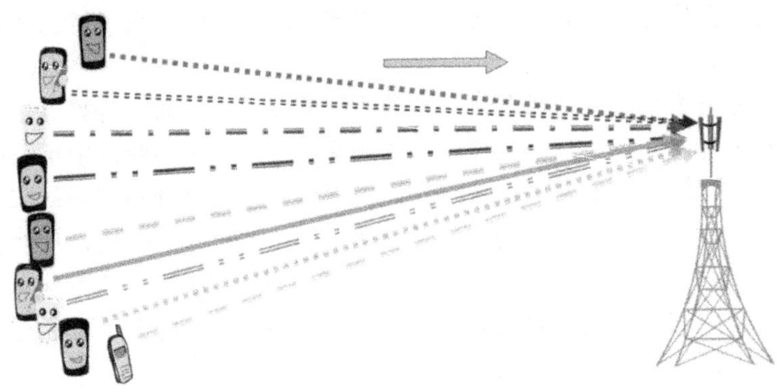

图 2-8　码分多址示意图

三种常用多址技术的概念如下：

当以传输信号的载波频率不同划分来建立多址接入时，称为频分多址方式，缩写为FDMA。

当以传输信号存在的时间不同划分来建立多址接入时，称为时分多址方式，缩写为TDMA。

当以传输信号的码型不同划分来建立多址接入时，称为码分多址方式，缩写为CDMA。

2.1.3　频分多址

频分，有时也称之为信道化，就是把整个可分配的频谱划分成许多单个无线电信道(发射和接收载频对)，每个信道可以传输一路话音或控制信息。在系统的控制下，任何一个用户都可以接入这些信道中的任何一个。其工作过程主要是在发送端通过调制技术将不同用户的信息调制到不同的频率上，通过合路器将这些信号组合到一起在传输信道上发送；接收端通过带通滤波器，将不同频率的信号分离处理出来再传输到各自的目的地。其工作流程如图 2-9 所示。

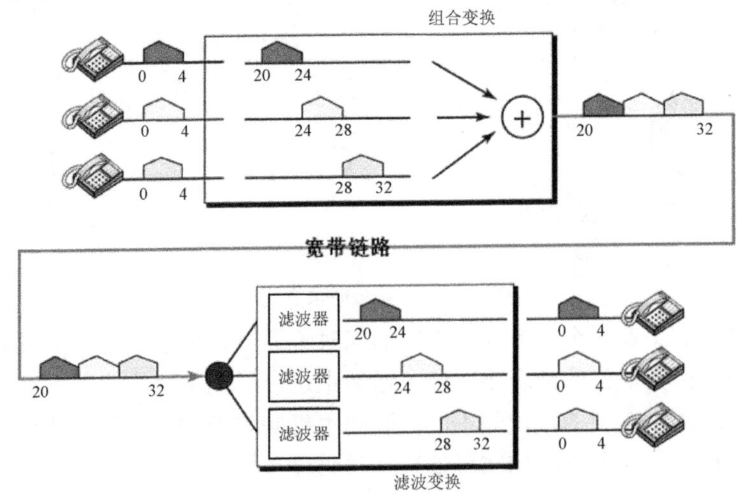

图 2-9　频分多址工作流程示意图

图 2-9 以语音信号处理为例，多数语音信号系统选取的频率范围为 300～3400 Hz，图中每路语音信号的频率取 0～4 MHz。在组合变换过程中，将各路信号调制到不同的频率段(20～24 MHz，24～28 MHz，28～32 MHz)，三个频率段没有重叠，再将三路信号叠加在一起。接收端通过滤波器将三路信号分离出来，再分别进行解调，还原到原始信号。

频分复用的方法如下：

首先，传输介质的可用带宽被划分成多个分离的范围或信道。例如我国信息产业部于 2001 年 12 月 6 日宣布开放的民用对讲机市场，其开放的频段为 409～410 MHz，共分 20 个频道。民用对讲机频段具体分配如表 2-1 所示。

表 2-1　民用对讲机频段分配表

频点号	中心频率(MHz)	频点号	中心频率(MHz)	频点号	中心频率(MHz)	频点号	中心频率(MHz)
1	409.7500	6	409.8125	11	409.8750	16	409.9375
2	409.7625	7	409.8250	12	409.8875	17	409.9500
3	409.7750	8	409.8375	13	409.9000	18	409.9625
4	409.7875	9	409.8500	14	409.9125	19	409.9750
5	409.8000	10	409.8625	15	409.9250	20	409.9875

每个信道对应多路复用器的一个输入信号。

接着，为每个信道定义一个载波信号(Carrier Signal)。与信道对应的输入信号相乘使载波信号发生改变(调制)，从而产生另一个信号(调制信号)。调制有几种实现的方法，图 2-10 为振幅调制技术的频域示意图。

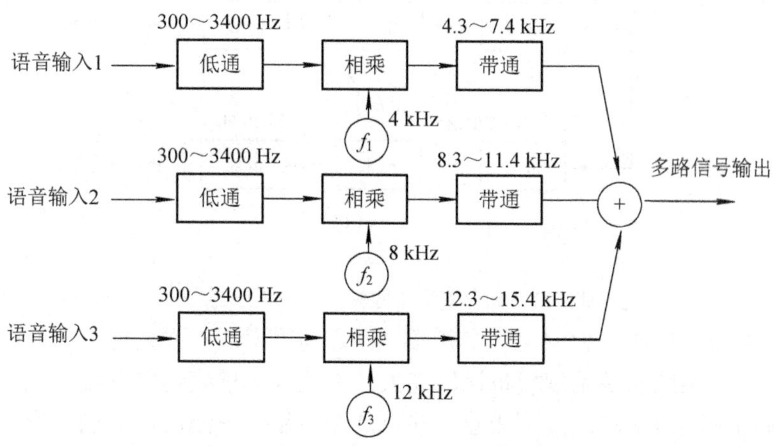

图 2-10　振幅调制合路示意图(频域)

在频率域，各路信号分别在不同的频段传输，共同复用通信频段，各路信号之间互不重叠。在时间域，各路信号是同时传输的，同一时间信道中的信号是多路混合在一起的，如图 2-11 所示。三路信号虽然调制频率不同，信号在时间域是混合在一起的。频分多址可以总结为频域复用、时域混合。

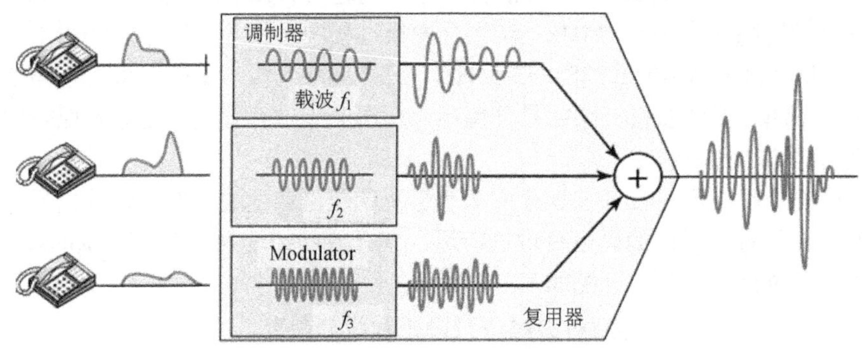

图 2-11　振幅调制合路示意图(时域)

载波信号有一个固定的频率，通常是位于信道带宽的中间。经振幅调制后，其振幅发生改变，已调信号的包络反应了调制信号的波形。通过合路器将多路已调信号相加，在传输信道上传输。

在接收端合路后的多路信号通过并联的多个带通滤波器将各个信号分离，然后通过相干解调还原原信号。在实际应用中各路之间必须留有未被使用的频带(保护频带)进行分隔，以防止信号重叠，所以实际划分的信道要比信号本身所占的带宽更宽。频分复用接收端工作原理如图 2-12 所示。

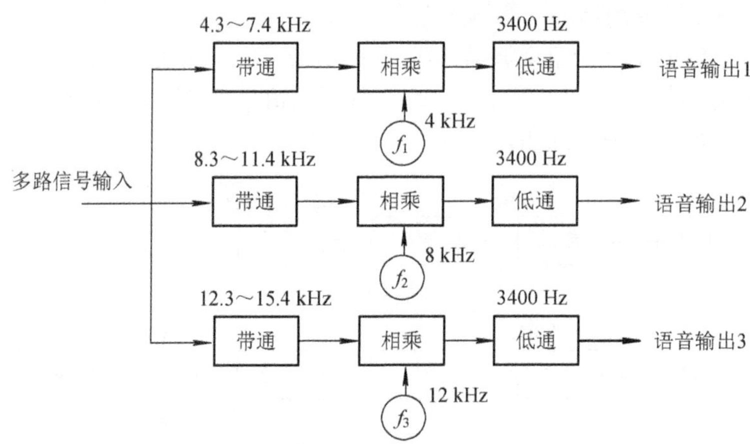

图 2-12　频分复用接收端工作原理示意图

频分复用系统每信道单独占用一个载频，频点利用率低；要为每一个信道配置一部收发信机，所以频分系统的基站规模也比较庞大，不适合大规模通信系统。

频分多址信道利用率高，技术成熟；缺点是设备复杂，滤波器难以制作，在通信中调制、解调等过程会不同程度地引入非线性失真，从而导致各路信号的相互干扰。

GSM 系统的频分多址视频

1. GSM 系统的频分多址

GSM 系统被全球运营商广泛应用，按照使用的频段，分为四个系统。GSM 协议第一阶段定义的系统为 GSM900，它是频段在 900 MHz 附近的全球移动通信系统，上行使用 890～915 MHz 的频率，下行使用 935～960 MHz 的频率。

GSM900 可以扩展为 EGSM900，它是频段在 900 MHz 附近的扩展全球移动通信系统，上行使用 880～915 MHz 的频率，下行使用 925～960 MHz 的频率，比 GSM900 带宽宽了 10M。

GSM 协议第二阶段增加了 DCS1800 频段，它是频段在 1800 MHz 附近的数字蜂窝系统，上行使用 1710～1785 MHz 的频率，下行使用 1805～1880 MHz 的频率。

GSM 协议第二阶段北美地区增加的系统为 PCS1900，它是频段在 1900 MHz 附近的私人通信系统，上行使用 1850～1910 MHz 的频率，下行使用 1930～1990 MHz 的频率，北美地区的 GSM 手机要支持这个频段。

全球范围内的主流 GSM 系统主要包括以上四个系统，这四个系统所占的频带如图 2-13 所示。

图 2-13　四个系统频带示意图

这四个系统的共性特点：

(1) 频分双工：上下行使用不同的频段，频率较低的频段作上行频段，频率较高的频段作下行频段。

(2) 频分带宽：它们的频分带宽都为 200 kHz。

(3) 保护频带：上下行频段的上下各留了 100 kHz 的保护频带。

四个系统的主要区别是频段不同，定义的频点号也不同。我国主要使用 GSM900 系统、DCS1800 系统中的部分频带，以及 EGSM900 系统中新增部分中的一部分带宽。

频分多址方案——以 GSM900 为例

2. GSM900 系统

GSM900 系统上行使用的频段为 890～915 MHz，下行使用的频段为 935～960 MHz，是第一个定义的 GSM 系统。GSM900 系统的频点分配如图 2-14 所示。

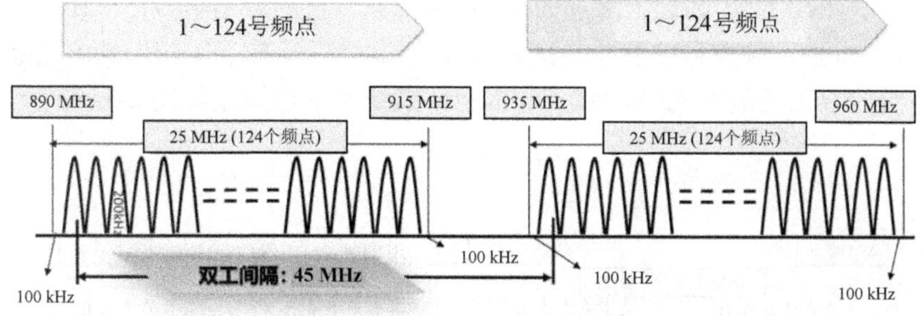

图 2-14　GSM900 系统的频点分配示意图

在图 2-14 中，上行分配带宽：从 890 MHz 开始，到 915 MHz 结束。如何做才能够在有限的频带宽度中传输尽量多的信号呢？

可以效仿车道的规划方法，将系统通信频带等分成若干条信道，每条信道中传输一路信号。每条信道的规划宽度为 0.2 MHz，即 200 kHz，每路信号的宽度称为频分带宽。

信道正中心位置的带宽，可以计算出来。这个频率值称为中心频率，在移动通信中，常用中心频率来描述一条信道。

从图 2-14 中可以看出，GSM900 的频段是从 890 MHz 开始的，而第一条信道是从 890.1 MHz 开始的，之间的 0.1 MHz 也就是 100 kHz 称为保护频带，上下行使用的两个频带的前后都各预留了 100 kHz 的保护频带。

GSM900 上行频段有多少条可用于通信的信道呢？

总频带宽度/每条信道的宽度 = (915 MHz − 890 MHz − 2 × 100 kHz)/ 200 kHz = 124 条

通过计算，能得到 124 条信道。GSM900 的频带实际上有两段，而且两段的宽度是一样的，下行频段也可以用相同的方式规划，划分为 124 条信道。

为了方便区分每条信道，通信中给这些信道进行了编号，上行频段编号从左到右为 1～124 号，下行频段的编号也是从左到右为 1～124 号。通信中将编号后的一对同编号上下行频段放在一起称为频点，共有频点 124 个。如果上行用第 *N* 号频段，那么下行也要用相同的频点 *N* 号的频段。

在通信系统中，频点编号具有唯一性，也就是说已经编号过的频段不会重复编号，使用过的编号号码也不会重复使用。

相同频点号的上下行频段直接距离是相等的，都是 45 MHz，这个距离被称为双工间隔。

GSM900 系统的信道带宽被分成多个相互不重叠的频段，称为子通道，每路信号占据其中一个子通道。频分多址的方案归纳如下：

(1) 频分带宽：每频带带宽相等为 200 kHz。

(2) 保护频带：上下频段的前后各留了 100 kHz 的保护频带。

(3) 频点表示：信道分为 124 条，从左到右依次称为 1～124 号频点。

(4) 双工间隔：同频点上下行双工间隔为 45 MHz。

3. EGSM900 系统

EGSM900(Extended Global System for Mobile at 900 MHz，900 MHz 增强型全球移动通信系统)系统上行使用 880～915 MHz，可以计算出带宽为 35 MHz，从而计算出频点个数为 174 个，在 GSM900 基础上增加的 10 M 频点从左到右编号为 975～1023，剩下的部分和 GSM900 重叠，频点号依然从左到右为 1～124。下行频点用相同的方式划分，可以计算出上下行的双工间隔为 45 MHz。EGSM900 系统的频点规划如图 2-15 所示。

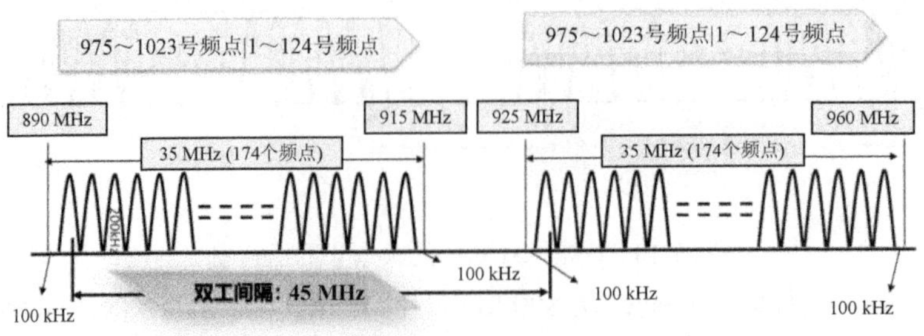

图 2-15　EGSM900 系统的频点规划示意图

EGSM900 系统频分多址的方案归纳如下：

(1) 频分带宽：每频带带宽相等为 200 kHz。

(2) 保护频带：上下频段的前后各留了 100 kHz 的保护频带。

(3) 频点表示：信道分为 174 条，从左到右依次称为 975～1023 号，1～124 号频点。

(4) 双工间隔：同频点上下行双工间隔为 45 MHz。

4. DCS1800 系统

DCS1800 系统上行使用 1710～1785 MHz，可以计算出带宽为 75 MHz，从而计算出频点个数为 374 个。从左到右编号为 512～885。下行频点用相同的方式划分，可以计算出上下行的双工间隔为 95 MHz。DCS1800 系统的频点规划示意图如图 2-16 所示。

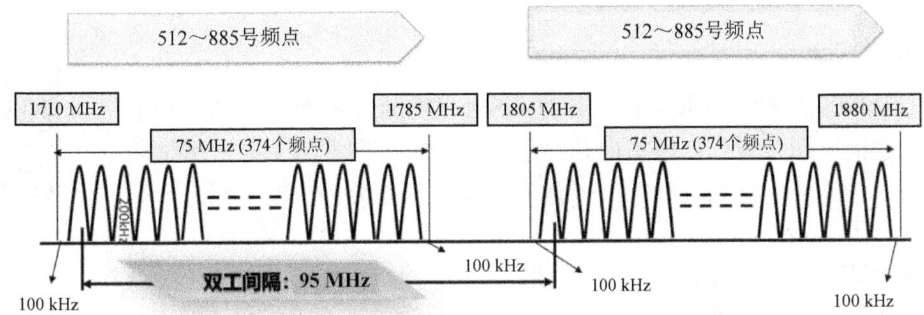

图 2-16　DCS1800 系统的频点规划示意图

DCS1800 系统频分多址的方案归纳如下：

(1) 频分带宽：每频带带宽相等为 200 kHz。

(2) 保护频带：上下频段的前后各留了 100 kHz 的保护频带。

(3) 频点表示：信道分为 374 条，从左到右依次称为 512～885 号频点。

(4) 双工间隔：同频点上下行双工间隔为 95 MHz。

5. PCS1900 系统

PCS1900(Personal Communications Service at 1900 MHz，1900 MHz 私人通信系统)系统上行使用 1850～1910 MHz 的频率，可以计算出带宽为 60 MHz，从而计算出频点个数为 299 个，下行频点用相同的方式划分，可以计算出上下行的双工间隔为 80 MHz。PCS1900 系统的频点规划如图 2-17 所示。

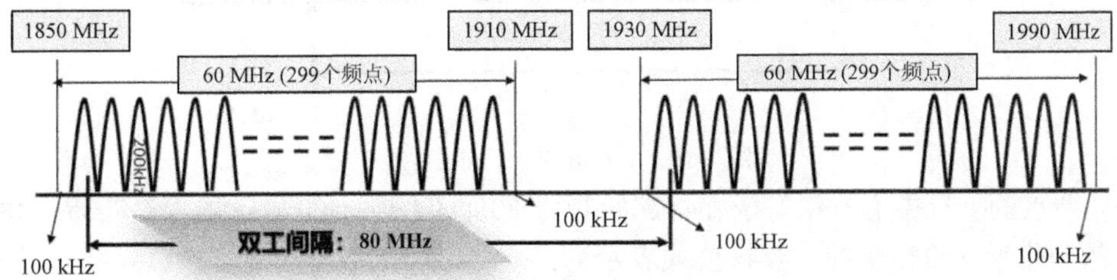

图 2-17　PCS1900 系统的频点规划示意图

PCS1900 系统频分多址的方案归纳如下：

(1) 频分带宽：每频带带宽相等为 200 kHz。

(2) 保护频带：上下频段的前后各留了 100 kHz 的保护频带。

(3) 频点表示：信道分为 299 条。

(4) 双工间隔：同频点上下行双工间隔为 80 MHz。

思政

为什么一些国家用的频段和标准上规定的不一样？设计的系统要符合实际情况，不能生搬硬套。

6. 频点计算

GSM900 的频点计算

以 GSM900 的频点计算为例，计算 GSM 的频点中心频率。基站和手机之间的通信有两个方向：手机向基站通信的传输方向称为上行，基站向手机通信的传输方向称为下行。上下行的频段分别划分为 124 个频点，频点规划图见图 2-14。

用 F 来表示中心频率，上行用 U 表示，下行用 D 表示，第 N 号频点加上角标 N，即第 N 号频点的上行中心频率表示为 F_{UN}，下行中心频率表示为 F_{DN}，那么上下行的中心频率如何计算呢？

首先，分析 1 号频点的上行中心频率 F_{U1}，将 1 号频点附近放大，如图 2-18 所示。

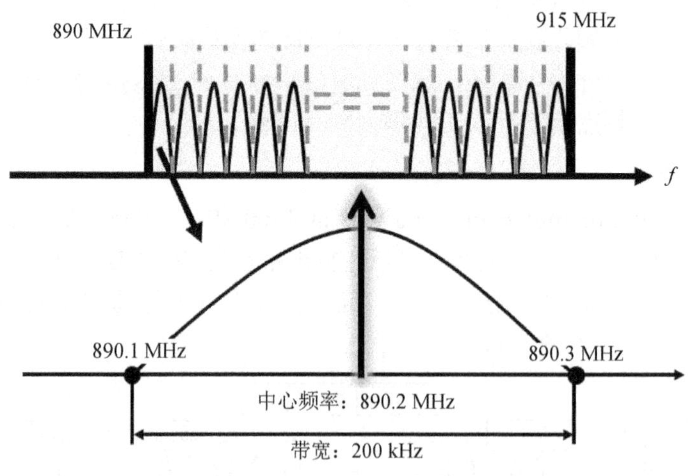

图 2-18　1 号频点上行示意图

1 号频点的上行中心频率等于上行起始频率 890 MHz 加 100 kHz 的保护带宽，再加 1 号频点频分带宽 200 kHz 的一半，公式表示为：

$$F_{U1} = 890\ \text{MHz} + 0.1\ \text{MHz} + 0.2\ \text{MHz}/2 = 890\ \text{MHz} + 0.2\ \text{MHz}$$

其次，分析 2 号频点的上行中心频率 F_{U2}，将 2 号频点附近放大，如图 2-19 所示。

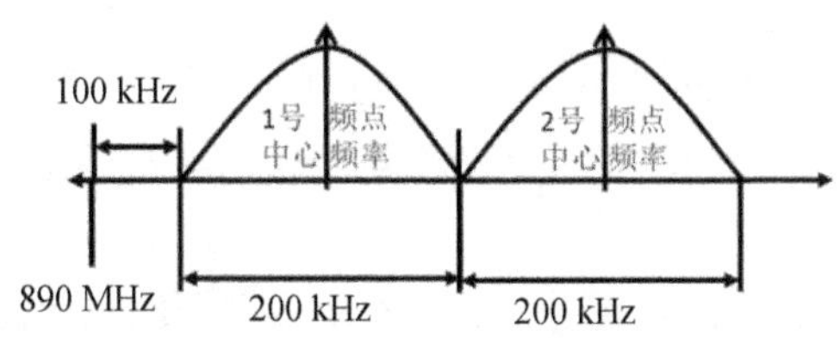

图 2-19　2 号频点上行示意图

2 号频点的上行中心频率等于 1 号频点的中心频率加 1 号频点频分带宽 200 kHz 的一半，再加 2 号频点频分带宽 200 kHz 的一半，公式表示为：

$$F_{U2} = F_{U1} + 0.2\ \text{MHz} / 2 + 0.2\ \text{MHz} / 2 = 890\ \text{MHz} + 0.2 \times 2\ \text{MHz}$$

N 号频点的上行中心频率，按照规律等于其前面一个频点中心频率 $F_{\text{UN-1}}$ 加前一个频点 N-1 频分带宽 200 kHz 的一半，再加本频点 N 频分带宽 200 kHz 的一半，公式表示为：

$$F_{UN} = F_{UN-1} + 0.2\ \text{MHz} / 2 + 0.2\ \text{MHz} / 2 = 890\ \text{MHz} + 0.2 \times N\text{MHz}$$

上下行的双工间隔为 45 MHz，从图 2-13 中可以看到上下行中心频率之间就相差一个双工间隔，可以得到下行频点的计算公式：

$$F_{DN} = F_{UN} + 45\ \text{MHz}$$

在 GSM900 系统中，第 1～124 号频点中的第 N 号频点的上下行中心频率公式为：

$$F_{UN} = 890 + N \times 0.2\ \text{MHz}$$

$$F_{DN} = F_{UN} + 45\ \text{MHz}$$

【例题 2-1】计算频点 50 的上下行中心频率。

$$F_{U50} = 890 + 50 \times 0.2\ \text{MHz} = 900\ \text{MHz}$$

$$F_{D50} = F_{U50} + 45\ \text{MHz} = 945\ \text{MHz}$$

2.1.4　时分多址

时分多址的概念

移动台间共享一个基站的服务时间，称为时分多址。

时分解释为多路信号，在同一信道中，分不同的时间间隙互不干扰地轮流传输。每个通话中的移动台会产生一路语音信号，多个移动台同时通话就产生了多路信号，在同一信道中，是指这些移动台共同使用基站提供的一条收发信道，分不同的时间间隙互不干扰地轮流传输解决了多个移动台发信号的问题，这时的移动台为发送端。

当移动台为接收端时，又怎么处理呢？解决多个移动台收信号的技术称为多址。多址的解释为多个接收地址轮流接收来自同一个信道中的信号。每个移动台作为一个接收端，就相当于一个接收信号的地址，多个移动台就是多个接收地址，轮流接收来自同一个信道中的信号。

1. 时分的实现

同时打电话的移动台怎么实现轮流发送也就是时分呢？下面以三个用户同时打电话为

例，分四步来实现。

(1) 把连续的语音断开，分成时间相等的语音片段。语音分段如图 2-20 所示。

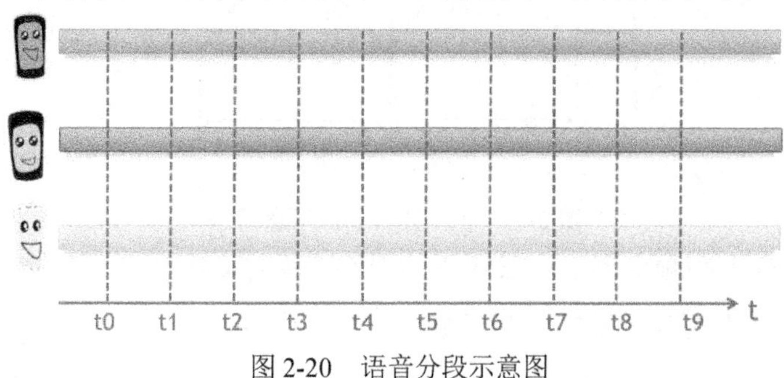

图 2-20　语音分段示意图

(2) 以第一个用户为例，进行第二步，对每个语音片段进行语音压缩，使它们传输时间变短，每个压缩后的语音片段时长称为时间间隙，即时隙。时隙间的空闲时间就可以留给其他用户使用。当三个移动台一起打电话时，对三路信号作相同的处理，来一段压缩一段。语音压缩如图 2-21 所示。

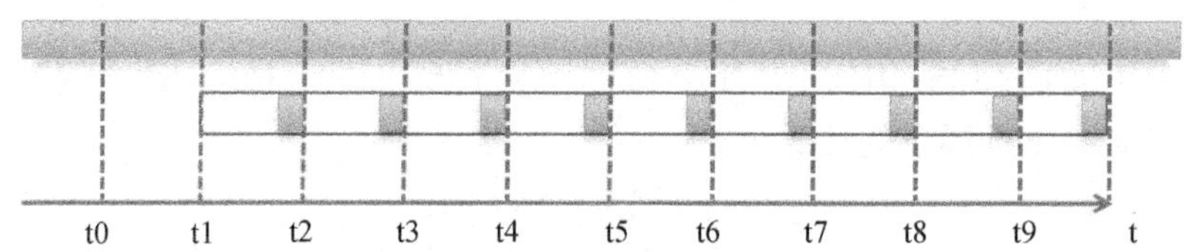

图 2-21　语音压缩示意图

(3) 按先后顺序，轮流传输三个移动台的时隙片段，一个分段时间内传完。

(4) 基站按照到达的先后顺序，将每个用户各一个时隙片段组成一个数据段，称为时分多址帧，如图 2-22 所示。这个帧只需要一条信道就能够传输。

用户1片段　用户2片段　用户3片段

图 2-22　时分多址帧示意图

简单总结时分的过程就是先分段、再压缩，之后轮流传给基站，最后数据片段成帧传输。时分的步骤说明如表 2-2 所示。

表 2-2　时 分 过 程

步骤名称	过 程 解 释
分　段	把连续的语音断开，分成时间相等的短小语音片段
压　缩	对每个语音片段进行语音压缩
轮流传	按先后顺序，轮流传输各个手机的压缩语音片段
成　帧	基站将接收到的数据段组成时分多址帧

时分的完整过程为三个用户的语音同时产生，每路语音分别分段、压缩，然后将同时产生的时隙片段按顺序轮流装入一个帧，这些帧按照形成的先后顺序传送出去。至此实现了同时打电话的移动台轮流发送信号的问题，也就是实现了时分。这些 TDMA 帧在信道中按时间顺序依次传输，而且它们在时间上互不重叠。

2. 多址的实现

同时打电话的移动台怎么实现轮流接收，即多址呢？也就是接收端的基站怎么将不同颜色的语音发到正确的移动台上，通过以下三个步骤就能解决这个问题。

(1) 将语音帧拆分开来，并按先后顺序发出去；

(2) 接收移动台要知道哪个片段是属于自己的，轮到自己的片段就接收，不是自己的就忽视它。第二步接收端选择自己的语音时隙接收信号；

(3) 最后各接收端分别进行第三步，将语音片段进行语音解码，还原原始的语音片段，再将还原的语音片段播放给接收用户。

多址的实现过程就是先拆帧发送，再按需接收，最后还原语音，连续播放。多址的过程说明如表 2-3 所示。

表 2-3　多 址 过 程

步骤名称	过 程 解 释
拆帧发送	基站拆开语音帧，按顺序将语音片段发送出去
按需接收	接收端选择自己的语音时隙接收信号
还原语音	手机进行语音解码，还原原始语音片段，播放给用户

多址的完整过程为语音信号先按顺序拆帧，再把时隙片段依次发出去，移动台选择自己的时隙片段接收，之后语音还原并播放给用户，前一个语音片段快要播完的时候，下一个语音片段刚好接上，用户收听到的都是连续的语音。这样就实现了多址。

3. 时分多址工作过程

时分多址是在一个宽带的无线载波上，按时间(或称为时隙)划分为若干时分信道，每一用户占用一个时隙，只在这一指定的时隙内收(或发)信号，故称为时分多址。此多址方式在数字蜂窝系统中采用，GSM 系统也采用了此种方式。

最简单的情况是单路载频被划分成许多不同的时隙，每个时隙传输一路猝发式信息。TDMA 中关键部分为用户部分，每一个用户分配给一个时隙(在呼叫开始时分配)，用户与基站之间进行同步通信，并对时隙进行计数。当自己的时隙到来时，移动台就启动接收和解调电路，对基站发来的猝发式信息进行解码。同样，当用户要发送信息时，首先将信息进行缓存，等到自己时隙的到来。在时隙开始后，再将信息以加倍的速率发射出去，然后又开始积累下一次猝发式传输，其工作过程如图 2-23 所示。

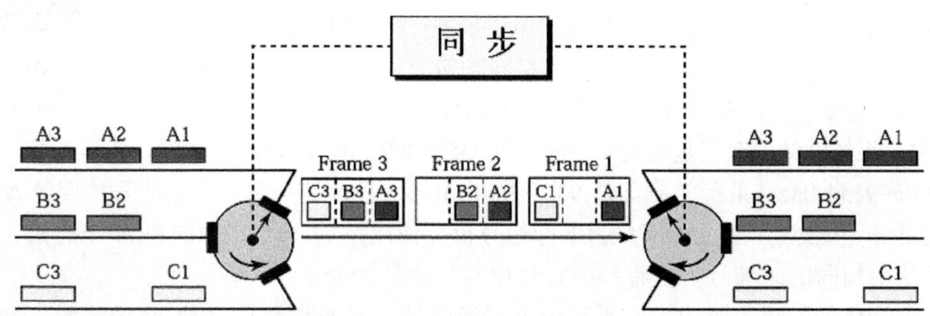

图 2-23　时分多址工作过程示意图

TDMA 的一个变形是在一个单频信道上进行发射和接收，称之为时分双工(TDD)。其最简单的结构就是利用两个时隙，一个发一个收。当移动台发射时基站接收，当基站发射时移动台接收，交替进行。TDD 具有 TDMA 结构的许多优点：猝发式传输、不需要天线的收发共用装置等。它的主要优点是可以在单一载频上实现发射和接收，而不需要上行和下行两个载频，不需要频率切换，因而可以降低成本。TDD 的主要缺点是满足不了大规模系统的容量要求。

4. 时分多址在 GSM 系统中的实现

GSM 系统的时分多址

在 GSM 网络中时分的过程：

(1) 分段，每段长度为 20 ms；

(2) 压缩，就是将语音转换为二进制数，分四个时隙传输，每时隙传输时间为 0.577 ms；

(3) 轮流传，8 个移动台轮流发送时隙片段内容；

(4) 成帧，基站将来自八个移动台的各一时隙片段组成 4.615 ms 的时分多址帧，这个时间足够短，用户几乎感觉不到。GSM 系统的时分多址帧结构如图 2-24 所示。

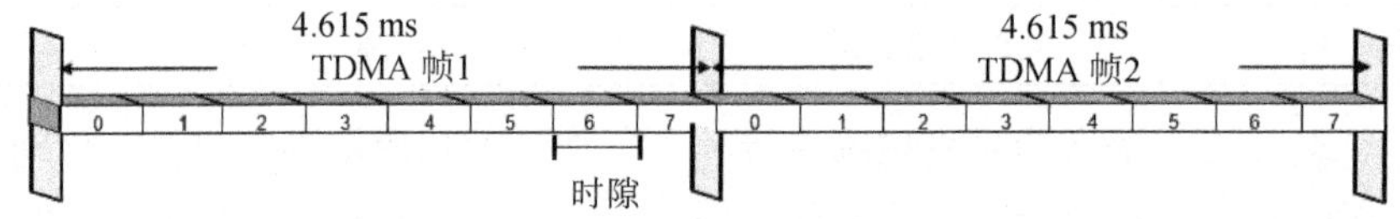

图 2-24 GSM 系统的时分多址帧结构图

在 GSM 网络中多址的过程：

(1) 拆帧发送，基站拆开语音帧，按 8 个时隙的先后顺序发出去；

(2) 按需接收，8 个移动台都记住自己的时隙，轮到自己的时隙的时候，就接收一个时隙的信号；

(3) 还原语音，每个移动台一旦接收到一个时隙信号，就把它解码，还原成原始语音片段，按顺序连续播放给用户。这样时分和多址就全部在 GSM 网中得到了应用。

5. GSM 上下行时隙分配

GSM 系统通信要实现两个工作方向，即手机向基站方向的上行，和基站向手机方向的下行，这两个方向的信号要尽量避免相互干扰。

GSM 系统的 FDD

GSM 系统采取了上行链路和下行链路的信号分别在不同的频带上传输的方法，这种双工方式，称为频分双工，缩写为 FDD。其他通信系统中还用到了一种，上下行数据都在相同频带上，但信号的存在时间不同的双工方式，称为时分双工，缩写为 TDD。

GSM 系统的频分双工是怎么实现的？以 GSM900 为例，它的上行频段是 890～915 MHz，下行的频段是 935～960 MHz。假设某个用户上行信号使用第 N 号频点中的第 m 个时隙，那么该用户的下行信号也要使用第 N 号频点中的第 m 个时隙。上行和下行使用相同的时隙号，上行和下行使用相同的信道号。

上下行信号如果同时收发，不利于上下行信号之间的交互，GSM 系统规定，同一时隙的上行信号的系统时间段，滞后该时隙的下行信号的系统时间段三个时隙。如图 2-25

所示，2 号时隙的上行信号是在下行信号之后的第三个时隙开始时才发送的，即上行滞后下行三个时隙。

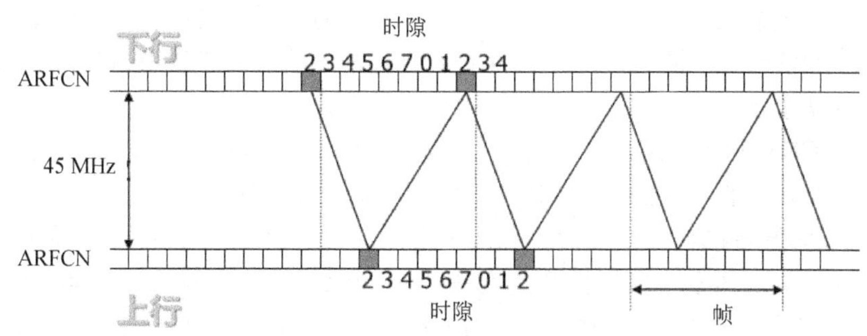

图 2-25　上下行时隙关系示意图

6. 时分多址特点

(1) TDMA 系统的基站只需要一部发射机，可以避免因多部不同频率的发射机同时工作而产生的互调干扰。

(2) 时隙规划简单。方便实现有话音时分配时隙，无话音时不分配，有利于提高系统容量。

(3) 由于移动台只在指定的时隙接收基站给它的信号，在一帧的其他时隙中，就可以接收网络的广播和管理信息，这对加强网络的控制和保证移动台的越区切换是有利的。

(4) TDMA 系统设备必须有精确的定时和同步，才能准确地在指定的时隙接收基站发给它的信号。

思政

(1) 自由：和社会主义核心价值观要求一致，手机的接入要求体现自由的原则，也就是接入自由，合法手机应该可以随时随地接入网络，基站不能拒绝服务。

(2) 平等：时分多址体现了社会主义核心价值观的服务平等原则，每个用户获得的服务都是轮流实现的，发送端是轮流发送，接收端是轮流接收。

(3) 公正：时分的信道分配还体现了社会主义核心价值观的公正原则，每个用户在帧中占用的时隙相等，分配同等的信道资源。多址的信道分配也遵循公正的原则。

(4) 法治：时分多址的实现有法可依，体现了社会主义核心价值观的法治原则。

2.1.5　码分多址

码分多址概述

码分多址是一种利用扩频技术所形成的不同的码序列实现的多址方式。它不像 FDMA、TDMA 那样把用户的信息从频率和时间上进行分离，它可在一个信道上同时传输多个用户的信息，也就是说，允

许用户之间的相互干扰。其关键是信息在传输以前要进行特殊的编码，编码后的信息混合后不会丢失原来的信息。有多少个互为正交的码序列，就可以有多少个用户同时在一个载波上通信。每个发射机都有自己唯一的代码(伪随机码)，同时接收机也知道要接收的代码，用这个代码作为信号的滤波器，接收机就能从所有其他信号的背景中恢复成原来的信息码(这个过程称为解扩)。

码分多址(CDMA)最初是为了获得高保密性和抗干扰能力，于 60 年代作为军事通信技术而开始研究开发的。为什么说 CDMA 的抗干扰能力强呢？

假设一段基带语音信号的频谱如图 2-26 中①部分，CDMA 编码会使频谱展宽很多倍，同时信号强度会降低很多，频谱图变为②中横向浅色的图形，这个过程被称为扩频。经过扩频的信号在信道中传输，如果遇到一段脉冲干扰，如②中纵向深色的图形，可以看到，这个干扰只能影响到信号的很小一部分，信道中还会引入白噪声干扰，如②中横向白色部分。

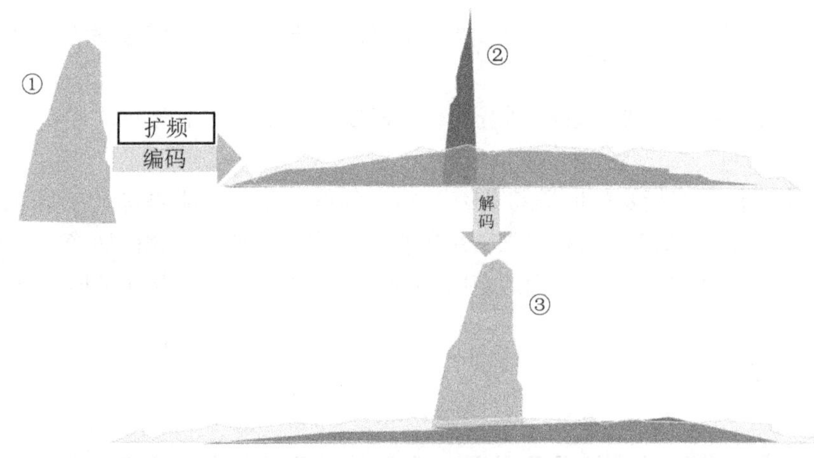

图 2-26　码分多址编解码示意图

接收端进行 CDMA 解码，经过解码后，信号还原，如③中图形，脉冲干扰功率变得很低，白噪声干扰功率也很低，而信号功率相对较高，也就是说，干扰对信号影响不大，所以说 CDMA 有很高的抗干扰能力。

为什么说 CDMA 的保密性高呢？因为 CDMA 编码后的信号可以淹没在白噪声中，也就是说，除了拥有正确解扩码的收发两端，其他人很难分辨出哪些是信号，哪些是噪声，也就无从窃取，从而保证了 CDMA 的高保密性。

2.1.6　非正交多址技术

1. NOMA 技术提出

多址接入技术是无线通信系统网络升级的核心问题，决定了网络的容量和基本性能，并从根本上影响系统的复杂度和部署成本。从 1G 到 4G 无线通信系统，大都采用了正交多址接入(OMA，Orthogonal Multiple Access)方式来避免多址干扰，OMA 技术已经无法满足 5G 对高频谱效率、低传输时延和海量连接的需求。

NOMA(Non-Orthogonal Multiple Access，非正交多址接入)技术方案包括基于功率分

配的 NOMA(PD-NOMA，Power Division based NOMA)、基于稀疏扩频的图样分割多址接入(PDMA，Pattern Division Multiple Access)、稀疏码多址接入(SCMA，Sparse Code Multiple Access)以及基于非稀疏扩频的多用户共享多址接入(Multiple User Sharing Access，MUSA)、基于交织器的交织分割多址接入(IDMA，Interleaving Division Multiple Access)和基于扰码的资源扩展多址接入(RSMA，Resource Spread Multiple Access)等。尽管不同的方案具有不同特性和设计原理，但由于资源的非正交分配，NOMA 较传统的 OMA 具有更高的过载率，从而在不影响用户体验的前提下增加了网络总体吞吐量，满足 5G 的海量连接和高频谱效率的需求。

NOMA 的基本思想是在发送端采用非正交发送，通过功率复用或特征码本设计主动引入干扰信息；在接收端通过串行干扰消除(SIC，Successive Interference Cancellation)接收机实现正确解调。

虽然采用 SIC 技术的接收机复杂度有一定的提高，但是可以允许不同用户占用相同的频谱、时间和空间等资源，在理论上相对 OMA 技术可以取得明显的性能增益，尤其是在时延限制条件下，因此受到学术界和工业界的广泛关注，成为 5G 重要的候选技术。

2. NOMA 技术优势

相比于 OMA 技术，NOMA 的优势体现在以下几个方面：

(1) 信道容量。通过加标签的方法，NOMA 技术可以区分不同的用户，使不同的用户可以在时间域和频率域上复用资源。相对于 OMA 技术，NOMA 技术可以更接近多用户系统的容量上限。此外，在用户之间的公平性、调度的灵活性以及传输速率总和上，NOMA 技术都具有更明显的优势。

(2) 频谱效率和小区边缘吞吐量。在 NOMA 中，用户分享非正交的时频资源，在 AWGN 信道中，虽然 OMA 和 NOMA 都可以达到容量上限，但是 NOMA 可以保证更大的用户公平性。

(3) 连接规模。在 NOMA 中，支持的用户数量不受正交时频资源的严格限制。因此，在资源不足的情况下，NOMA 能够显著增加同时连接的用户数量，从而支持大规模连接。

(4) 延迟和信令开销。在传统的依赖于访问授权请求的 OMA 中，用户发起连接必须先向基站发送调度请求，基站在收到请求之后，通过下行链路发送信号来调度响应用户的接入请求。因此这将极大地增加传输延迟和信令开销，在 5G 的大规模连接、超低时延场景下这是不可接受的。

(5) 信道状态信息。在功率域 NOMA 中，对信道状态信息的准确性要求降低，因为信道状态信息仅用于功率分配。只要信道不快速改变，不准确的信道状态信息将不会严重影响系统性能。

3. NOMA 工作过程

PD-NOMA 根据用户信道质量差异，给共享相同时域、频域、空域资源的不同用户分配不同的功率，在接收端通过 SIC 技术将干扰信号删除，从而实现多址接入和系统容量的提升，PD-NOMA 相对 OMA 可以显著提升单用户速率以及系统和速率，尤其是小区边缘用户速率。

下面以下行单小区 1 个基站服务 2 个用户为例，展示 PD-NOMA 方案的发送端和接收端信号处理流程，如图 2-27 所示。

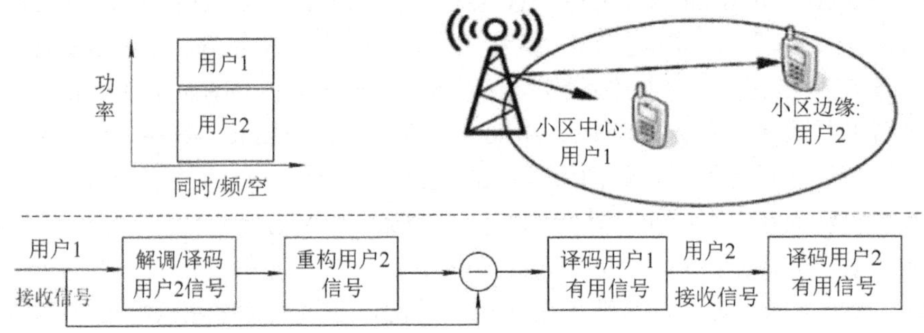

图 2-27　SIC 处理示意图

图 2-27 中各流程说明如下：

(1) 基站发送端。假设用户 1 离基站较近，信噪比(SNR，Signal Noise Ratio)较高，分配较低的功率，用户 2 离基站较远，SNR 较低，分配较高的功率。基站将发送给两个用户的信号进行线性叠加，利用相同的物理资源发送出去。

(2) 用户 1 接收端。用户 1 的接收信号为 y1。由于分给用户 1 的功率低于用户 2，若想正确译码用户 1 的有用信号，需先解调/译码并重构用户 2 的信号，然后进行删除，进而在较好的信噪比条件下译码用户 1 的信号。

(3) 用户 2 接收端。用户 2 的接收信号为 y2。虽然用户 2 的接收信号中，存在传输给用户 1 的信号干扰，但这部分干扰功率低于用户 2 的有用信号功率，不会对用户 2 带来明显的性能影响。因此，可以直接将用户 1 的干扰当作噪声处理，直接译码得到用户的有用信号。

上行 PD-NOMA 的收发信号处理与下行基本对称，叠加的多用户信号在基站接收端通过干扰删除进行区分。其中，对于先译码的用户信号，需要将其他共调度的用户信号当成干扰。

2.2　蜂窝技术

移动通信飞速发展的一大原因是发明了蜂窝技术。移动通信的一大限制是使用频带比较有限，这就限制了系统的容量。蜂窝技术可以使有限的频率范围尽可能大地扩大利用。

移动通信系统是采用一个叫基站(基站收发信台)的设备来提供无线服务范围的。如图 2-28 所示，基站的覆盖范围有大有小，把基站的覆盖范围称为蜂窝。

图 2-28　基站实物图

基站的天线部分有各种形态，可以附着在路灯上，可以隐藏在人造椰子树上等。基站天线异形如图 2-29 所示。

图 2-29　基站天线异形实物图

基站收发信台负责手机信号的发送和接收。在地势较高的地方收发，信号质量更好，传送距离更远，所以基站收发信台都架设得较高。在空旷的地方，要建设专用的铁塔，在建筑设施较多的地方，可以利用现有的资源，将基站天线放到高处。图 2-29 中的路灯基站就是借助了路灯的高度，直接架设在路灯上，还节省了成本。还可以借助建筑物的高度，将基站天线建在楼顶，如图 2-30 所示。

图 2-30　楼顶天线实物图

思政

《中华人民共和国刑法》第一百二十四条　破坏广播电视设施、公用电信设施，危害公共安全的，处三年以上七年以下有期徒刑；造成严重后果的，处七年以上有期徒刑。

过失犯前款罪的，处三年以上七年以下有期徒刑；情节较轻的，处三年以下有期徒刑或者拘役。

2.2.1　大区制和小区制

大区制和小区制

随着距离的增加，声音会逐渐变弱，直至听不清楚。手机信号也存在这个问题，它的传输距离是有限的，怎么样才能让手机无论在哪里都能收发基站的信号呢？这就需要很多个基站，每个基站负责一块区域，每个基站覆盖的区域称为一个小区。那么这个区域定为多大才合适呢？这个问题需要具体情况具体分析。

首先，一个基站收发信台只能收发一定数量的手机信号，如果一个地区手机使用者比较密集，一个基站负责的区域如果过大，就会有手机得不到基站服务，针对手机用户密集的情况，基站也要建设得比较密集，每个基站负责较小的区域。

如果一个地区手机用户比较少，基站就可以管理较大的区域了。

在通信的发展过程中，先发明有线的电话，后发明了手机，手机网络在铺设的时候就借用了传统电话网，手机网之间通过电话网链接，传统电话网称为 PSTN(Public Switched Telephone Network，公共电话交换网)。

基站接收到手机信号后，要进行一系列的处理，才能传到 PSTN 中，反过来从 PSTN 中传过来的信号也要经过处理才能变成适用于基站发送的无线信号。这种信号的处理必须是实时的，最快捷的方法就是，基站直接进行信号处理，但要实现这个处理功能，基站的成本就要极大地增加。

如果基站之间相隔得很近，可以将邻近基站的收发信号放在一起处理，GSM 中负责处理信号的网元称为 MSC(Mobile Switching Center，移动业务交换中心)。

MSC 再将这些小区的信号统一交互给 PSTN。一个 MSC 负责的区域称为一个狭义的服务区。

如果一个基站覆盖整个服务区，称为大区制。大区制的基站集合了 MSC 的功能，具备处理信号的能力，可以直接和 PSTN 进行信息交互。大区制如图 2-31 所示。

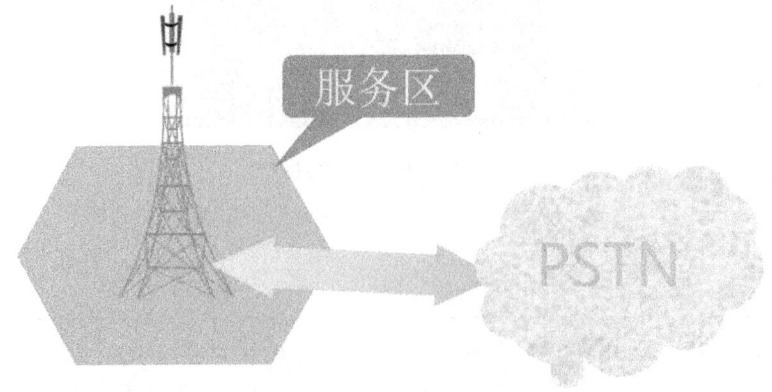

图 2-31　大区制示意图

如果一个基站覆盖整个服务区的一小部分，多个基站将收发的信号统一给一个 MSC 进行处理，之后才能和 PSTN 进行信息交互，就称其为小区制，如图 2-32 所示。

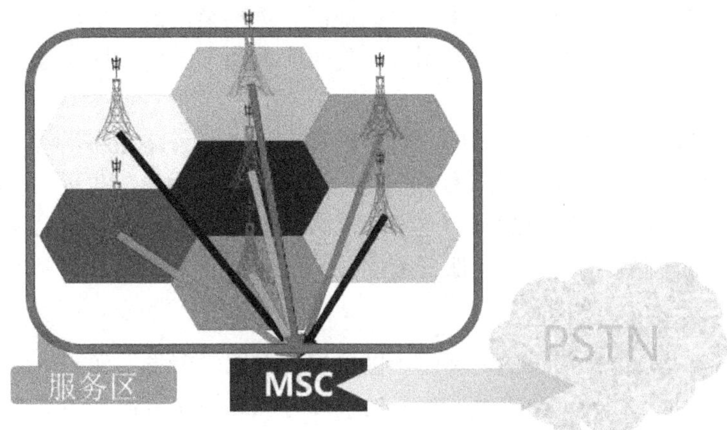

图 2-32　小区制示意图

大区制移动通信一般大区的覆盖半径为 30～50 km。负责的区域大，为了能让区域边界也能收到较好的信号，信号发射功率也比较大，一般为 50～200 W。大区制的天线也比较高，一般高于 30 m。大区制的覆盖范围大，但是通信的能力较差，一个基站收发信台收发信号的个数是较少的，大区制在大范围内只能为很少的手机用户服务。将单位面积内能够容纳的手机用户数定义为通信容量。很显然，大区制的容量较低。称为小容量的大区制。而且由于一个基站负责的区域较大，大区制的服务性能也比较差，频谱利用率也比较低。

小区制的覆盖范围比较小，一般定义为覆盖半径小于 20 km，常用的小区要小于 10 km。相应的信号发射功率也比较小，辐射也相对较小；天线较低，常常借助于建筑物；小区虽然小，单位面积的用户数却很多，所以常说大容量的小区制；而且小区制的服务性能也比较好，频谱利用率也较高。

大区制和小区制的性能对比如表 2-4 所示。

表 2-4　大区制和小区制的性能对比

	大　区　制	小　区　制
服务性能	性能较差，频谱利用率低	性能较好，频谱利用率高
容量	容量小	容量大
天线高度	>30 m	天线较低，常借助于建筑物
发射功率	50～200 W	发射功率小，辐射小
覆盖半径	30～50 km	<20 km

2.2.2　小区覆盖

小区覆盖

每个基站可以为一个小区范围内的用户提供服务，那么这些小区怎么样才能覆盖整个服务区呢？

不是所有的地区都需要架设基站，进行小区覆盖，比如大海、没有人迹的深山中、空旷的草原中、沙漠中，这些地区人迹罕至，或者地广人稀，如果这些地区有通信需求，会采用卫星电话，或者用大区制来实现通信。而小区覆盖主要应用于人口较密集的地区。

哪些地区人口较密集呢？有城市中、村庄的住宅区域、公路铁路沿线、风景区等。这些区域有的是狭长的地区，有的是广袤的平面，需要采用不同的方式进行覆盖。针对狭长的地区用带状服务覆盖区，用户的分布呈条状或带状，如河流、铁路、公路、狭长城市等。针对较宽广的平面型服务器采用面状服务覆盖区。

1. 带状服务覆盖区

沿着铁道或者公路这样细长的道路，小区呈扁圆形比较节省资源，这时每个基站的天线都设计为有方向的，称为定向天线，信号的收发方向和道路方向一致。定向天线带状覆盖如图 2-33 所示。

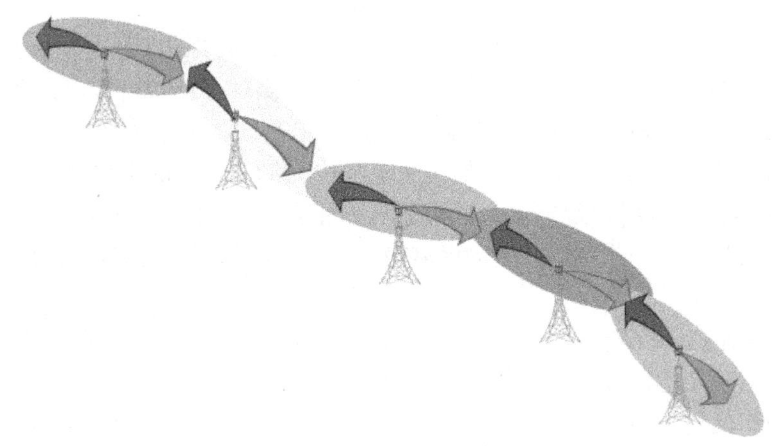

图 2-33 定向天线带状覆盖示意图

如果是较宽的河道需要覆盖，覆盖区的形状就是圆形的了，这时候基站的信号向四面八方发射，使用的天线是全方向的，称为全向天线。全向天线覆盖方式如图 2-34 所示。

图 2-34 全向天线带状覆盖示意图

2. 面状服务覆盖区

覆盖面状区域需要每个基站覆盖的区域尽量大，一般用近似圆形覆盖。

相邻小区之间还要没有缝隙，而且相邻小区之间重叠要小。需要合理地规划基站的位置，为了方便建模将近似圆形的覆盖区域抽象为正多边形。没有缝隙且没有重叠的多边形有三角形、四边形、六边形，选哪个更合理呢？

表 2-5 中给出了这几种图形的区别，从表中可以看到，邻区中心距离相等的情况下，六边形的面积最大，也就是在覆盖相等面积的情况下，需要的六边形最小。再看交叠区，无论是宽度还是面积都是六边形最小，所以选用六边形来构建基站覆盖区域模型。

表 2-5　形 状 对 比

小区形状	正三角形	正方形	正六边形
邻区距离	r	r	r
小区面积	$1.3r^2$	$2r^2$	$2.6r^2$
交叠区宽度	r^2	$0.59r^2$	$0.27r^2$
交叠区面积	$1.2\pi r^2$	$0.73\pi r^2$	$0.35\pi r^2$

注意：实际上，由于无线系统覆盖区的地形地貌不同，无线电波传播环境不同，产生的电波的长期衰落和短期衰落不同，一个小区的实际无线覆盖是一个不规则的形状。

2.2.3　蜂窝网

用许多正六边形作为基本的几何图形覆盖整个服务区所构成的类似蜂窝的移动通信网称为蜂窝网。每个蜂窝半径要根据覆盖区域的用户密集程度来设计。

1. 蜂窝分类

根据蜂窝的半径大小对蜂窝分类如下：

(1) 在用户比较稀疏的地区，采用宏蜂窝，蜂窝的半径为 2～20 km。

(2) 用户再密集一点的地区采用微蜂窝，蜂窝的半径为 0.4～2 km。

(3) 用户进一步密集的地区采用皮蜂窝，蜂窝的半径小于 400 m。

人口更加密集的区域采用分层蜂窝，这种蜂窝由多种蜂窝组成，根据实际需要选择蜂窝的大小，比如学校覆盖区，教室和宿舍楼蜂窝要密集一些，广场和绿化带等地方蜂窝可以稀疏一些。复杂用户分布情况还可以采用多维小区。

2. 蜂窝小区系统的特点

蜂窝小区系统有以下三个主要特点：

(1) 无线频率资源复用。由系统所选用的调制方式、带宽确定载干比，在满足这个载干比要求的前提下考虑多径衰落等因素确定同频复用保护距离。

(2) 越区自动切换。当一个移动用户从某小区移动到另一个小区时，为使通话不被中断需要自动切换信道，用户不会察觉到这个过程。

(3) 信道不平衡分配，根据情况进行小区分裂。通信网的最终目的是满足用户信息传递的需要(如话务，数据等)，移动网由于其本身的特点，话务分配极不平衡。

3. 同邻频干扰

同频干扰标记为 C/I，是指当不同小区使用相同频率时，另一小区对服务小区产生的干扰，它们的比值即 C/I，GSM 规范中一般要求 C/I＞9 dB；工程中一般加 3 dB 余量，即要求 C/I＞12 dB。

图 2-35 为同频干扰示意图，在图中车载移动台可能同时收到来自近端基站和高山上基站的隶属于 A 群的同频信号，设计中，车载移动台应该接收来自近端的信号，但是由于高山上的基站位置较高，信号过强且没有被阻挡，导致到达车载移动台附近时信号依然很强，对车载移动台的正常接收信号产生了较强的干扰，当这个 C/I 小于 12 dB 时，信号质量就会受到严重影响。

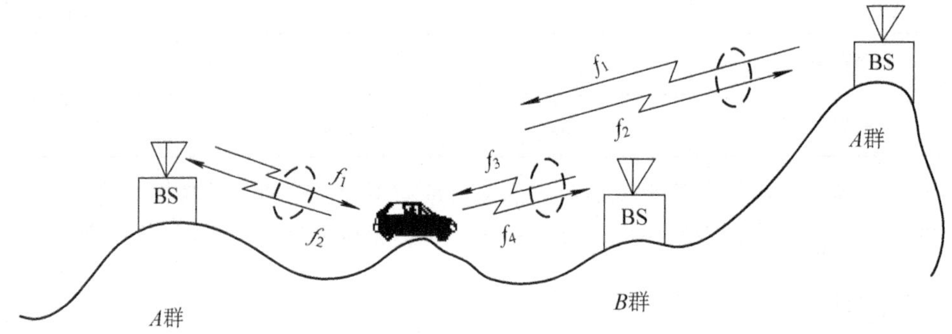

图 2-35　同频干扰示意图

邻频干扰 C/A 是指在频率复用模式下，邻近频道会对服务小区使用的频道进行干扰，这两个信号间的比值即 C/A。GSM 规范中一般要求 C/A>−9 dB。

所以在实际设计中，相邻的小区既不能使用同频也不能使用邻频。

4. 激励方式

基站如何发信号，才能让蜂窝的六边形中任意地点都能收到信号呢？在移动通信中将基站发送信号的方式称为激励方式。

基站发送信号主要有两种激励方式：中心激励与顶点激励。

(1) 中心激励将基站设在小区的正中央，天线采用面向四面八方的全向天线，发出的信号形成圆形覆盖区，这种天线在各个方向上的传播特性一致，只要保证信号的强度能够到达六边形的六个角就可以实现信号覆盖。中心激励对应的站点称为 O 形站点。中心激励如图 2-36 所示。

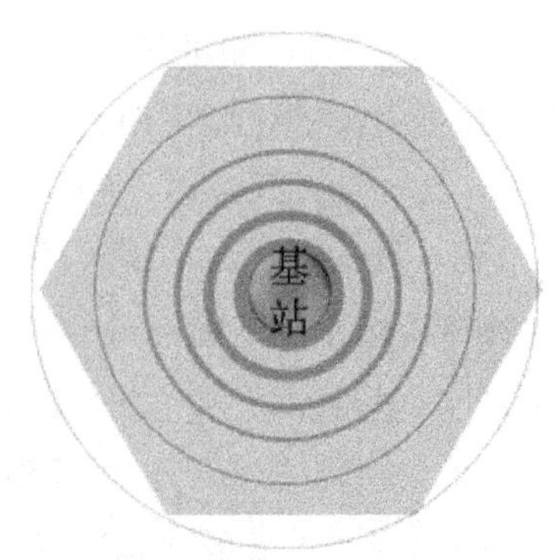

图 2-36　中心激励示意图

(2) 顶点激励将基站设在正六边形的顶点上，如设在三个不相邻的顶点上，每个基站向这三个顶点发送信号，相邻方向之间的夹角为 120°，这时使用定向天线，定向天线发出的信号形成扇形覆盖区，扇面的夹角也是 120°，这样三个天线可以完整覆盖一个六边形。顶点激励对应的站点称为 S 型站点。顶点激励如图 2-37 所示。

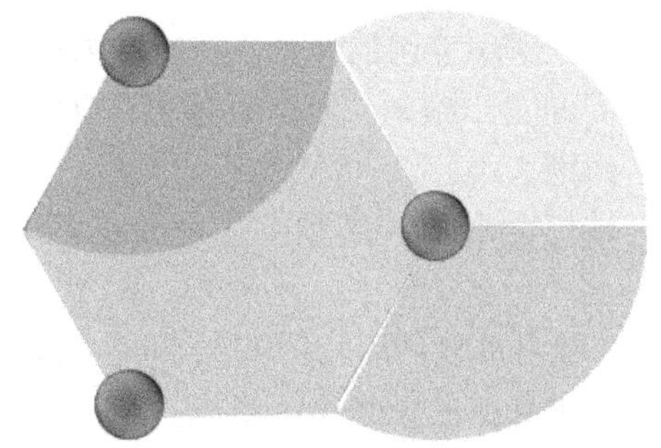

图 2-37　顶点激励示意图

5. 蜂窝网的功能

各种蜂窝网移动通信系统均具有下列主要功能：

(1) 具有与公用电话网进行自动交换的能力。

(2) 双工通信，话音质量接近市话网。

(3) 双向自动拨号，包括移动用户与市话用户间的直接拨号以及移动台之间的直接拨号。移动台可采用预拨号方式，在按“发送键”前不占用无线链路，可把被呼号码存入寄存器中并在显示屏上显示，有修改功能。

(4) 采用小区制信道再用技术，提高频率使用效率。

(5) 能适应不同业务密度需要。例如初建时，小区半径较大，适合业务密度较低状况。当用户密度增大时，通过可增加信道机构以满足较多用户的需要。当用户密度很大时(例如市中心)，通过小区分裂(减小小区半径)可以满足高业务密度地区的用户需要。

(6) 具有自动功率控制、自动过境切换信道(在 FDMA 方式时即为频道)技术。

(7) 设备通用性较强，接口标准规范统一。

(8) 各地之间可以联网，具有自动漫游功能。

2.2.4　频率复用概念

蜂窝小区
频率复用

在全双工工作方式中，一个无线电信道包含一对信道频率，每个方向都用一个频率作发射。在覆盖半径为 R 的地理区域 C1 内，一个小区使用无线电信道 F1，也可以在另一个相距 D、覆盖半径也为 R 的小区内再次使用 F1。

频率复用是蜂窝移动无线电系统的核心概念。利用了随着距离增加，信号会逐渐减弱这一特性。如果两个用户相隔足够远，相互之间的干扰小到不影响通信质量，这两个用户就可以使用相同的频点。在频率复用系统中，处在不同地理位置(不同的小区)上的用户可以同时使用相同频率的信道，频率复用系统可以极大地提高频谱效率。但是，如果系统设计得不好，将产生严重的干扰，这种干扰称为同频干扰。这种干扰是由于不同小区使用相同频率造成的，是在频率复用系统中必须考虑的重要问题。

2.2.5　频率复用方案

无线区群分析计算

1. 复用的概念

可以在时域与空间域内使用频率复用的概念。在时域内的频率复用是指在不同的时隙里占用相同的工作频率，叫做时分多路(TDM)。在空间域上的频率复用可分为下列两大类：

(1) 两个不同的地理区域里配置相同的频率。例如在不同的城市中使用相同频率的AM或FM广播电台。

(2) 在一个系统的作用区域内重复使用相同的频率——这种方案用于蜂窝系统中。蜂窝式移动电话网通常是先由若干邻接的无线小区组成一个无线区群，再由若干个无线区群构成整个服务区。为了防止同频干扰，要求每个区群(即单位无线区群)中的小区，不得使用相同频率，只有在不同的无线区群中，才可使用相同的频率。

2. 无线区群

单位无线区群(小区簇)的构成应满足下列两个基本条件：

(1) 若干个单位无线区群彼此邻接且无空隙地组成蜂窝式服务区域。

无线区群图样是由若干个正六边形小区组成的。这个就相当于用固定图样的地砖铺地，而且这个图样是由多个正六边形拼接组合成的，并且铺地时规定了方向，如表2-6所示图样一，边缘会有多处不能邻接，地砖之间也会有空隙，空白的地方就是通信的盲区，没有信号，不能正常通信。如表2-6所示图样二、图样三，既能邻接又可以无缝覆盖，只有这样的图样才符合无线区群的第一个条件。这个条件保证了通信系统在设计上没有盲区，就是没有信号覆盖不到的地方。

表2-6　图样示例

	图样一	图样二	图样三
单位图样	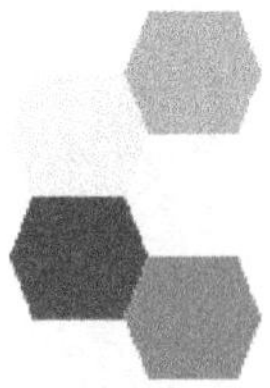	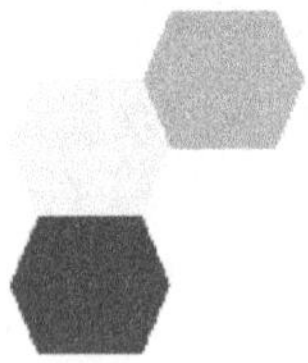	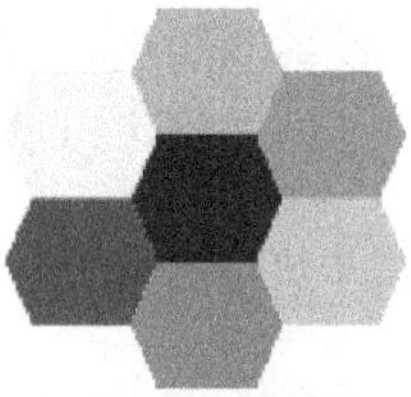
组合图样	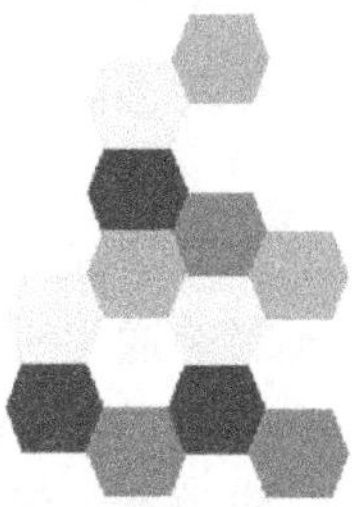	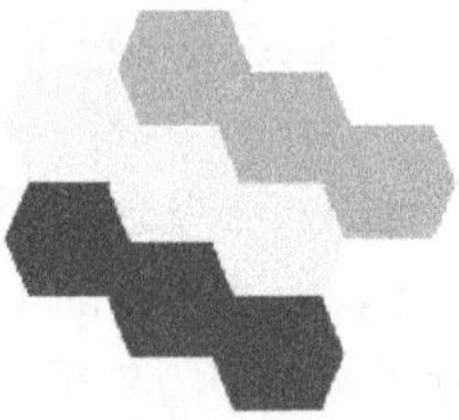	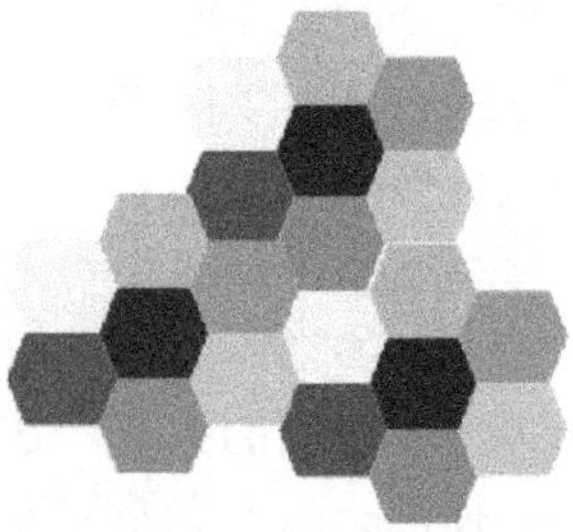

(2) 邻接单位无线区群中的同频无线小区的中心间距相等且最大。

距离相等是说同一方向上最近的两个同频小区中心之间的距离都是一样的，这样可以保证通信质量的均衡统一。图样二和图样三都满足这个要求。同频小区距离最大的要求，是让同频小区尽量远，从而让同频间的干扰尽量小。图样二同频小区是挨着的，显然不满足这个要求。

通过表 2-6 的分析可以知道，满足这些条件的区群的图样和区群内小区数(即频率组数)的取值不是任意的，需要具体进行规划。

3. 频率复用模式

将单位区群内的小区个数定义为 K，工程上称为频率复用模式。无线区群的技术已经很成熟了，不需要去设计图样，套用现成的模板就可以了。

但是当需要对一个已经规划好的小区进行优化时，会根据频点使用分布来分析它使用了 K 值为多少的无线区群，并且能够计算同频小区距离等主要参数。

【案例一】图 2-38 中相同颜色的小区使用相同的频点，颜色不同使用的频点不同，这个案例的 K 值是多少呢？

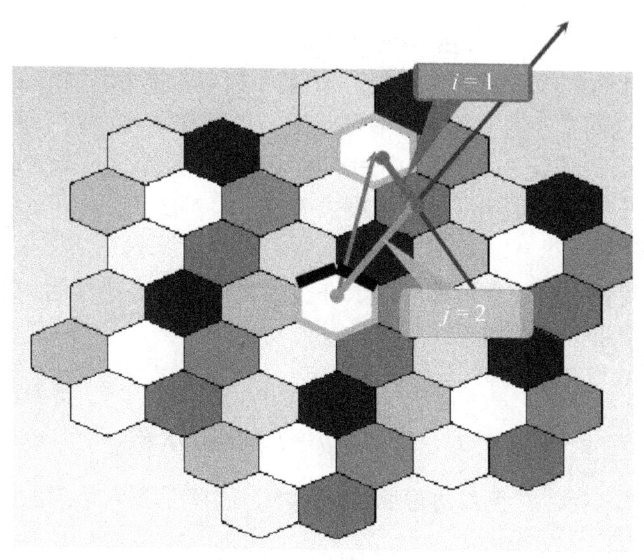

图 2-38　K 值计算案例一

先找到两个临近的同频小区，比如框子圈出的两个白色小区，它们之间没有离它们更近的白色同频小区了。找出下方这个小区靠近对方的边，发现有两个边符合要求，任选一个边就可以了。从中间小区的中心点向这个边作垂线。另一个白色小区也从中心点向靠近对方的边作垂线，这个垂线要能和刚才那条垂线相交，这样只能选择这个边。相交的点分别和两个小区的中心点形成一个线段，记录两个线段经过了几个边界，一条线段经过了一个边界，标为 $i = 1$，另一条线段经过了两个边界，标为 $j = 2$。则 K 值的计算公式：

$$K = i^2 + ij + j^2 = 12 + 1 \times 2 + 2^2 = 7$$

这个例子中可以计算得到，K 等于 7。

【案例二】图 2-39 中相同颜色的小区使用相同的频点，颜色不同使用的频点不同，

这个案例的 K 值是多少呢？

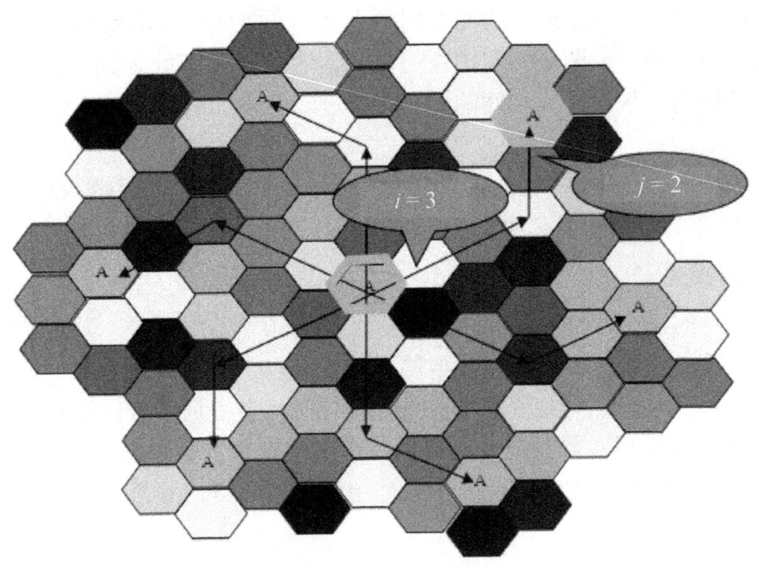

图 2-39　K 值计算案例二

先找到两个相邻的同频小区，图中标为 A 的小区频率是相同的。选择中心的 A 小区和右上方的 A 小区这两个小区，分别向着临近对方的边作垂线，两个垂线段分别经过了 3 个小区和 2 个小区，记录 $i=3$，$j=2$。中间小区和其他相邻小区一起计算 ij 可以得到相同的结论。通过公式计算可以得到频率复用模式 K：

$$K=i^2+ij+j^2=3^2+3\times2+2^2=19$$

允许同频率重复使用的最小距离取决于许多因素，如中心小区附近的同频率小区数，地理地形类别，每个小区基站的天线高度及发射功率。

图 2-40 中，频率复用距离 D 可由下式确定：

$$D=\sqrt{3(i^2+ij+j^2)}R=\sqrt{3K}R$$

其中，R 是小区半径，在正六边形蜂窝结构中，也就是正六边形的边长。

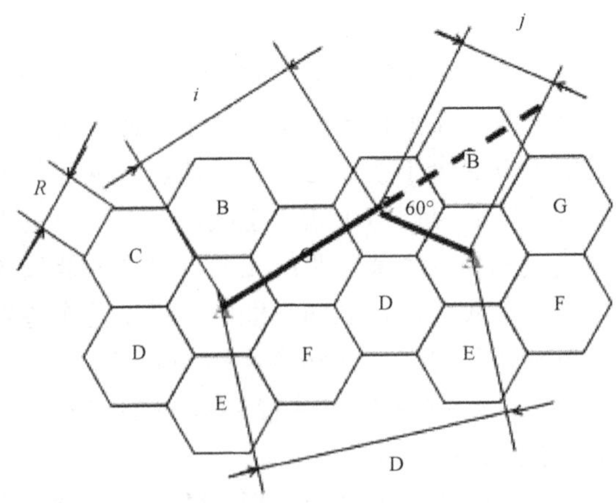

图 2-40　小区簇和频率复用距离示意图

同频复用距离保护系数：

$$q = \frac{D}{R} = \sqrt{3K}$$

这个保护系数可以衡量同频小区之间的干扰强弱，q 值越大，干扰越小。

如果所有小区基站发射相同的功率，当 K 增加时，频率复用距离 D 也增加。增加了的频率复用距离将减小同频干扰发生的可能。

从理论上来说，K 应该大些，然而，分配的频点总数是固定的。如果 K 太大，则 K 个小区中分配给每个小区的频点数将减少。如果随着 K 的增加而增加 K 个小区中的频点总数，则频率使用效率就会降低。工程上要求在满足同频干扰要求的情况下，应尽可能取小的 K 值。常用的值有 3、4、7、12 等。

4. 典型案例

【案例一】依据图 2-41 所示的复用方案，计算 i、j、K、D、q。

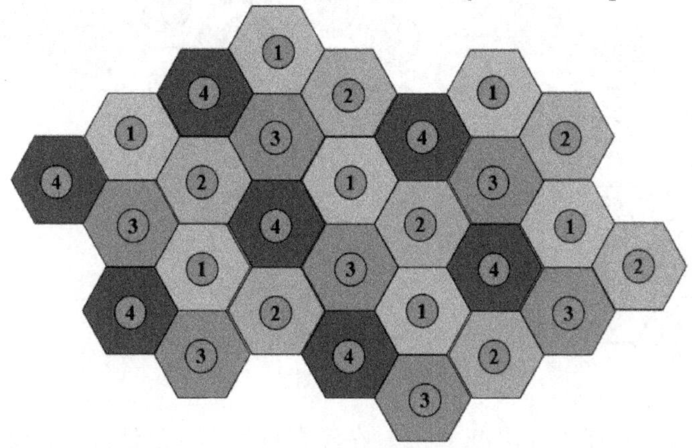

图 2-41　案例一

选 1 号小区来计算，如图 2-42 所示，它的临近同频小区有两个，选择哪个呢？这个涉及一个同频小区的选取原则，如果有小区做垂线可以直达对方小区就选择这个小区。

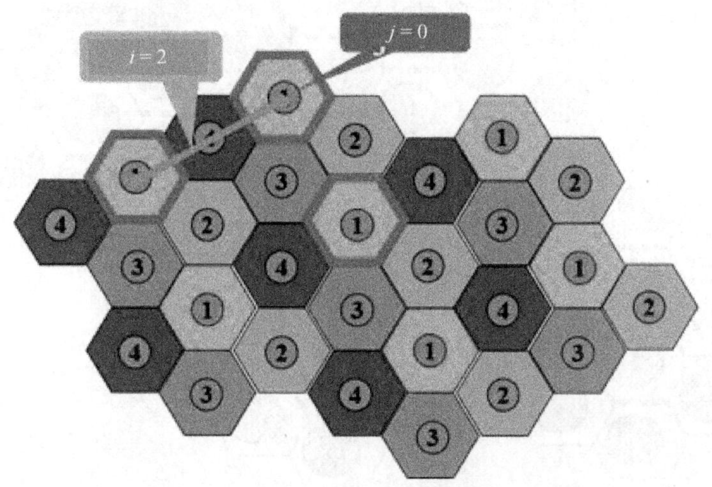

图 2-42　案例一分析

可以直达的两个小区中心的垂线段经过了 2 个小区，即 $i=2$，这种情况下没有 j 值，即 $j=0$，经过计算得到：

$$K=i^2+ij+j^2=2^2+2\times 0+0^2=4$$

$$D=\sqrt{3K}R=3.4R$$

$$q=\frac{D}{R}=\sqrt{3K}=3.46$$

【案例二】依据图 2-43 所示的复用方案，计算 i、j、K、D、q。

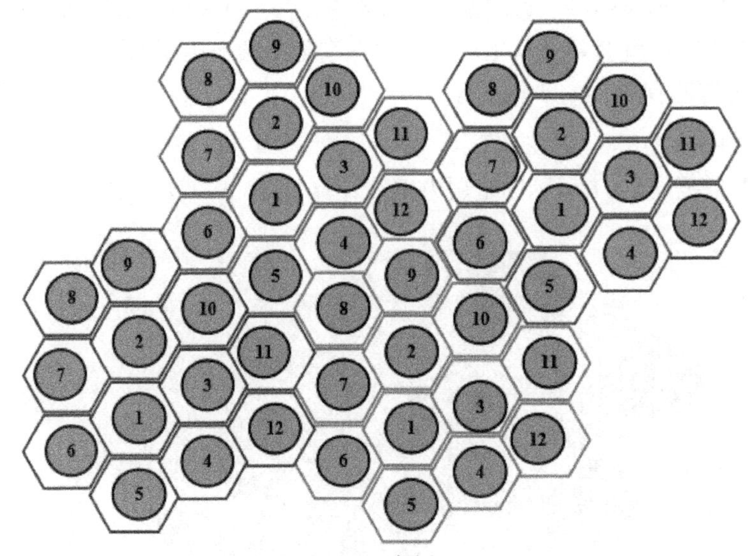

图 2-43　案例二

如图 2-44 所示，选择 8 号小区计算。在没有直达小区的情况下，选择一个相邻小区计算：

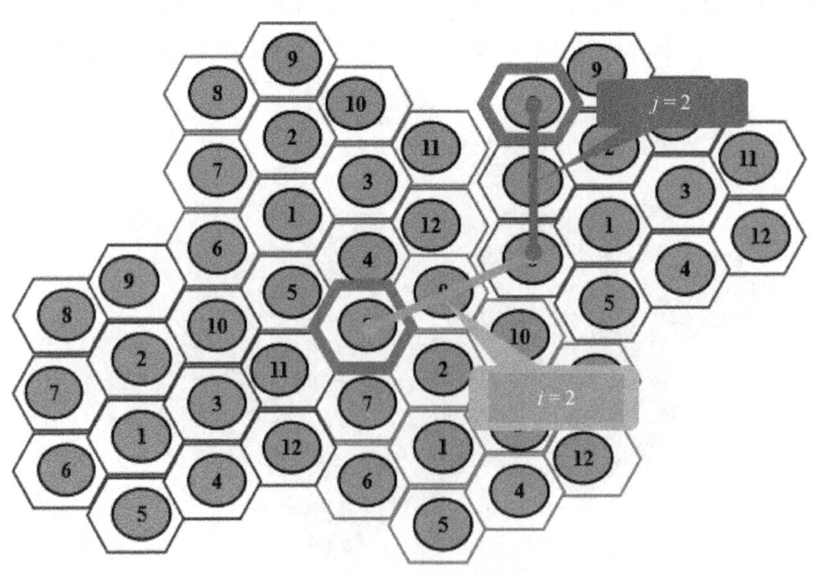

图 2-44　案例二分析

可以分析出 $i=2$，$j=2$，从而计算可得：

$$K = i^2 + ij + j^2 = 2^2 + 2 \times 2 + 2^2 = 12$$

$$D = \sqrt{3K}R = 6R$$

$$q = \frac{D}{R} = \sqrt{3K} = 6$$

2.2.6　无线区群设计案例

无线区群设计案例

顶点激励无线区群图样设计中最经典的设计方案为 4×3 频率复用方式。4 指每个单元无线区群中架设 4 个基站，3 指每个基站的覆盖区域划分为三个扇区。4×3 频率复用方式如图 2-45 所示。

这四个基站共计 12 个扇区都分配不同的频点，共计需要规划 12 组频点。GSM 规范要求同频干扰的信噪比要高于 9 dB，工程中一般加 3 dB 余量，即要求高于 12 dB。4×3 频率复用方式信噪比达到 18 dB，远远高于工程上的 12 dB 要求。

第二种常用的无线区群图样称为 3×3 频率复用方式，如图 2-46 所示。前面的 3 指每个单元无线区群中架设 3 个基站，后面的 3 指每个基站的覆盖区域划分为三个扇区。这 3 个基站共计 9 个扇区都分配不同的频点，共计需要规划 9 组频点。3×3 频率复用方式信噪比达到 13.3 dB，符合工程上大于 12 dB 的要求。

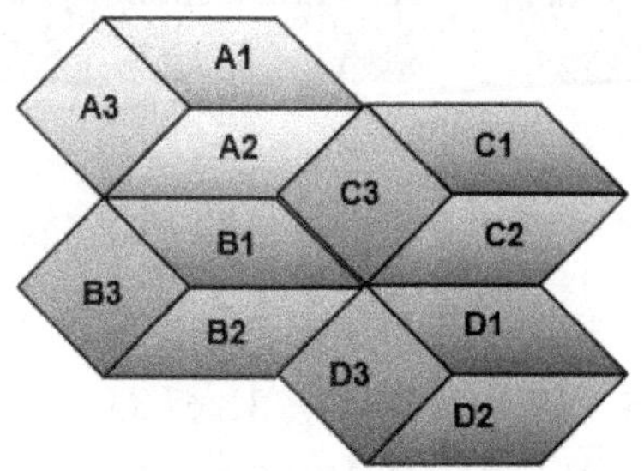

图 2-45　4×3 频率复用方式

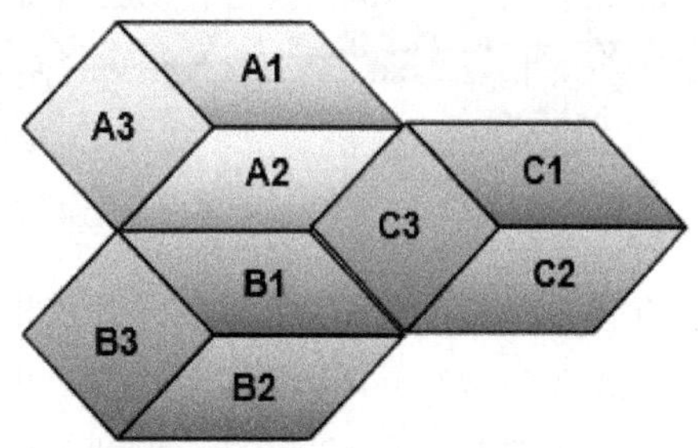

图 2-46　3×3 频率复用方式

还有一种精简的无线区群图样，称为 1×3 频率复用方式，如图 2-47 所示。每个单元无线区群中仅架设 1 个基站，这个基站的覆盖区域划分为三个扇区。这 3 个扇区分配不同的频点，只需要规划 3 组频点。但是它的信噪比仅达到 9.43 dB，符合 GSM 规范 9 dB 的要求，但不符合工程上的 12 dB 要求。这种无线区群图样一般应用于频率资源比较紧张的通信网络。

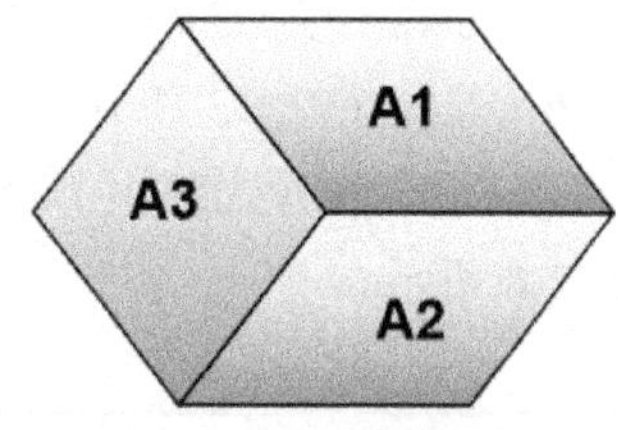

图 2-47　1×3 频率复用方式

这些典型的无线区群图样如何应用呢？下面以一个 4×3 频率复用方式为例进行介绍。

【案例一】现在运营商有 7.2M 带宽进行规划，也就是说包含 36 个连续的频点，要求采用 4×3 频率复用方式进行规划。

规划图见图 2-45，为了方便分析，将这 36 个频点按顺序标为 1 到 36，这里的序号不是指频点号。将四个基站分别命名为 ABCD，三个方向的扇区分别标注角标 1、2、3。下面进行频点分配。频点分配有一个原则，相邻的扇区不能用相邻的频点，这样要求是为了降低邻频干扰。先将频点如表 2-7 中所示，按顺序进行分配，看看是否合理。

表 2-7　规划方式一

扇区名称	A1	B1	C1	D1	A2	B2	C2	D2	A3	B3	C3	D3
规划频点 1	1	2	3	4	5	6	7	8	9	10	11	12
规划频点 2	13	14	15	16	17	18	19	20	21	22	23	24
规划频点 3	25	26	27	28	29	30	31	32	33	34	35	36

四个基站的空间排布可以有以下六种方式，如图 2-48 所示，依次进行验证，是否有相邻的扇区用到了相邻的频点。

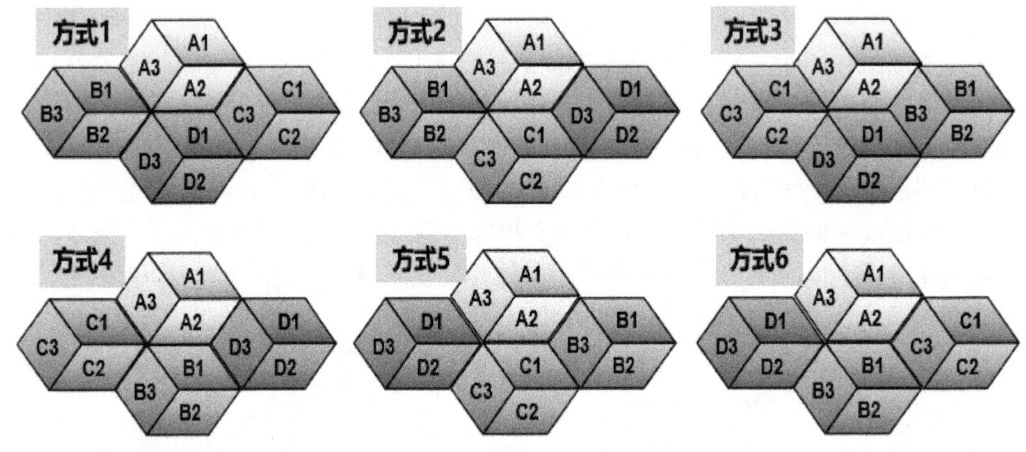

图 2-48　4×3 的六种排布方式

(1) 方式 1 中 D1 和 A2 相邻，用到了相邻频点 4 和 5，16 和 17，28 和 29。

(2) 方式 2 中 D2 和 A3 相邻，用到了相邻频点 8 和 9，20 和 21，32 和 33。

(3) 方式 3 中 D1 和 A2 相邻，用到了相邻频点 4 和 5，16 和 17，28 和 29。

(4) 方式 4 中 D2 和 A3 相邻，用到了相邻频点 8 和 9，20 和 21，32 和 33。

(5) 方式 5 中 D3 和 A1 相邻，用到了相邻频点 12 和 13，24 和 25。

(6) 方式 6 中 D3 和 A1 相邻，用到了相邻频点 12 和 13，24 和 25。

经分析六种方式都不符合要求。需要换一种频点规划方式，找到这样一种分配方案，如表 2-8 所示。

表 2-8　规划方式二

扇区名称	A1	B1	C1	D1	A2	B2	C2	D2	A3	B3	C3	D3
规划频点 1	1	2	4	3	5	8	7	6	9	11	10	12
规划频点 2	13	14	16	15	17	20	19	18	21	23	22	24
规划频点 3	25	26	28	27	29	32	31	30	33	35	34	36

对六种基站排布方式进行验证。

(1) 方式 1：发现没有邻频相邻，这种方式是合适的。

(2) 方式 2：C1 和 A2 相邻，用到了相邻频点 4 和 5，16 和 17，28 和 29。

(3) 方式 3：B2 和 A3 相邻，用到了相邻频点 8 和 9，20 和 21，32 和 33。

(4) 方式 4：没有邻频相邻，符合要求。

(5) 方式 5：C1 和 A2 相邻，用到了相邻频点 4 和 5，16 和 17，28 和 29；B2 和 A3 相邻，用到了相邻频点 8 和 9，20 和 21，32 和 33；D3 和 A1 相邻，用到了相邻频点 12 和 13，24 和 25。这个邻频是最多的。

(6) 方式 6：D3 和 A1 相邻，用到了相邻频点 12 和 13，24 和 25。

所以可以采取这种频率分配方案进行频点分配，基站排布方式可以选择方式 1 或者方式 4。

2.2.7　小区分裂

小区分裂

前面讲解的无线区群覆盖中，规划的整个服务区中每个区的大小都是相同的，这只能适应用户密度均匀的情况。事实上服务区内的用户密度是不均匀的：城市中心商业区的用户密度高，居民区和市郊区的用户密度低。在用户密度高的市中心区，可使小区的面积小一些；在用户密度低的市郊区，可使小区的面积大一些。

现在假设一个地区的蜂窝通信网已投入使用，随着城市建设的发展，原来的用户低密度区，可能变成了用户高密度区，原有的小区已经不能满足通信要求，那么，该怎么解决这个问题呢？

在假设每个小区支持的用户数恒定的前提下，提高通信容量就需要把小区面积变小，怎么才能做到呢？

拆除原有基站，重新规划，成本太高也不合理。可以在原有基站的基础上添加新的基站，缩小原有基站的覆盖面积，将小区面积变小，这个方法就是小区分裂。有两种方法实现小区分裂。

第一种方法针对中心激励的基站，如图 2-49 所示。

基站架设在小区的中心点上，新的基站架设在原小区的六边形边界的中心点，新建基站的覆盖半径是原小区的一半，六边形小区的六个边上都新建同样大小的小区。原小区覆盖半径 R 也要缩减为原来的一半，这样就完成了小区分裂。新小区半径是原来的一半，那么小区覆盖面积 S 变为原来的四分之一。也就是说原来一个小区覆盖的面积，现在需要四个小区来覆盖。如果每个小区承载的用户数不变，那么单位面积承载的用户个数也就是小区的通信容量 T 就变为了原来的四倍，也就是说经过小区分裂，通信承载能力增加到原来的四倍。

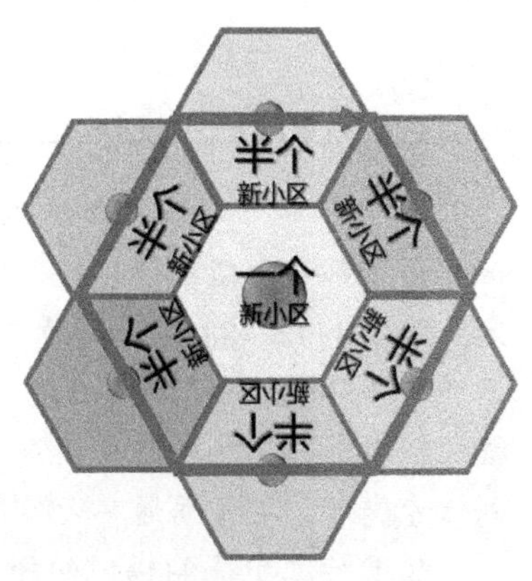

图 2-49　中心激励小区分裂示意图

第二种分裂方法针对顶点激励的基站，如图 2-50 所示，基站建在六边形小区不相邻的三个顶点上。在原小区没有基站的三个顶点上，沿着夹角方向增加三个小区，新小区的半径也是原小区的一半，即新小区的覆盖半径缩减为原小区的一半。这种分裂方式面积也变为四分之一，通信容量也变为原来的四倍。

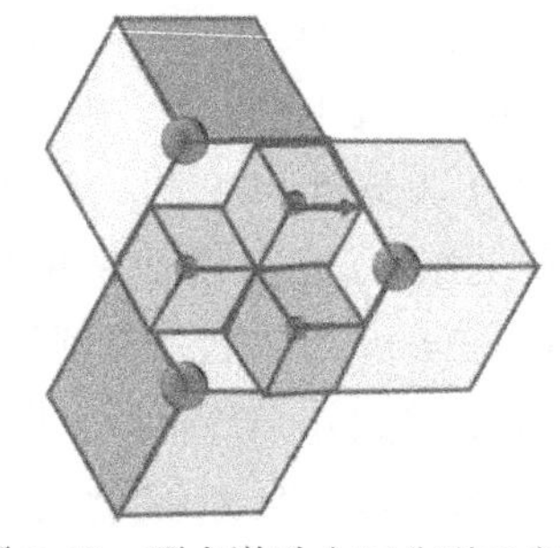

图 2-50　顶点激励小区分裂示意图

综合两种分裂方式，新小区的变化可以总结如下：

$R_{新} = R_{旧}/2$

$S_{新} = S_{旧}/4$

$T_{新} = 4T_{旧}$

如果还达不到通信要求，可以进一步分裂，再分裂，直到满足需求，如图 2-51 所示，左侧为中心激励小区的多次分裂，右侧为顶点激励小区的多次分裂。

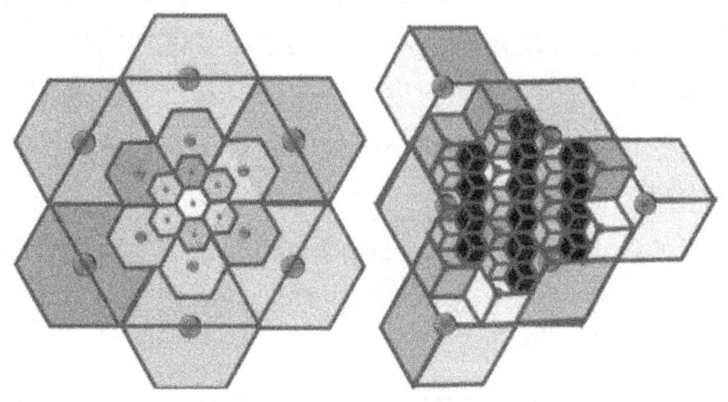

图 2-51　小区多次分裂示意图

每分裂一次通信容量都变为原来的四倍。原小区容量表示为 T_0，那么，经过 n 次分裂的小区容量：

$$T_n = 4n\, T_0$$

小区分裂会使越区频道切换变得频繁。最多容许分裂次数将取决于基站选址及系统处理越区切换的能力。

思政

基站的辐射到底有多大

为了加强电磁环境管理，保障公众健康，中国于 2014 年对《电磁辐射防护规定》(GB 8702—88)和《环境电磁波卫生标准》(GB 9175—88)进行整合修订，出台了《电磁环境控制限值》(GB 8702—2014)，并于 2015 年 1 月 1 日起正式实行。根据该标准，通信频段功率密度应小于 40 微瓦/平方厘米。(实际情况中，因为考虑到信号叠加，运营商通常会控制在 8 微瓦/平方厘米。)

我国标准中基站辐射的强度，是太阳光照射强度的 1/2500。而且频率范围属于非电离辐射，离电离辐射频段很远。基站辐射对人体的影响是微乎其微的，几乎可以忽略不计。

2.3　功率控制技术

无论是手机还是基站，向外发送信号都要耗费一定的功率，根据自由空间电磁波传播理论，接收功率 P_{r} 可以使用式(2-1)表示：

$$P_{\mathrm{r}} = P_{\mathrm{t}}\left(\frac{\lambda}{4\pi d}\right)^2 g_t g_r \tag{2-1}$$

式中，P_{t} 为发射机送至天线的功率，g_t 和 g_r 分别为发射和接收天线增益，λ 为波长，d 为接收天线和发射天线的距离。

可知当天线类型和发射功率一定的条件下，在远端(自由空间)接收的能量密度(信号强度)仅与接收点和天线的距离有关。远端接收信号如图 2-52 所示。

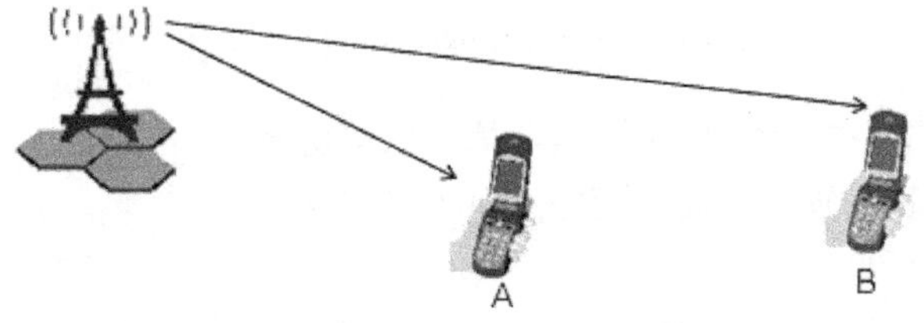

图 2-52　远端接收信号示意图

以基站为例，发射功率大，信号就传得远，发射功率小信号就传得近。那么发射功率应该大点好还是小点好呢？读者可能觉得信号传得远点比较好，但是信号传得太远就可能对附近的同频小区产生影响。那么信号传得太近，信号可能无法到达小区的边缘地带，会导致小区边缘没有信号，这样也会影响通信质量。所以要对手机和基站的发射功率进行控制。

功率控制就是在无线传播上对手机或基站的发射功率进行控制，根据需要调整手机或基站的发射功率。对于手机用户来说，功率控制可以按需调整发射功率，手机电池的使用时间变长了，而且功率控制避免了用户间不必要的干扰，用户能感觉到通话质量变好。功率控制从网络指标来说可以减少网络的内部干扰。

功率控制把手机和基站的测量数据作为功率控制过程决策的原始数据，通过处理分析这些原始数据，做出相应的控制决策。

在讨论 GSM 系统的基站和手机的发射功率时，要注意手机只在指定的信道(频率/时隙)收发信息，所以上行时，控制的是手机的发射功率，即主体是移动台 MS。而基站要在多个信道上收发信息，功率控制都是对于指定的信道来进行的(主载频上的信道不参加功控)。所以下行时，GSM 系统一个基站收发信台可以通过时分多址的方式轮流为 8 个用户服务，这些用户和基站的距离可能不一样，那么要分别对八个时隙进行控制，也就是说，下行功率控制的主体是时隙 TS。虽然基站的平均发射功率远大于手机的平均发射功率，但是，如果仅从单一信道的角度来看，基站的发射功率和手机的发射功率是基本相同的。

2.3.1 功率控制流程

功控概述

功率控制的工作流程如图 2-53 所示。

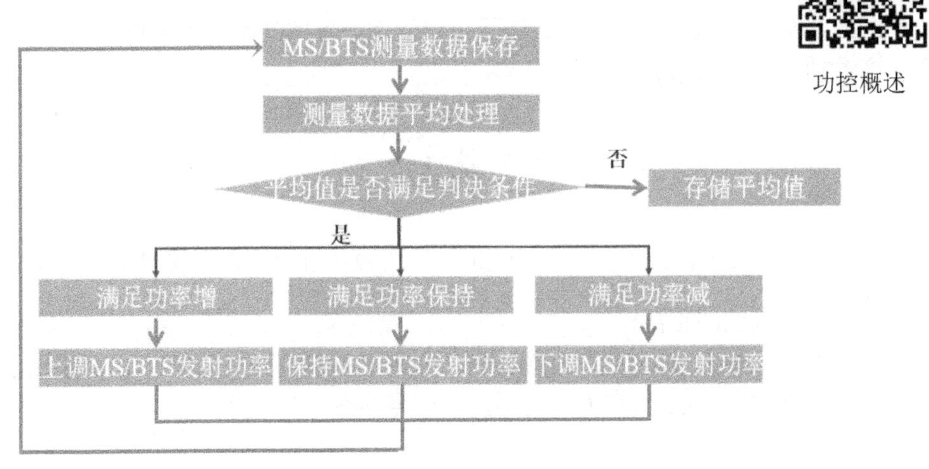

图 2-53 功率控制的工作流程示意图

(1) 测量数据保存。功率控制的依据是信号质量测量报告，当收到一组 MS/BTS 测量数据时，要先对数据进行保存，测量数据类型包括上行信号电平、上行信号质量、下行信号电平、下行信号质量。

(2) 测量数据平均处理：采用前向平均法，即功率在决策时使用多个测量值的平均值。对不同的测量数据类型，使用的测量数据个数不一样。

(3) 功率控制决策。需要 3 个参数，门限值、*N* 值和 *P* 值。若最近的 *N* 个平均值中有 *P* 个超过门限值，就说明信号电平高或信号质量太好。若最近的 *N* 个平均值中有 *P* 个低于门限值，则说明信号电平过低或信号质量太差。如果满足功率增的条件，就要上调 MS/BTS 发射功率；如果满足功率保持的条件，那么保持 MS/BTS 发射功率；如果满足功率减的条件，就要下调 MS/BTS 发射功率；如果哪种条件都不满足，就存储平均值。在通用的功率控制系统中，许多系统没有功率保持选项。

(4) 功率控制命令发送。根据功率控制命令的结论，将相应的控制命令通知基站，由基站转发给手机。

(5) 测量数据修正。实施功率控制之后，原来的测量数据和平均值已没有意义，需要删掉或重新修正，使数据可以继续使用，再进行新的一次循环。

2.3.2 功率控制分类

功控的分类

1. 按照功率控制方式分类

为了防止邻近的同频小区互相干扰，希望基站发出的信号功率不要太强，只要确保本小区的边缘能够保证质量地接收到基站的信号就可以了，这样可以在满足通信质量要求的前提下，从后台限制基站收发信台 BTS 的最大发射功率。通用的手机也会限制最大发射功率，这种直接在后台限制 MS 或 BTS 的最大发射功率的功率控制方式称为静态功控。

每一个用户距离基站的远近都是不一样的，手机在使用过程中还可以根据实际的距离来调整手机和基站的发射功率，这种在非空闲模式下根据用户所处的无线环境由网络来进行动态的决定 MS 或 BTS 的发射功率的功率控制方式称为动态功控。

总之按照功率控制方式，可以分为静态功控和动态功控。

动态功控在调整功率时可以采取普通功控和快速功控两种形式。

普通功控每次功控调整都上调或下调固定大小的功率，称调整的功率大小为步长。普通功控采用固定步长的形式对功率进行调整，这个固定的步长一般为 2 dB。在 GSM 系统中功控命令每 480 ms 下发一次，而发送端每 13 帧调整 2 dB，大约 60 ms，如图 2-54 所示。比如下发了一个功率增的命令，每 60 ms 左右发送端的发射功率都会上调 2 分贝，480 ms 的时间内共调整了 8 次，直到下一个功控命令到来。假设这个命令是功率减，每 60 ms 左右发送端的发射功率都会下调 2 dB，480 ms 的时间内依然调整了 8 次，直到下一个功控命令到来，周而复始地进行调整。

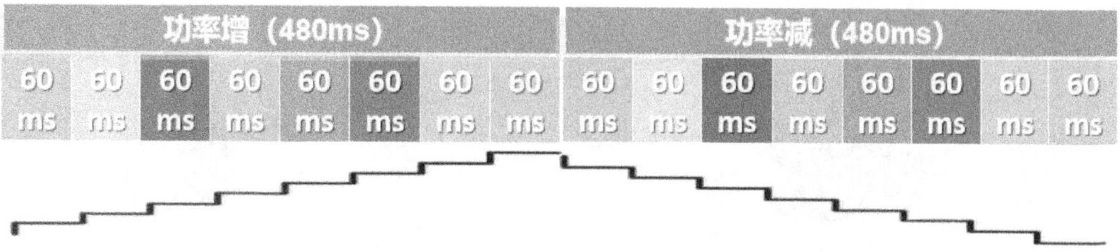

功率增（480ms）　功率减（480ms）

60 ms　60 ms　60 ms　60 ms　60 ms　60 ms　60 ms　60 ms　60 ms　60 ms　60 ms　60 ms　60 ms　60 ms　60 ms　60 ms

图 2-54　普通功控示意图

快速功控是一步到位的调整，无论需要的功率和当前的功率差距有多大，直接将功率调整到需要的强度。这种采用非固定步长的形式对功率进行调整的方式称为快速功控。

2. 按照功率控制对象分类

功率控制按照控制对象可以分为上行功控和下行功控。

(1) 上行功控：调整 MS 的输出功率，使 BTS 获得稳定接收信号强度，以减少对同邻频的干扰，降低移动台功耗。上行功控如图 2-55 所示。

图 2-55　上行功控示意图

对于静态功控，GSM900 移动台的最大输出功率是 8 W，GSM 规范中最大允许功率是 20 W，但现在还没有 20 W 的移动台存在。DCS1800 移动台的最大输出功率是 1 W，相应地，它的小区也要小一些。

对于动态功控，GSM 以普通功控为主，所有的 GSM 手机都可以以 2 dB 为一等级来调整它们的发送功率。

上行功控的性能体现在：

① 在电池功耗方面，当使用 MS 功率控制以后，MS 的耗电量减少，能最大限度地减少充电次数和延长通话时间。

② 在干扰方面，不使用功控的情况下，离基站近的手机信号好一些，离基站远的手机信号就会很差。使用了功控后，离基站近的手机发射功率调小些，离基站较远的手机发射功率调大一些。这样可以在保持充分好的通话质量的前提下，增加同时通话的连接数量。

③ 在 MS 距离 BTS 太近的情况下，MS 还以过高的功率发射，使 MS 发信机长时间处在满负荷的工作状态下，MS 的灵敏度会下降，通话质量会变差；若 BTS 以过高的功率发射，可能使 MS 接收机饱和，通话质量也会变差。若 MS 的功率可以按需求调整，则发生上面两种危害的可能性就会下降。

(2) 下行功控：调整 BTS 的输出功率，使 MS 获得稳定接收信号强度，以减少对同邻频的干扰，降低基站功耗。下行功控如图 2-56 所示。

图 2-56　下行功控示意图

下行功控的静态功控取决于设计的小区的大小。动态功控的方法和上行功控类似，BTS 的发射功率变化步长也为 2 dB。下行功控可以降低干扰，降低备用电池功耗，兼顾接收机饱和度，提高信号质量和保证信号强度。

3. 按照功率控制有无反馈分类

按照功率控制有无反馈可以分为开环功控和闭环功控。

开环功控和
闭环功控

(1) 开环功控指发射端根据自身测量得到的信息对发射功率进行控制。例如手机根据测得的 BCCH 信道的功率(BCCH 信道的发射功率恒定，手机可以根据接收到的信号强度估计路径损耗)，来控制 RACH 信道上发射信号的功率。

如图 2-57 所示，① 移动台收到了一段来自基站的信息，测量报告分析这段信息的信号质量，如果质量较差(较好)，② 移动台会提高(降低)自己的发射功率。也就是说移动台根据接收到的总的信号功率，会对需要的发射功率作出粗略的初始判断，此时发送多大的功率是移动台自己决定的，没有参考基站的意见，所以开环功控只有一方参与功控。

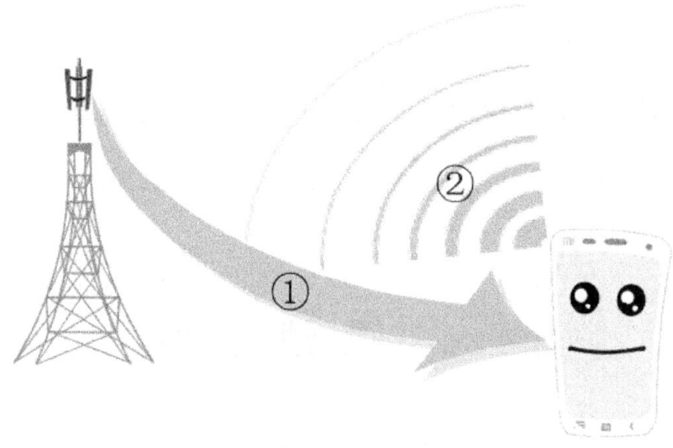

图 2-57　开环功控示意图

开环功控手段比较粗糙，使用的前提是假定上下行方向上具有完全相同的路径损耗，因此，它不能反映不对称的路径损耗。初始判断是基于接收到的总的信号功率，移动台从其他基站接收到的功率也会导致该判断不准确。

(2) 闭环功控指发射端根据接收端送来的反馈信息对发射功率进行控制。例如手机在 TCH 信道上信号的发射功率，根据 BTS 反馈的接收信号的强度来进行调整。

如图 2-58 所示，① 移动台收到了一段信息，测量报告分析这段信息信号质量较差，② 移动台会给基站发送功控意见，③ 基站会根据这个意见调整发射功率，从而做到较细致的功率控制。

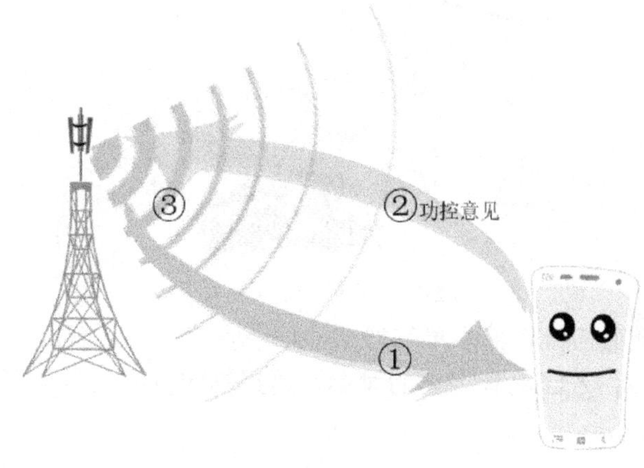

图 2-58　闭环功控示意图

因为在闭环功控的过程中移动台和基站都参与了，所以闭环功控是双方都参与功控。

闭环功控可以补偿上下行路径之间的不对称，由发往移动台的提升功率(0)和降低功率(1)指令组成，根据在基站测得的信号强度并予以特定门限值(给定值)相比较确定发送 0 或 1。

闭环功控命令每秒发射 800 次，并始终以全功率发射确保对方能够收到。闭环功控允许补偿快衰落的影响。

思政

功率控制的核心思想在于约束手机和基站的功率，正如同学们要约束自身行为一样，这是文明的体现。

2.4　跳频技术

手机与基站之间是通过无线的方式通信的，而无线环境非常复杂。影响通信质量的主要因素：

(1) 噪声干扰：无线信号是裸露在自由空间中的，无处不在的噪声会干扰信号的传输，而且这种干扰是不均匀分布的。

(2) 多径干扰：无线信号没有办法限制在一条路径上，在空间上会有很多条路径到达终点，这些多径信号传输的路程有长有短，会导致信号的时延不同，信号间会相互干扰。多径干扰如图 2-59 所示。

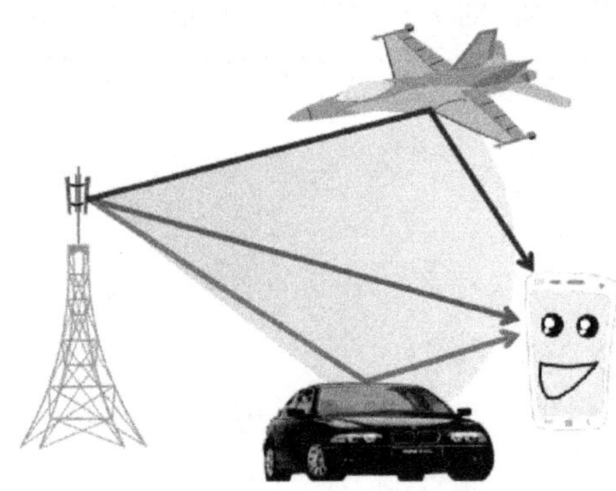

图 2-59　多径干扰示意图

(3) 衰落：而且随着信号传输距离的增加，信号强度会逐渐衰落。

(4) 阴影效应：传输方向上有物体的遮挡，遮挡物的背面信号会变弱，称为阴影效应。阴影效应如图 2-60 所示。

图 2-60　阴影效应示意图

针对这些不利因素，移动通信系统要采用一些技术来改善通信质量，如跳频技术。

1. 跳频技术的概念

跳频概述

通常所接触的无线通信系统都是载波频率固定的通信系统，如无线对讲机，汽车移动电话等，它们都是在指定的频率上进行通信，所以也称作定频通信。

无线传输频段按频率不同可以划分为很多条信道，在这些信道中会存在各种各样的干扰。无线信号在信道中传输，有的可能干扰很小，有的可能长时间处在干扰中。而且，信道环境是复杂多变的，很难预测干扰什么时候出现，什么时候消失。如何让无线信号避开长时间的干扰呢？可以让信号在若干频点之间跳变，即上一时刻使用某个频点，下一时刻就使用其他频点，而且信号在每个频点的停留时间都非常短暂，这样即使在某个频点遇到了强干扰，也能快速离开，如图 2-61 所示，这路信号不会长期处于强干扰中。

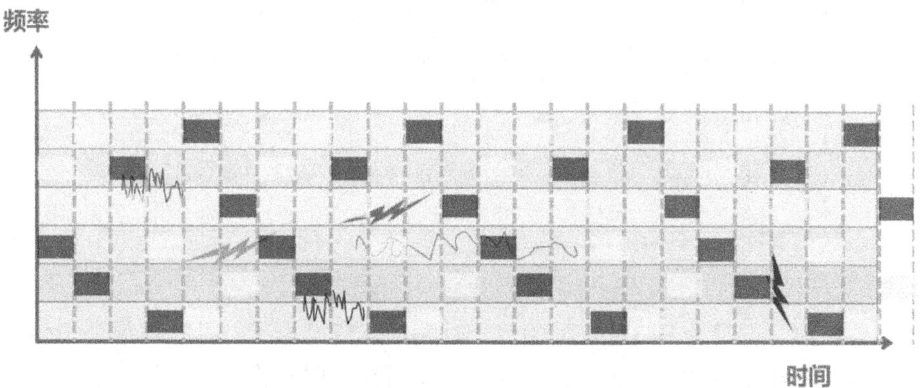

图 2-61　跳频示意图

如果发送的信号随便跳变，接收端跟不上节奏就接收不到正确的信号了，所以这种频点间的跳变不能是随机的，要让这种跳变遵循一定规律和速度。

跳频技术使原先固定不变的无线电发信频率按一定的规律和速度来回跳变，让对方也按此规律同步跟踪接收。使用跳频技术的通信系统称为跳频通信系统。

跳频技术可以获得较好的保密性和抗干扰能力，还可以改善衰落。首先，跳频技术极大地增强了信号的抗干扰能力，通过改变发送频率，尽量避开干扰点。其次，信号不会长期在衰落大的环境下传输，可以改善衰落。最后，频率跳变规律是私密的，只有收发两端知道，其他用户不知道跳变规律也就没有办法非法监听通信，跳频技术能获得较好的保密性。

2. 跳频技术的分类

帧跳频和时隙跳频

(1) 按照跳频的速度不同，可以将跳频分为快速和慢速两种。

跳频频率高于信息比特率时，称作快速跳频；跳频频率低于信息比特率时，称作慢速跳频。GSM 中的跳频属于慢速跳频，频率为每秒钟 217 次。

(2) 跳频方式按照驻留时间分为帧跳频和时隙跳频。

① 帧跳频，每个 TDMA 帧频点变换一次，即 4.615 ms 跳变一次。在这种方式下，每一个载频可以看做一个信道，在一个小区中帧跳频时 BCCH 所在的发信机载频上的 TCH 不能参与跳频。

帧跳频可以参考图 2-62，图中有五个频点可供跳变选择，每个频点都是由若干帧组成的，每个帧中有 8 个时隙分别标识为 TS0～TS7。信号 U1～U8 初始时都在 f_1 中传输，分别使用时隙 TS0～TS7，U9 和 U10 在 f_4 中传输，U9 使用 TS0 时隙，U10 使用 TS2 时隙。第二个帧开始时，开始跳频，同一帧中的 U1～U8 信号整体跳变到了 f_2，同一帧中的 U9 和 U10 信号整体跳变到了 f_3。帧跳频就是一个帧中的 8 路信号，保持传输时隙不变，每次跳频一起跳到相同的频点。

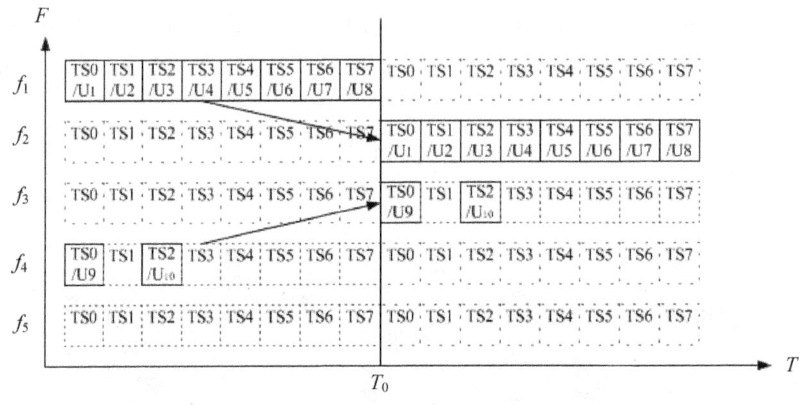

图 2-62 帧跳频示意图

② 时隙跳频，即每个 TDMA 帧的每个时隙频点变换一次，时隙跳频时 BCCH 所在的发信机中的 TCH 可以参加跳频，但目前只在基带跳频时实现。

时隙跳频见图 2-63，初始时依然是信号 U1～U8 都在 f_1 中传输，分别使用时隙 TS0～TS7，U9 和 U10 在 f_4 中传输，U9 使用 TS0 时隙，U10 使用 TS2 时隙、第二个帧开始时，开始跳频，TS0 传输时，U1 跳变到了 f_2，U9 跳变到了 f_5；TS1 传输时，U2 跳变到了 f_3；TS2 传输时，U10 跳变到了 f_1，U3 跳变到了 f_5；TS3 传输时，U4 跳变到了 f_2；TS4 传输时，U5 跳变到了 f_4；TS5 传输时，U6 跳变到了 f_3；TS6 传输时，U7 跳变到了 f_5；TS7 传输时，U8 跳变到了 f_1，也就是说时隙跳频，是每个时隙中传输的信号分别跳频。

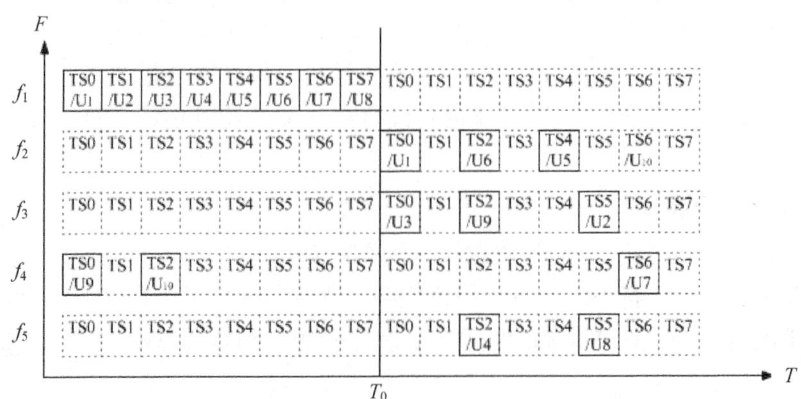

图 2-63 时隙跳频示意图

对于某一个用户来说，这两种跳频方式在时间间隔上有没有区别呢？以 U4 为例，帧跳频时，间隔一个帧的时间由 f_1 跳变到了 f_2；时隙跳频时，也是间隔一个帧的时间，频点由 f_1 跳变到了 f_2。对于某一个用户来说，两种跳频方式的跳频间隔时间是一样的，都是一个帧的时间。

帧跳频和时隙跳频，从手机侧来看，在处理上都是一样的，只需要在每个帧的相应时隙跳变一次即可，即每秒跳 217 次。从基站侧来看，帧跳频在频点跳变的时候，该频点上的 8 个时隙同时跳变到新的频率上；时隙跳频是该频点上的 8 个时隙可以独立分开跳变到不同的频率上。

(3) 从载频实现方式上分为射频跳频和基带跳频。

基带跳频和射频跳频

射频跳频系统中具有多个相对独立的基带处理单元和载频处理单元，每一路业务信息由固定的基带单元和射频单元处理；而射频单元的工作频点由频率合成器提供，在控制单元的控制下，频点可以实现按照一定的规律改变。在射频跳频中，一个发信机处理一个通话的所有突发脉冲所用的频点，它是通过合成器频率的改变来实现，而不是经过基带信号的切换来实现。收发信机(TRX，Transceiver)数目不受频点的限制，而是取决于小区话务量的大小。小区参与跳频频点数可以超过该小区内的 TRX 数目。图 2-64 给出了射频跳频的 TRX 工作示意图(不含基带处理单元)。

图 2-64　射频跳频示意图

基带跳频系统中具有多个相对独立的基带处理单元和载频处理单元，每一个载频处理单元的工作频点固定不变；每一路通信的业务信息由固定的基带单元处理，按照时间顺序和一定的跳频规则，通过总线结构，将处理后待发送的信息传送到工作于不同频点的载频单元处理并发送。在基带跳频中，每个发信机在一个不变的频率工作，同一话路的突发脉冲被有控制地送入各个发信机，实现基于基带信号的切换。小区跳频频点数不可能大于该小区的 TRX 数。图 2-65 给出了基带跳频的 TRX 工作示意图(不含基带处理单元)。

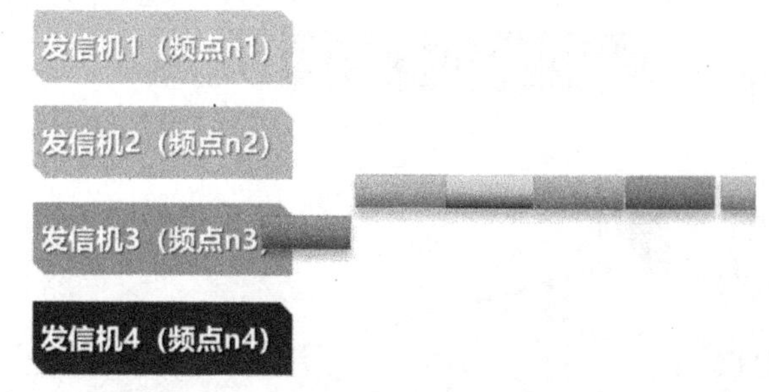

图 2-65　基带跳频示意图

在 GSM 系统中基站设备采用的跳频方式由设备供应商决定；而对于移动终端，因为每个终端只有一套载频单元，所以必然采用射频跳频。两种跳频实现方式的性能对比如表 2-9 所示。

表 2-9　射频跳频和基带跳频性能对比

性　能	基带跳频	射频跳频
发信机发射频率	每个发信机的频率固定	每个发信机的频率不固定
发信机个数需求	有多个发信机，业务信息在不同发信机上间隔发送	业务信息在一个发信机上，以不同的频率间隔发送
广播信道 BCCH	BCCH 所在发信机的 0 时隙不跳	BCCH 所在的发信机所有时隙不跳
某载频故障时	停止跳频	不影响运行
2G 时使用的运营商	中国移动	中国联通

跳频的优势有以下两点：

(1) 频率分集：跳频可以减少由多径传播造成的信号强度变化影响，这种作用可以等同于频率分集。

(2) 干扰分集：跳频提供了传输路径上干扰的参差，使包含码字一部分的所有突发脉冲不会被干扰以同一种方式破坏，通过系统的纠错编码和交织，可以从接收流的其余部分恢复原始数据。

2.5　定时提前技术

定时提前作用

定时提前计算

信号在空间传输是需要时间(电磁波的传播速度和光速一样)的，如移动台在呼叫期间向远离基站的方向移动，则从基站发出的信号将“越来越迟”地到达移动台，与此同时，移动台的信号也会“越来越迟”地到达基站。如图 2-66 所示，基站将每个帧分为 8 个时隙，每个时隙序列传输一路语音信号。将 2 号时隙分配给深色移动台使用，将 3 号时隙分配给浅色移动台使用，按照时隙的先后顺序，将 2 号和 3 号时隙的数据分发给两个移动台。3 号时隙信号由于路程较短，信号的到达时间可能和 2 号时隙的信号发生重叠，引起码间干扰。

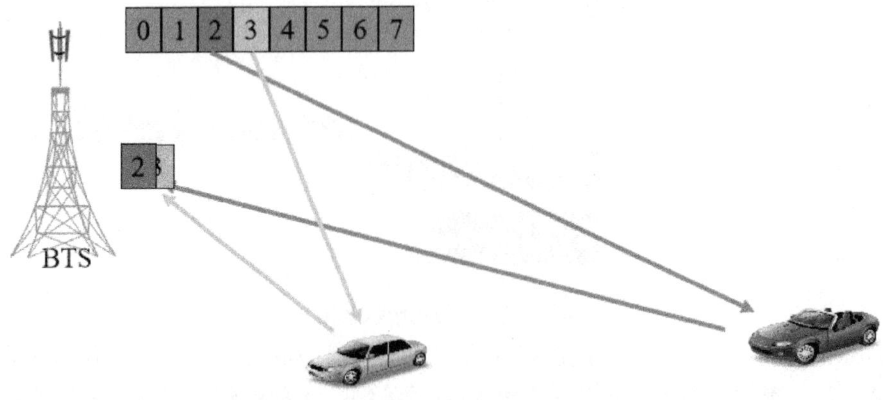

图 2-66　信号重叠示意图

最理想的状态是基站接收信号的顺序与发送的顺序一致，并且互不重叠。如何达到这种效果呢？需要将通信的过程分解开来分析，如图 2-67 所示。

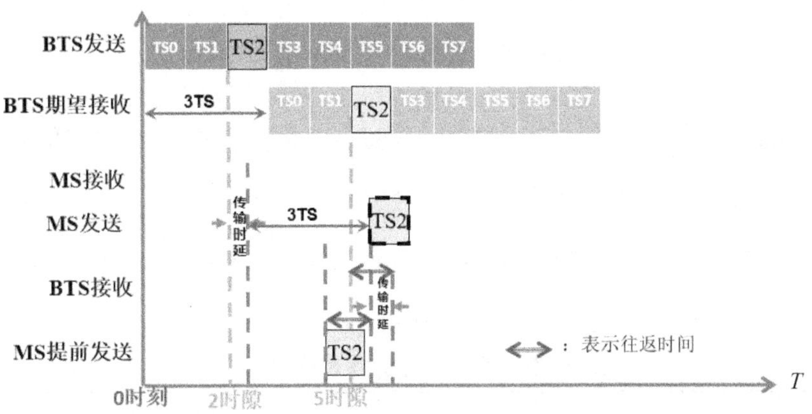

图 2-67　定时提前分析图

先确定一个时间轴，并且确定时间的起始点，标记为 0 时刻。BTS 从 0 时刻开始向移动台发送语音帧，从 0 号时隙到 7 号时隙依次向八个移动台传输语音，每个移动台传输一个时隙的语音片段。

BTS 期望什么时刻收到手机返回的语音帧呢？首先，要求收到的语音片段的时隙顺序与发送时隙顺序一致。其次，为了将同一用户的上下行数据区分开来，将同一用户的上下行帧的时间间隔规定为 3 时隙，即上行滞后下行 3 个时隙。以 2 号时隙的用户为例，2 号时隙的语音片段从第二个时隙的起始时刻开始发送，BTS 期望的接收起始时间为第五个时隙的起始时刻。

BTS 将 2 号数据发送出去，经过一段时间的传输，移动台 MS 才能接收到该信号，图 2-66 中实际的接收时刻比发送时刻滞后了一段时间，称作传输时延。

那么移动台 MS 什么时刻开始发送上行信号呢？如果按照规定上行信号滞后下行信号 3 个时隙发送，BTS 什么时刻才可以接收到信号呢？移动台 MS 开始向 BTS 发送上行信号，可以看到，BTS 依然需要一段传输时间后才能接收到上行信号，假设这段传输时延的时间长度和下行传输时延的时间长度一致，将期望接收时刻和实际接收时刻作对比，发现实际的接收时刻比预期滞后了 2 倍的传输时延。

那么，怎么样才能解决这个问题呢？移动台 MS 可不可以提前发送上行信号呢？很显然，提前发送就可以提前接收。那么提前多长时间合适呢？提前刚才滞后的接收时间应该是最合理的，提前了这么长时间发送上行信号后，基站刚好按照规定时间接收到上行信号。也就是说，提前的时间量为信号传输的往返时间，这种技术被称为定时提前。

定时提前的定义为将移动台提前往返时延时长发送信号的技术。在呼叫进行期间，移动台发给基站的测量报告头上携带有移动台测量的时延值，而基站必须监视呼叫到达的时间，并在下行信道上以 480 ms 一次的频率向移动台发送指令，指示移动台提前发送的时间，这个时间就是 TA(timing advance，时间提前量)。

RACH 突发脉冲的结构决定了最多只有 63 bit 能用于时延检测，所以 TA 一般是取 0～63 之间的整数，最多只需 6 位二进制数就可以表示。

由 TA 决定的基站的最大覆盖半径可以表示为：

$$R_{\text{MAX}} = 63 \times 3.69\ \mu\text{s} \times 3 \times 10^8\ \text{m/s} / 2 \approx 35\ \text{km}$$

其中，每 bit 占用时长是 0.577 ms/156.25≈3.69 μs，传输速度为光速 $3\times10^8\,\text{m/s}$。

可以由 TA 值估算出手机和基站之间的距离 L：

$$L = \text{TA} \times 3.69\ \mu\text{s} \times 3 \times 10^8\ \text{m/s} / 2 \approx 554 \cdot \text{TA}(米)$$

表 2-10 给出了 TA 值与基站和手机间距离的对应关系。

表 2-10　TA 值与距离对应关系

时间提前量 TA	距离/m
0	0～554
1	554～1108
2	1108～1662
3	1662～2216
…	…
63	34 902～35 456

已知手机和基站之间的距离为 L，应该将 TA 值设为多少？

$$\text{TA} = \left\lfloor \frac{2L \times 1000\ \text{m}}{3 \times 10^8\,\text{m/s} \times 3.69\ \mu\text{s}} \right\rfloor$$

注意：TA 值只能取整数，计算中应该使用舍去法，舍去小数点后数值。

某些特殊情况下，可以通过设置扩展时隙，让 BTS 采用两个时隙处理一个用户的数据，把第二个时隙称为扩展信道。超长覆盖技术时隙如图 2-68 所示。这样就可以有 63 + 156 = 219 个符号用于 RACH 信道确定初始时延。采用扩展信道方式后，理论上 BTS 的覆盖范围可以达到 120 公里，TA 的最大取值为 219，一般应用于海边小区覆盖，称为 GSM 超长覆盖技术，如图 2-68 所示。

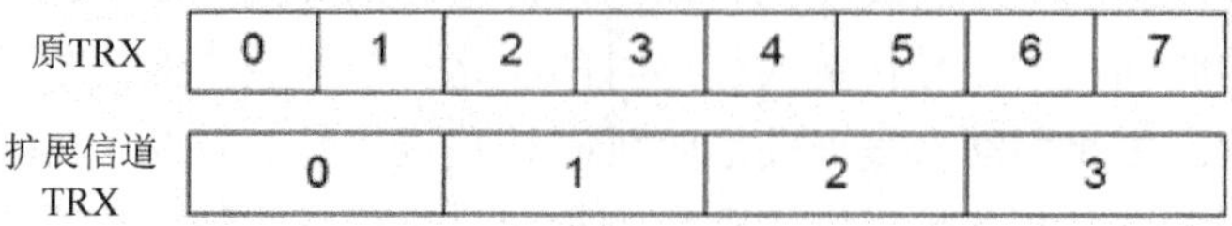

图 2-68　超长覆盖技术时隙示意图

2.6 分集技术

分集的思想

多径衰落和阴影衰落产生原因是不相同的。随着移动台的移动，锐利衰落随信号瞬时值快速变动，而对数正态衰落随信号平均值(中值)变动。这两者是构成移动通信接收信号不稳定的主要因素，使接收信号极大地恶化，虽然通过增加发信功率、天线尺寸和高度等方法能取得改善，但采用这些方法在移动通信中比较昂贵，有时也显得不切实际。而采用分集方法即在若干个支路上接收相互间相关性很小的载有同一消息的信号，然后通过合并技术再将各个支路信号合并输出，那么便可在接收终端上极大地降低深衰落的概率。

分集技术可以看作两部分：一部分为分散发送，它可以使接收端能获得多个统计独立的、携带同一信息的衰落信号；另一部分为集中处理，它把收到的多个统计独立的衰落信号进行合并以降低衰落的影响。

分散发送的实现方法一般称为分集方法；集中处理的实现方法一般称为合并方式。

2.6.1 分集方法

分集方法

针对阴影衰落的解决方案称为宏观分集。图 2-69 中有 A、B 两个基站，它们的前方都有一座山丘阻挡，导致阴影区信号质量很差，宏观分集可以在此处再架设一个基站 C，这样阴影区就能被基站 C 覆盖到了。宏观分集使用多个基站同时发送信号，绕开障碍物，接收端选择信号最强的基站进行通信，基站数目视情况而定。

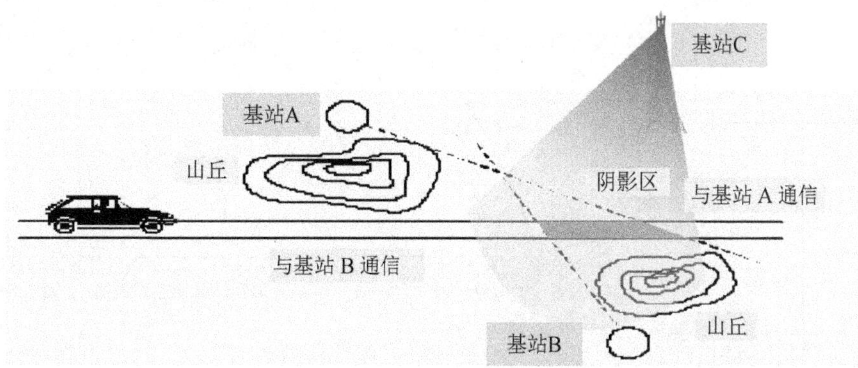

图 2-69　宏观分集示意图

针对多径效应的解决方案称为微观分集。微观分集能够利用不同信道所引起的不同衰落特性对信号进行选择或者调整。

分集方法的核心要求就是接收端能够收到针对同一路信号的两路或两路以上的独立衰落信号，这样如果一条无线传播路径中的信号经历了深度衰落，而另一条相对独立的路径中可能仍包含着较强的信号。

微观分集的方法有空间分集、频率分集、极化分集、角度分集、时间分集和分量分集等多种。在移动通信中，通常采用空间分集。

图 2-70 中，接收端有一系列天线，分别标识为 1 到 m，这些天线之间在空间上有一定的距离，它们接收到的信号可以认为是相互独立的。这种利用天线在空间上的分布不同实现的分集方法称为空间分集。空间分集的依据在于快衰落的空间独立性。

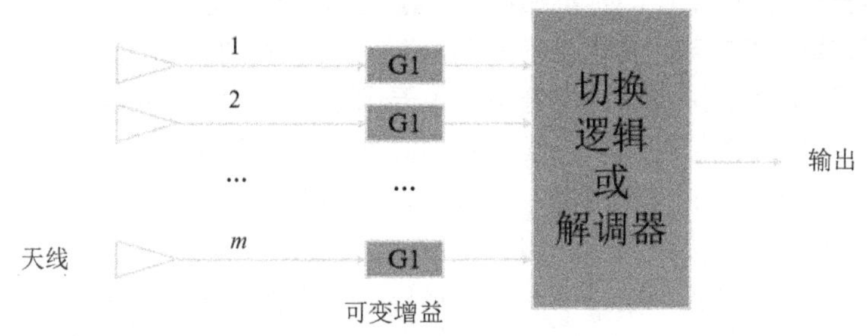

图 2-70　空间分集示意图

在移动通信中，空间略有变动就可能出现较大的场强变化。当使用两个接收通道时，它们受到的衰落影响是不相关的，且二者在同一时刻经受深衰落谷点影响的可能性也很小，因此这一设想引出了利用两副接收天线的方案，独立地接收同一信号，再合并输出，衰落的程度能被极大地减小，这就是空间分集，如图 2-71 所示。空间分集是利用场强随空间的随机变化实现的，空间距离越大，多径传播的差异就越大，所接收场强的相关性就越小。这里所提相关性是个统计术语，表明信号间相似的程度，因此必须确定必要的空间距离。经过测试和统计，CCIR(Consulatative Committee on International Radio，国际无线电咨询委员会(国际电信联盟分会))建议为了获得满意的分集效果，移动单元两天线间距大于 0.6 个波长，即 $d>0.6\lambda$，并且最好选在 $\lambda/4$ 的奇数倍附近。若减小天线间距，即使小到 $\lambda/4$，也能起到相当好的分集效果。

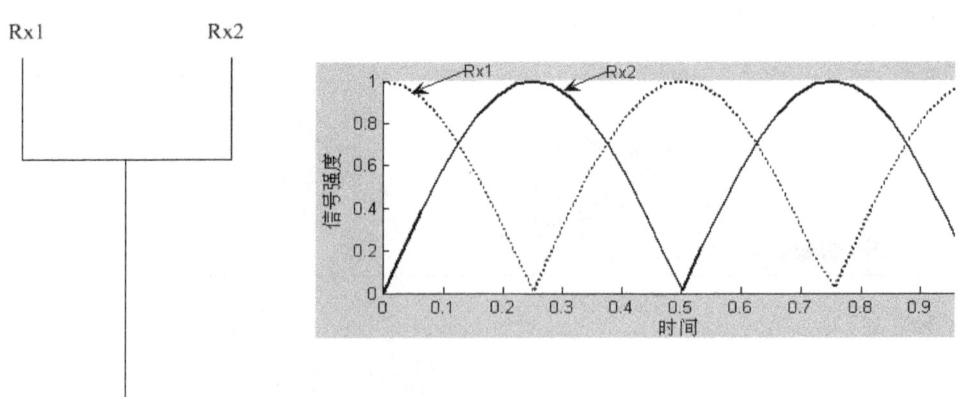

图 2-71　两个接收通道的空间分集示意图

空间分集的接收机至少需要两副相隔距离为 d 的天线，间隔距离 d 与工作波长、地物及天线高度有关。图 2-72 是一组移动通信的天线，红色方框中白板就是一块板状天线。GSM 的分集技术利用两副接收天线来接收信号，它们独立接收同一信号称为一发两收。在 900 MHz 频段，天线间距 5～6 m，可得到 6 dB 左右的增益。在 1800 MHz 频段，由于波长较短，所以天线间距可以缩短。

图 2-72　分集天线示意图

频率分集方式是指用两个或两个以上的频率来传送相同信息的方式。假设有一路信号，可以用 3 个频点不同的发信机来同时发送，把一份数据复制三份，分别发给三个发信机，每个发信机都按照自己的发射频率将这段信息发出去，信道中就有了三路来自于同一信号的独立衰落信号。频率分集的工作原理是基于在信道相干带宽之外的频率上不会出现同样的衰落。频率分集如图 2-73 所示。

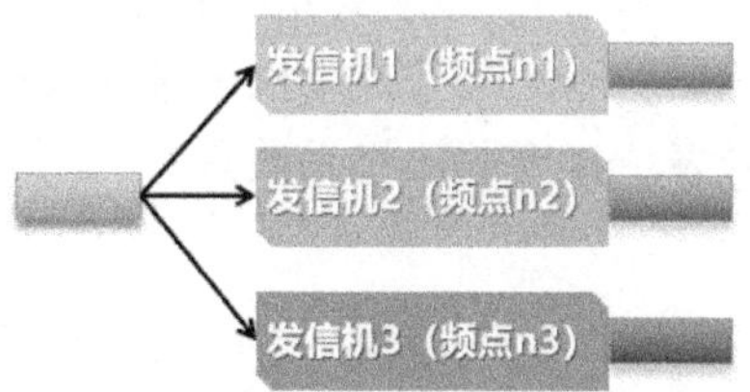

图 2-73　频率分集示意图

极化分集的基本工作原理是空中相互垂直的两路极化路径是非相关的。图 2-74 为一个采用极化分集的天线板内部图，框中是一对相互垂直的极化天线。

图 2-74　极化分集的天线板内部示意图

角度分集是使电波通过几个不同路径，并以不同角度到达接收端，接收端利用多个方向性尖锐的接收天线分离出不同方向来的信号分量。

时间分集指以超过信道相干时间的间隔重复发送相同信号的分集方式。

分量分集利用电磁波的 E 场分量和 H 场分量分别传输相同的消息，两个场的反射机理不同，传输信号是互不相关的，接收端可得到两路互不相关的相同信号。

2.6.2 合并方式

合并方式

合并方式是对接收到的多个分集信号，进行合并处理，减小衰落对信号传输的影响。一般都使用线性合并器，合并方式的通用合并信号表达式如下：

$$r(t)=a_1r_1(t)+a_2r_2(t)+\cdots+a_Mr_M(t)=\sum_{k=1}^{M}a_kr_k(t)$$

常用的合并方式有三种，分别是选择式合并、最大比值合并和等增益合并。

1. 选择式合并

图 2-75 是一个二重分集选择式合并原理图，输出为从这两个接收机接收到的信号中选择一个。

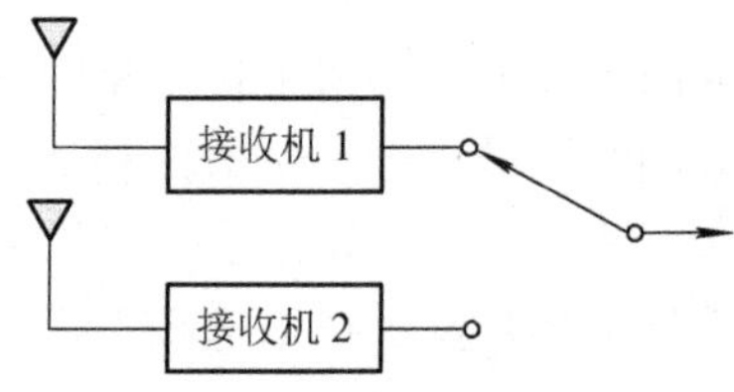

图 2-75 选择式合并原理图

选择式合并会检测所有分集支路的信号信噪比，选择其中信噪比最高的那一个支路的信号作为合并器的输出。信号表达式中的加权系数只有一项为 1，其余均为 0。

2. 最大比值合并

图 2-76 是一个二重最大比值合并原理图，图中每路信号都乘以一个加权系数，这个加权系数可以表示为：

$$a_k=\frac{r_k}{N_k}$$

每一支路的加权系数 a_k 与信号包络 r_k 成正比，而与噪声功率 N_k 成反比。最大比值合并是最佳合并方式。

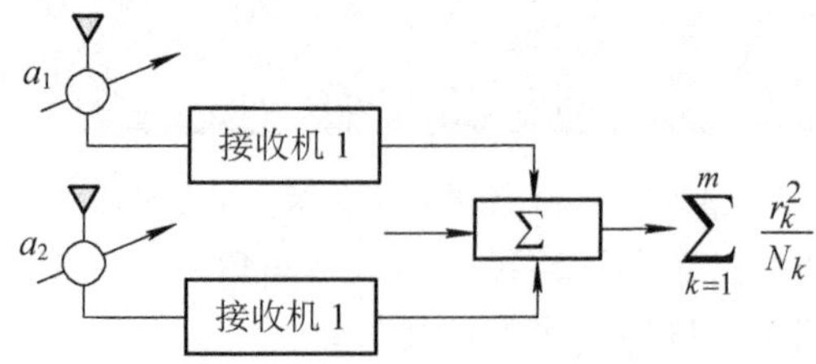

图 2-76 最大比值合并原理图

3. 等增益合并

图 2-77 是一个二重等增益合并原理图，图中直接将两个接收机的输出相加作为最终

输出。在等增益合并中，无需对信号加权，各支路的信号等增益相加。由于等增益合并不需要计算信号的信噪比，实现比较简单。

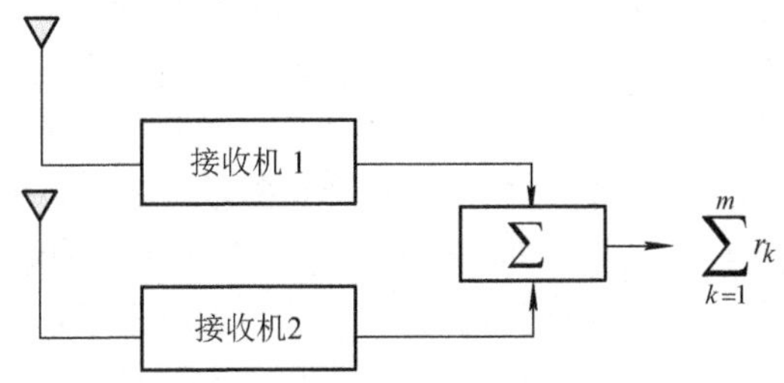

图 2-77　等增益合并原理图

图 2-78 为不同合并方式的性能对比。

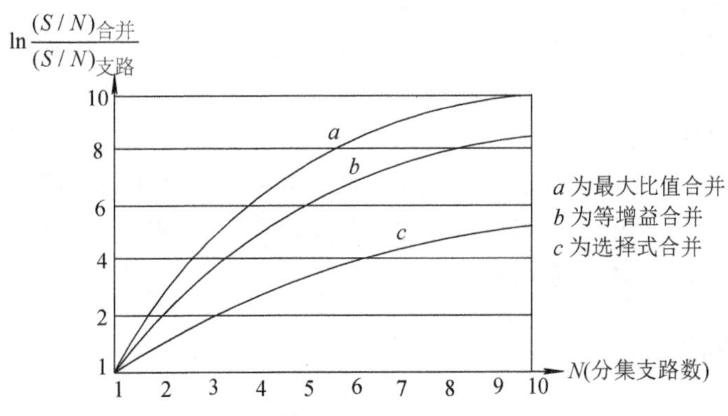

图 2-78　合并方式对比示意图

从图 2-78 中可以看到，在相同分集重数情况下，最大比值合并方式改善信噪比最多，等增益合并方式次之；在分集重数较小时，等增益合并的信噪比改善接近最大比值合并，是一种较实用的合并方式；选择式合并只利用了最强的一路信号，而其他各支路信号都没有被利用，所得到的信噪比改善量最少。在 GSM 系统中，只有两路信号进行合并，所以选择使用等增益的合并方式。

2.7 DTX 和 DRX 技术

2.7.1 非连续发射技术

通话过程是双向的，定义主叫向被叫通信的方向为前向，被叫向主叫通信的方向为后向，在通信中前向和后向分别使用不同的信道。其中一方说话时，另一方多数情况是在听而不说，那么主叫只听不说时，他的前向信道里面就没有语音信号，这时如果前向信道还按照有语音的方式传输信号，这个信号只能是环境噪声，对通信双方没有益处。根据统

DTX

计数据，对于其中的一方来说，平均的说话时间约在 40%以下。也就是说，大多数的时间都只是发送噪声，这显然是不合理的。

针对这种情况，在通信中设计了一种技术——DTX(Discontinuous Transmission，非连续发射技术)。发送端有语音的时候正常发送语音，采用正常的 13 kb/s 的语音编码，即 20 ms 传送 260 比特的编码；在语音的间歇期就关闭发射，不再发送环境噪声信号，这时仅仅发射静音指示帧，表示这段时间是没有语音的，是静音的，既而在通话的间隙传输约 500 b/s 的低速编码(静音帧)，即 480 ms 传送 260 比特的编码。接收端 BTS 收到语音信号时正常发射信号，移动台收到信号后解码，还原语音；如果 BTS 收到的是静音指示帧，为防止用户因为听筒里面没有声音而认为已经掉线，就要保持用户的听筒里面有声音。这种声音不能是刺耳的，而且要让用户感觉很舒适，还不能影响正常通话。这种额外添加的声音称为舒适噪声，即当接收端收到静音指示帧时，BTS 会通过码变换器产生舒适噪声，还能满足系统测量的需要。

发送端采用话音激活检测(VAD，Voice Activity Detection)技术，由编码器来检测是否有声音发出。

DTX 分为上行 DTX 和下行 DTX。通过限制无用信息的无线发送，减少对同频 MS 或同频基站的干扰。上下行可以分别单独使用 DTX 技术，选用上行 DTX 可以减少手机的电池消耗，选用下行 DTX 也可以减少基站的发射功率；采用 DTX 还可以减小系统内的干扰，提高频率利用率，增加系统容量。

2.7.2 非连续接收技术

DRX(Discontinuous Reception，非连续接收技术)指不连续接收寻呼消息。因为解码 PCH 信道的消息会耗费大量的能量，因而 DRX 也是 GSM 手机节省电量的重要方法。

DRX

在 DRX 模式下，GSM 按 IMSI 号把手机划分为不同的寻呼组，各个寻呼组轮流发送信息，如图 2-79 示。

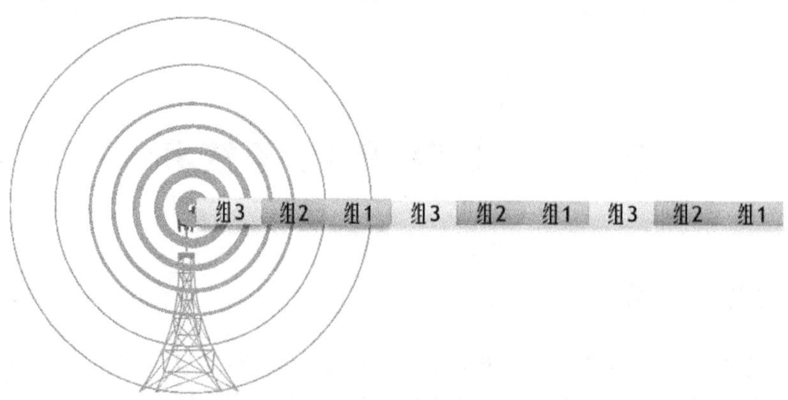

图 2-79 寻呼分组传输示意图

在没有轮到寻呼自己这个组的时候，GSM 手机处于待机状态，对网络的寻呼消息视而不见；当寻呼到自己这个组的时候，手机才对 PCH 信道消息进行解码，如果有寻呼消息，后续在所有 AGCH 保留块上监听“立即指配命令”。在 DRX 模式下，网络发送的寻呼消息，必须在用户对应的寻呼块上，所以寻呼发送可能有一个等待时间，呼叫建立的时间较长。采用这种方式 MS 不用解码所有的寻呼块，可以节省手机耗电。在后续讲解 GSM 无线帧结构的时候，再详细讲解 MS 和寻呼块之间如何实现一一对应。

在非 DRX 模式下，因为可以在所有 PCH 和 AGCH 信道上发送“寻呼/立即指配命令”，比在 DRX 模式下发送“寻呼/立即指配命令”要快，呼叫建立的时间较短，但是这也增加了手机的耗电。

2.8　语音处理技术

无线信道具有和有线信道完全不同的特性。首先，无线信道具有显著的时变特性，信号受到各种干扰、多径衰落和阴影衰落的影响，呈现高误码率特性。为了解决无线信道传输带来的问题，从原始的用户数据或信令数据到无线电波所携带的信息，再还原成用户数据或信令数据，需要进行一系列的变换与反变换，实现对所传输信号的必要保护。这些变换大致包括信道编码与解码、交织与去交织、突发脉冲格式化、加密与解密、调制与解调等。

语音信号处理过程

对于语音来说，发送端主要经过以下阶段的信号处理才能将无线信号发送出去，具体流程如图 2-80 所示。

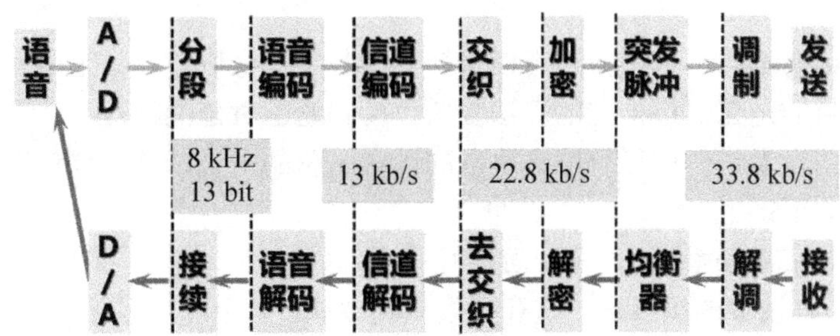

图 2-80　语音信号处理过程示意图

发送端语音信号处理过程如下：

(1) A/D 转换：初始信号是模拟信号，数字系统的手机要先将模拟信号转化为数字信号，这个过程通过一个模/数转换器来实现，这个过程称为模数转换，即 A/D 转换。模拟信号经过每秒 8 千次(8 kHz)的抽样，将每个抽样样值(125 μs)均匀量化为 13 bit 数值。

(2) 分段：将数字语音信号分段处理，每段 20 ms 的语音信号，这个过程称为分段。

(3) 语音编码：对每段语音进行压缩，称为语音编码，它将单路语音的传码率降为 13 kb/s。

(4) 信道编码：无线信道环境比较复杂，无线信号要有较强的纠检错能力，使用信道编码增强信号的抗干扰能力。经过信道编码增加了信号冗余，语音信号的传码率变为 22.8 kb/s。

(5) 交织：为了使长串误码变为短误码，从而便于进行纠错，采用交织的方法打乱信号传输顺序。这个过程既没有增加冗余码字，也没有减少码字，不会改变信息传输速度。

(6) 加密：为了增加安全性，再对信号进行加密，变为密文。和交织一样，加密过程既没有增加冗余码字，也没有减少码字，传码率依然为 22.8 kb/s。

(7) 形成突发脉冲：将数字信号进行封装，形成统一的突发脉冲格式，再组成数字信号帧，经过封装后的传码率变为 33.8 kb/s 的码流。

(8) 调制：把基带信号调制为射频信号发送出去。

简单来说发送端模拟语音经过了 A/D 转换、分段、语音编码、信道编码、交织、加密、形成突发脉冲序列和调制几个阶段。

接收端的处理过程与发送端相反，如图 2-80 所示。

(1) 解调：将射频信号解调为基带信号，传码率为 33.8 kb/s。

(2) 均衡：使用均衡器去掉封装，传码率变为 22.8 kb/s。

(3) 解密：对已加密信号进行解密，还原为明文。

(4) 去交织：进行去交织操作，还原信号顺序。

(5) 信道解码：去掉额外增加的冗余，传码率变为 13 kb/s。

(6) 语音解码：解压缩数据，还原为每秒八千个样值点，每样值点 13 bit 的均匀量化值。

(7) 接续：接续成数据流。

(8) D/A 转换：将数据流进行数模转换，还原为模拟语音信号，播放给用户。

2.8.1　语音编码

语音编码

语音编码为信源编码，将模拟语音信号转变为数字信号以便在信道中传输。语音编码的目的是在保持一定的算法复杂程度和通信时延的前提下，占用尽可能少的通信容量，传送尽可能高质量的语音。总的来说，移动通信对语音编码的要求如下：

(1) 低速优质，编码速率低，语音质量好；

(2) 抗干扰，有较强的抗噪声干扰和抗误码的性能；

(3) 速度快，编译码延时小，总延时在 65 ms 以内；

(4) 编译简单，编译码器复杂度低，便于大规模集成化；

(5) 低功耗，功耗小，便于应用于手持机。

语音编码技术又可分为波形编码、参量编码和混合编码三大类。

波形编码是对模拟语音波形信号经过抽样、量化、编码而形成的数字语音技术。为了保证数字语音技术解码后的高保真度，波形编码需要较高的编码速率，一般在 16～64 kb/s，对各种各样的模拟语音波形信号进行编码均可达到很好的效果。它的优点是适用于很宽范围的语音特性，以及在噪音环境下都能保持稳定。实现所需的技术复杂度很低而费用中等程度，但其所占用的频带较宽，多用于有线通信中。波形编码包括脉冲编码调制(pulse code modulation，PCM)、差分脉冲编码调制(Differential pulse-code modulation，DPCM)、自适应差分脉冲编码调制(Adaptive Differential Pulse Code

Modulation，ADPCM)、增量调制(Delta Modulation，DM)、连续可变斜率增量调制(Continuously variable slope delta modulation，CVSDM)、自适应变换编码(Adaptive Transform Coding，ATC)、子带编码(Sub-band coding，SBC)和自适应预测编码(Adaptive Predictive Coding，APC)等。

参量编码是基于人类语言的发声机理，找出表征语音的特征参量，对特征参量进行编码的一种方法。在接收端，根据所收的语音特征参量信息，恢复出原来的语音。由于参量编码只需传送语音特征参数，可实现低速率的语音编码，一般在 1.2～4.8 kb/s。线性预测编码(Linear Predictive Coding，LPC)及其变形均属于参量编码。参量编码的缺点在于语音质量只能达到中等水平，不能满足商用语音通信的要求。对此，综合参量编码和波形编码各自的优点，既保持参量编码的低速率和波形编码的高质量的长点，又提出了混合编码方法。

混合编码是基于参量编码和波形编码发展的一类新的编码技术。在混合编码的信号中，既含有若干语音特征参量又含有部分波形编码信息，其编码速率一般在 4～16 kb/s。GSM 系统采用的规则脉冲激励——长时预测编码(Regular Pulse Excitation-Long Term Prediction，RPE-LTP)方式就属于混合编码技术。它利用语声编码器为人体喉咙所发出的音调和噪声，以及人的口和舌的声学滤波效应建立模型，这些模型参数将通过 TCH 信道进行传送。各种语音编码方式编码速率和语音质量比较如图 2-81 所示。

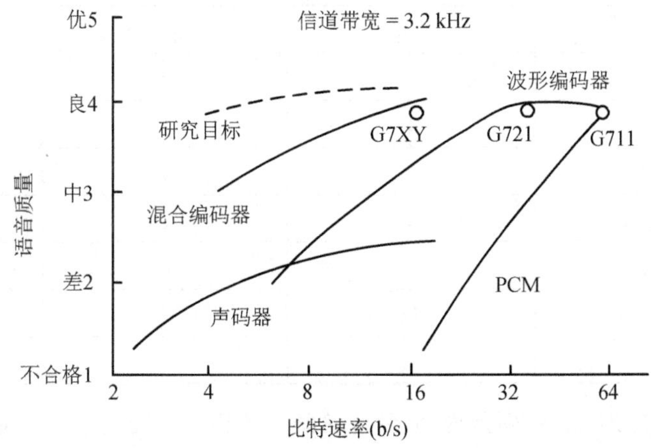

图 2-81　各种语音编码方式编码速率和语音质量比较示意图

GSM 系统的语音编码器是建立在基带余数激励线性预测(Linear prediction of baseband remainder excitation，RELP)编码器的基础上的，并通过长期预测器(Long Term Prediction，LTP)增强压缩效果。LTP 通过去除话音的元音部分，使得残余数据的编码更为有利。语音编码器以 20 ms 为单位，每段 160 个样本，经压缩编码后输出 260 比特，因此码速率为 13 kb/s。RPE-LTP 编码实现过程如图 2-82 所示。与传统的 PCM 线路上语声的直接编码传输相比，GSM 的 13 kb/s 的话音速率要低得多。更加先进的话音编码器可以将速率进一步降低到 6.5 kb/s(半速率编码)。

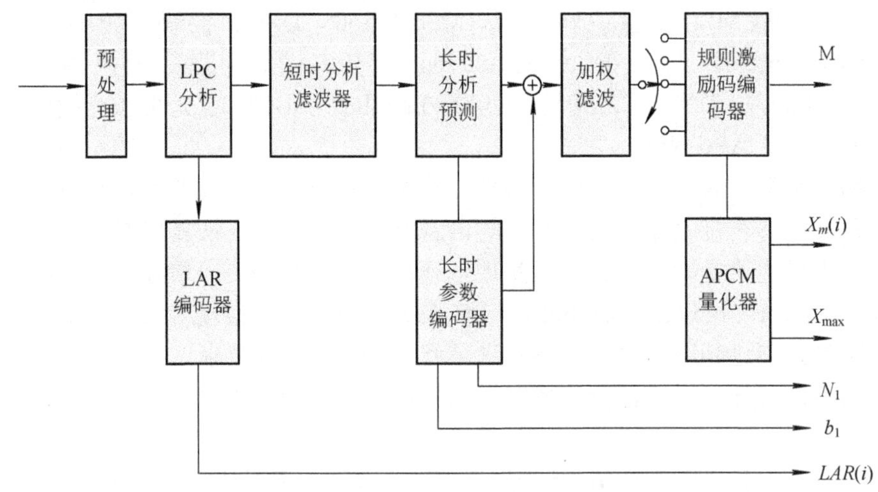

图 2-82　RPE-LTP 编码实现过程示意图

具体的信息比特分配如表 2-11 所示，260 比特是由六个参数组成的，这些参数既描述了这段语音的特征，又用较少的比特表示了样值点。这种规则脉冲激励长期预测编码能在不增加误码的情况下，以较小的速率优化频谱占用，同时到达与固定电话尽量相接近的语音质量。

表 2-11　RPE-LTP 参数表

参　数	数量	比特/参数	比特数
LPC 系数 LAR(i)	8	3,4,5,6	36
LTP 增益 b_j	4	2	8
LTP 滞后 N_j	4	7	28
RPE 网络位置 M	4	2	8
最大值 X_{max}	4	6	24
RPE 样点值 X_M(i)	52	3	156
合计			260

主观(MOS)评分为 3.6，满分为 5 分，这是一个相当好的语音编码质量，同时抗干扰性能也较好。对于 10^{-3} 的误码，编解码语音质量基本不下降。由于采用分帧处理，编解码延时约为 30 ms。

2.8.2　信道编码

信道编码

为了检测和纠正传输期间引入的差错，在数据流中引入冗余，通过加入从信源数据计算得到的信息来提高其速率，信道编码的结果是一个码字流。信道编码可以使语音信号即使面对 10^{-1} 数量级的误码，语音质量也下降不多。

对语音来说，这些码字长 456 比特。

由语音编码器中输出的码流为 13 kb/s，被分为 20 ms 的连续段，每段中含有 260 比特，其中细分为 50 个很重要的比特、132 个较重要比特、78 个一般比特(不重要)，对它们分别进行不同的冗余处理。信道编码如图 2-83 所示。

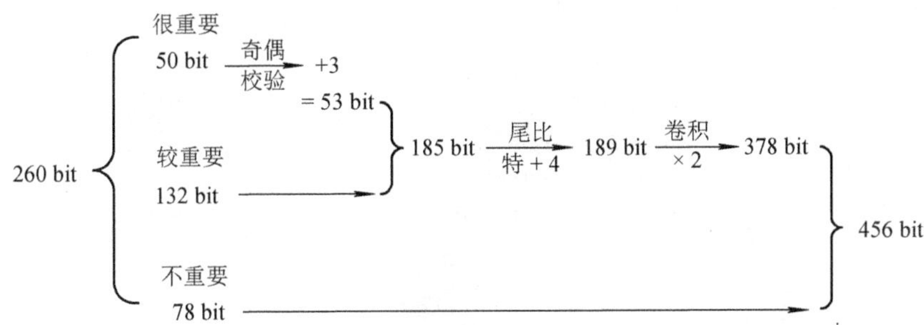

图 2-83 信道编码示意图

很重要的 50 比特要重点保护，首先加上一层保护，对它进行奇偶校验，块编码器在这 50 比特后面额外添加 3 个比特位，放置奇偶校正码；再把这 53 比特和第二部分较重要的 132 比特加在一起，共为 185 比特，激变编码器在后面加上 4 位尾码，变为 189 比特；对这 189 比特做 1:2 的卷积，卷积后比特数翻倍变为 378 比特。最后还有一部分不重要的 78 比特，既然不重要就不特意保护了，378 个编码后的比特加上这些不重要的 78 比特，形成了 456 比特的数据块，至此完成了信道编码。

信道编码的过程如下：

(1) 加奇偶校验码，50 个很重要比特加入 3 位奇偶校验码，50+3=53 bit；

(2) 加尾比特，53 比特加上较重要的 132 比特，后面加上 4 位尾比特，此时信息个数为((50+3) + 132) + 4=189 bit；

(3) 卷积，将 189 比特做 1:2 的卷积，信息个数为 189×2=378 bit；

(4) 加不重要比特，加上不重要的 78 比特，378+78=456 bit。

每 20 ms 的信道编码组，在信道编码之后数据的速度变为了多少呢？

每段语音编码后的比特数是 456 比特，这些比特的传输时间是 20 ms，编码后的数据速度变为 456/20 ms=22.8 kb/s。信道编码的最终结果使 20 ms 段比特数从 260 比特增加到 456 比特，相应的话音速率从 13 kb/s 增加到 22.8 kb/s。

用于 GSM 系统的信道编码方法有三种：卷积码、分组码和奇偶码。

2.8.3 语音交织

GSM900
语音交织

语音信号在经过信道编码后，如果直接调制发射出去，则由于移动通信信道的变参作用，持续较长的深衰落谷点会影响相继一串的比特，使比特差错经常成串地发生，也就是说，在编码后，语音组成的是一系列有序的帧，而在传输时的比特错误通常是突发性的，这将影响连续帧的正确性。而信道编码仅在检测和校正单个差错和不太长的差错串时才有效，为了解决这一问题，希望找到把一条消息中的连续比特分开的办法，即一条消息的相继比特以非相继的方式被发送，使突发差错信道变为离散信道，这样，即使出现差错，也仅是单个或很短的比特流出错，不会导致整个突发脉冲甚至整个消息块都无法被解码，信道编码就会起作用，将错误比特恢复，这种方法就叫做交织技术。交织技术是分散误码的最有效的组码方法。

图 2-84 使用直观的方式展示交织的原理。

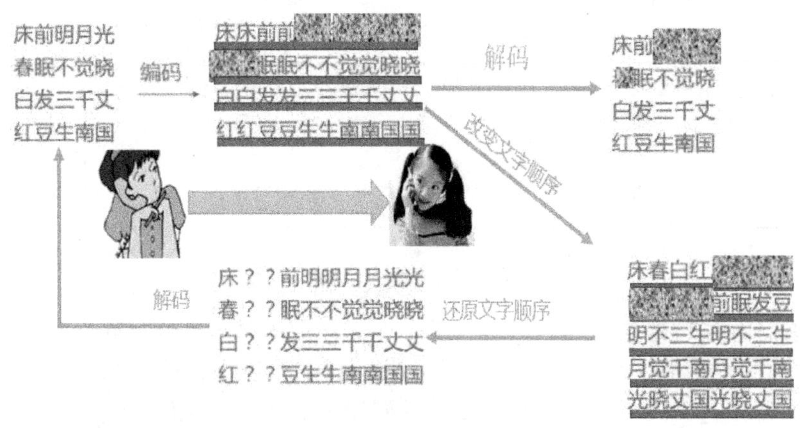

图 2-84　交织原理示意图

图中一名教师要给学生读几句诗句，在读的过程中为了防止学生听不清楚，将每个字都读了两遍。现在学生是否能听到完整的诗句呢？沿着红线的方向读诗句，在读的过程中出现了强干扰，导致连续的一小段诗句听不清楚，将重复的字去掉，学生记录的诗句有四个字缺失，这部分文字学生是无法还原的。现在教师改变一下文字的顺序，从上到下按列读诗句，读的过程中依然出现了强干扰，导致一小段文字听不清楚，学生听完这段文字后，将文字的顺序还原，还原的文字中出现了很多问号，这些问号就是听不清的文字，将重复的字去掉，学生记录的诗句是完整的。在这个实例中，老师把文字的顺序按一定的规律错开，使原来连续的文字分散到若干句话中进行传输，传输的过程中虽然遇到了强干扰，导致部分文字丢失，但学生依然得到了完整的文字。

交织的要点是把码字的 b 个比特分散到 n 个突发脉冲序列中，以改变比特间的邻近关系。n 值越大，传输特性越好，但传输时延也越大，因此必须作折中考虑，这样，交织就与信道的用途有关。语音交织就是把语音帧内的比特顺序按一定的规则错开，使原来连续的比特分散到若干个突发脉冲中进行传输的方式。语音交织使连续的长误码变为若干分散的短误码，称为分散误码。分散误码方便语音信号进行纠错，提高了话音质量。

在 GSM 系统中，采用二次交织方法，分别为块内交织和块间交织。

1. 块内交织

块内交织如图 2-85 所示。通过信道编码将连续的语音数据分为 456 比特大小的数据片段，每片数据的传输时间是 20 ms。GSM900 中语音交织的第一步就是在每片数据的内部完成的，先将一片数据按照比特传输的先后顺序排成矩阵块，每行 8 个比特，共 57 行；之后改变比特顺序，将每列划做一个子块，这样，每个列块中包含 57 个互不相邻的比特。第一次块内交织把每 20 ms 的 456 比特语音码分成 8 个子块，每块 57 比特。这就是第一次交织，也叫块内交织，内部交织。通过一次交织，组内连续消息被分散打乱。

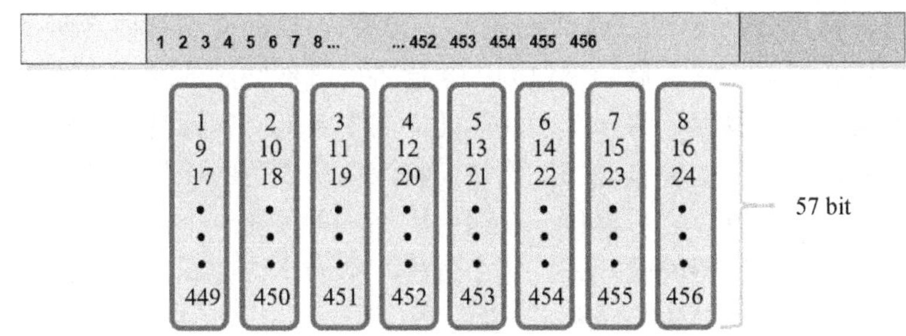

图 2-85　块内交织示意图

2. 块间交织

一个突发脉冲携带有两段 57 比特的声音信息，显然，如果将一个连续的 20 ms 语音块一次交织后的 2 组 57 比特插入到同一突发脉冲序列中，那么，该突发脉冲丢失会使该 20 ms 话音块损失 25%的比特，信道编码难以恢复出这么多比特，因此，必须要在两个语音块间再进行一次交织，即块间交织，也就是第二次交织。块间交织如图 2-86 所示。

图 2-86　块间交织示意图

块内交织已经将每个 456 比特的数据片段分为了 8 个子块，先将这八个子块按照 0～7 的顺序标号，对相邻的三个数据片段进行处理，在块间交织中，前一个数据段 4 号和后一个数据段的 0 号配对，之后前 5 配后 1，前 6 配后 2，前 7 配后 3，即前一个数据段的后四个子块和下一个数据段的前四个子块依次两两配对。块间交织就是从前后两个 20 ms 段中各取一子块交织，组成 114 比特的块。

这样，一个 20 ms 的语音块经过二次交织后分别插进了 8 个不同的突发脉冲序列中，然后一个个地被发送，在传输过程中即使丢失了一个脉冲串，也只影响一个语音块的 12.5%，而且它们互不关联，能够通过信道编码进行校正。有关突发脉冲的概念将在后面叙述。

GSM 语音交织的完整过程如图 2-87 所示。

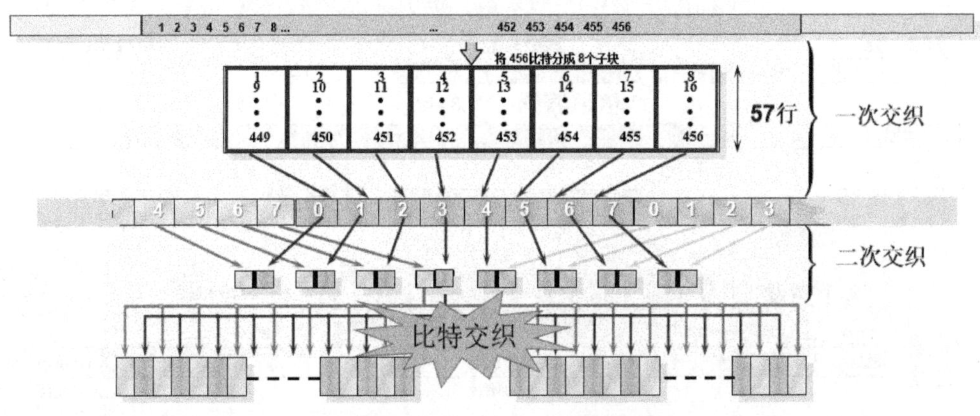

图 2-87　GSM 语音交织过程示意图

块内交织将数据片分为 8 个子块，分别标为 0～7，块间交织从前后两个数据片中各取一个子块重新进行组合，组合后的字块为 114 比特。既然交织的目的是分散误码，可不可以将数据分得更分散一些呢？将一个子块展开，其中包括 57 比特，再将与深色子块组合的浅色子块展开，浅色子块也包含 57 比特，将深色和浅色的比特间插开，即一个深色比特后面跟随一个浅色比特，之后再传一个深色比特，再跟随一个浅色比特，以此类推，将深色和浅色两个子块的比特间隔开来。这个过程，称为比特交织，这种字符组合方式称为按字间插。至此完成了 GSM900 的语音交织。

交织处理的两个优点：可以减少一个话音帧内的误码数量；通过信道解码，可实现部分误码的纠正。交织处理还有两个缺点：话音处理的长时延；信号处理的复杂程度高。

2.8.4 语音处理的数据变化

语音处理的数据变化

语音处理的数据变化如图 2-88 所示。首先进行语音分组，每组语音分为 20 ms。图中显示相邻的三段语音，分别表示为 A、B、C。下面对三段语音进行语音编码，每段语音都压缩为 260 个比特，语音编码后的数据速率为 13 kb/s。之后进行信道编码，信道编码的最终结果使 20 ms 段比特数从 260 比特增加到 456 比特，相应的话音速率从 13 kb/s 增加到 22.8 kb/s。再将数据进行交织，一次交织将每个 456 比特的数据段分为 8 个子块，每块 57 个互不相邻的比特，八个子块分别表示为 1 号到 8 号，比如语音数据块 B 就被分为 B1-B8。之后进行二次交织：A5 和 B1 进行比特交织组成一个数据块；A6 和 B2，A7 和 B3，A8 和 B4，B5 和 C1，B6 和 C2，B7 和 C3，B8 和 C4 分别进行比特交织组成数据块。最后形成 8 个突发脉冲，以 B5C1 数据块为例，先将数据块分为两个 57 比特的信息块。再在前后分别加上 3 比特的尾比特，中间插入 26 比特的训练比特，再在信息比特和训练比特之间各加入一个比特的偷帧标志，最后补上 8.25 比特的保护间隔，形成 156.25 比特的常规突发，此时语音速率从 22.8 kb/s 增加到 33.8 kb/s。

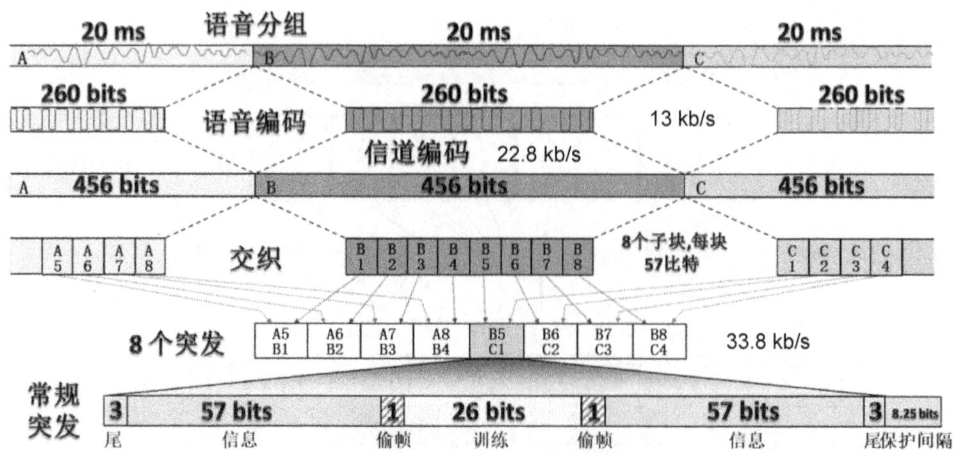

图 2-88 语音处理的数据变化示意图

2.8.5 语音信号的评价指标

可以通过清晰度(或可懂度)、音质来衡量接收端的语音信号质量。

清晰度是指语音是否容易听清楚，使用可懂度评价 DRT(Diagnostic Rhymer Test)来表示。

音质指语音听起来有多自然，目前主要使用的两个评价指标是 MOS(Mean Opinion Score，平均意见得分)和 DAM(Diagnostic Acceptability Measure，判断满意度得分)。目前在 GSM 系统中主要使用 MOS 指标来评价语音质量。

MOS 得分为五级：优、良、可、差和坏。满分为 5 分，相当于调频广播质量；4 分以上是长途电话网标准；3.5 分为通信标准；3.0 分仍有较好的可懂度，保持自然度；2.5 分只维持可懂度，是战术通信标准。

2.9 GMSK 调制技术

2.9.1 最小频移键控

最小频移键控(MSK，Minimum Shift Keying)是二进制连续相位 FSK(CPFSK，Continuous Phase Frequency Shift Keying)的一种特例，它能够产生恒定包络、连续相位信号，具有正交信号的最小频率间隔，在相邻码元交界处相位连续。

MSK 有时也称为快速频移键控(FFSK，Fast Frequency—Shift Keying)。

所谓“最小”是指这种调制方式能以最小的调制指数(0.5)获得正交信号；而“快速”是指在给定同样的频带内，MSK 比 2PSK 的数据传输速率更高，且在带外的频谱分量要比 2PSK 衰减得快。

MSK 信号的时域表达式为可以表示为：

$$s_{\mathrm{MSK}}(t) = A\left[\cos x_k \cos\left(\frac{\pi t}{2T_s}\right)\cos 2\pi f_c t - a_k \cos x_k \sin\left(\frac{\pi t}{2T_s}\right)\sin 2\pi f_c t\right]$$

$$kT_{\mathrm{s}} \leqslant t \leqslant (k+1)T_{\mathrm{s}} \tag{2.9.1}$$

式中，f_{c} 表示载波频率；

A 表示已调信号振幅；

T_{s} 表示码元宽度；

a_k 表示第 k 个码元中的信息，其取值为 ± 1；

$$\begin{aligned} x_k &= \frac{k\pi}{2}(a_{k-1} - a_k) + x_{k-1} \\ &= \begin{cases} x_{k-1} & a_{k-1} = a_k \\ x_{k-1} \pm k\pi & a_{k-1} \neq a_k \end{cases} \end{aligned}$$

，它的取值是为了满足相位连续的要求。取 $x_0 = 0$，则

$x_k = 0$ 或 $\pi(\text{mod } 2\pi) \quad k = 0,1,2,3,\cdots$

式中，等号后面的第一项是同相分量，也称 I 分量；第二项是正交分量，也称 Q 分量。$\cos[\pi t/(2T_s)]$ 和 $\sin[\pi t/(2T_s)]$ 称为加权函数(或称调制函数)。$\cos x_k$ 是同相分量的等效数据，$-a_k \cos x_k$ 是正交分量的等效数据，它们都与原始输入数据有确定的关系。令 $\cos x_k = I_k$，$-a_k \cos x_k = Q_k$，代入式(2.9.1)可得：

$$s_{MSK}(t) = A\left[I_k \cos\left(\frac{\pi t}{2T_s}\right)\cos\omega_c t + Q_k \sin\left(\frac{\pi t}{2T_s}\right)\sin\omega_c t\right],\quad kT_s \leqslant t \leqslant (k+1)T_s$$

式中，$\omega_c = 2\pi f$。

根据上式，可构成一种 MSK 调制器，其方框图如图 2-89 所示。

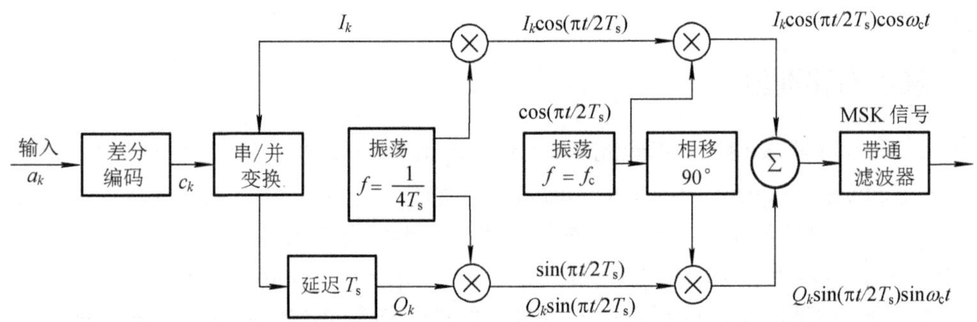

图 2-89 MSK 调制器的方框图

MSK 信号的解调与 FSK 信号相似，可以采用相干解调，也可以采用非相干解调。图 2-90 给出了 MSK 信号的一个相干解调的原理框图。

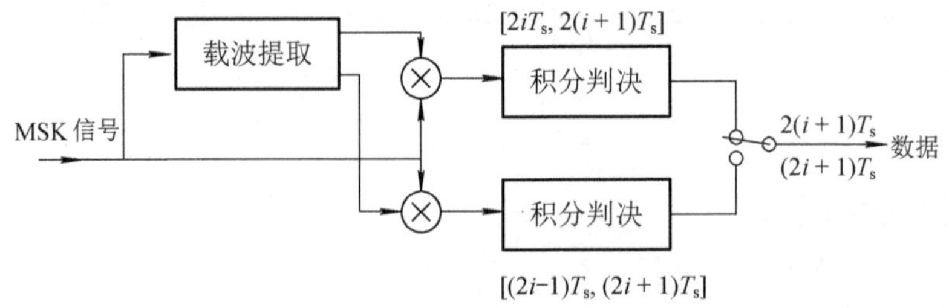

图 2-90 MSK 信号相干解调原理框图

图 2-91 给出 MSK 信号 2PSK 信号的归一化功率谱密度对照图，可以看出 MSK 信号功率谱密度的主瓣所占的频率带宽比 2PSK 信号窄；在主瓣带宽之外，功率谱密度旁瓣的下降也更为迅速。因此，MSK 信号比较适合在窄带信道中传输，对邻道的干扰也比较小。另外，由于占用带宽窄，故使 MSK 的抗干扰性能要优于 2PSK。

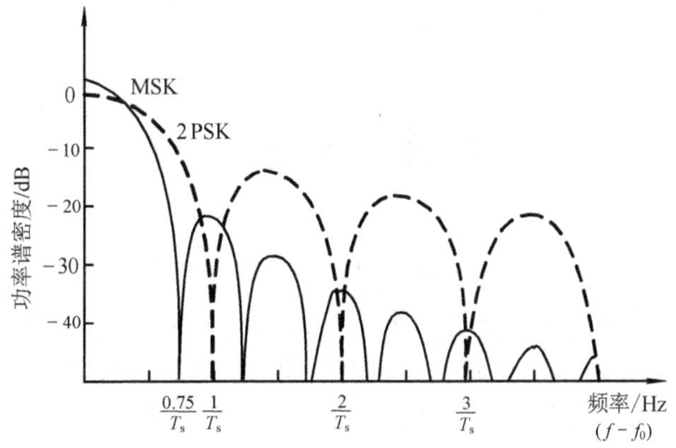

图 2-91　MSK 和 2PSK 的归一化功率谱密度对照图

2.9.2　高斯最小频移键控

高斯最小频移键控(GMSK，Gaussian Filtered Minimum Shift Keying)是在 MSK 调制器之前加入一高斯低通滤波器，来加快信号带外辐射功率的衰减。也就是说，用高斯低通滤波器作为 MSK 调制的前置滤波器，其框图如图 2-92 所示。

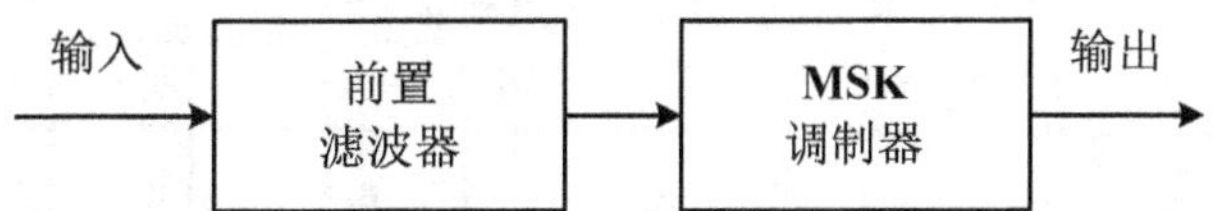

图 2-92　GMSK 调制原理框示意图

图 2-93 给出了 GMSK 信号的功率谱密度。图中，横坐标为归一化频率$(f-f_0)T_s$，纵坐标为谱密度，参变量 B_bT_s 为高斯低通滤波器的归一化 3 dB 带宽 B_b 与码元长度 T_s 的乘积。$B_bT_s=\infty$的曲线是 MSK 信号的功率谱密度。由图可见，GMSK 信号的频谱随着 B_bT_s 值的减小变得紧凑起来。

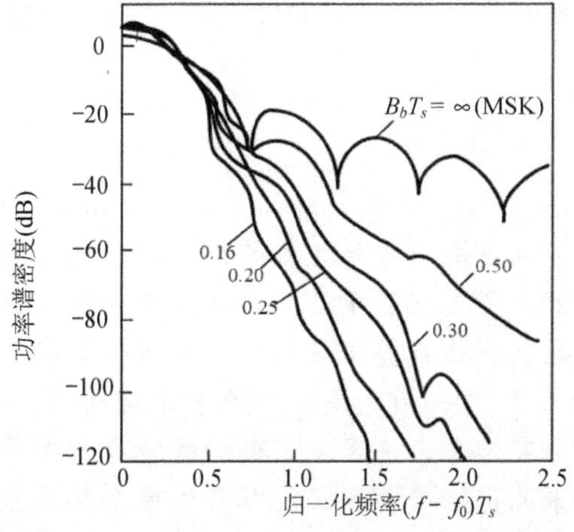

图 2-93　GMSK 信号的功率谱密度示意图

GMSK 信号频谱特性的改善是通过降低误比特率性能换来的。前置滤波器的带宽越窄，输出功率谱密度就越紧凑，误比特率性能变得越差。GSM 系统中采用了 $B_bT_s = 0.3$ 的 GMSK。

本章小结

GSM 关键技术

本章主要介绍了移动通信 GSM 中的关键技术，手机的无线信号传输需要将语音信号转换为射频信号。多个用户同时使用手机，产生信道复用问题，同区域内使用多址技术复用：地区间(小区间)使用蜂窝技术复用。多用户同时使用手机，用户之间会产生干扰，同小区内使用功率控制降低干扰；同频点使用定时提前技术避免时域重叠干扰；同一路信号使用分集接收技术降低干扰；针对干扰点使用跳频技术。本章知识要点如图 2-94 所示。

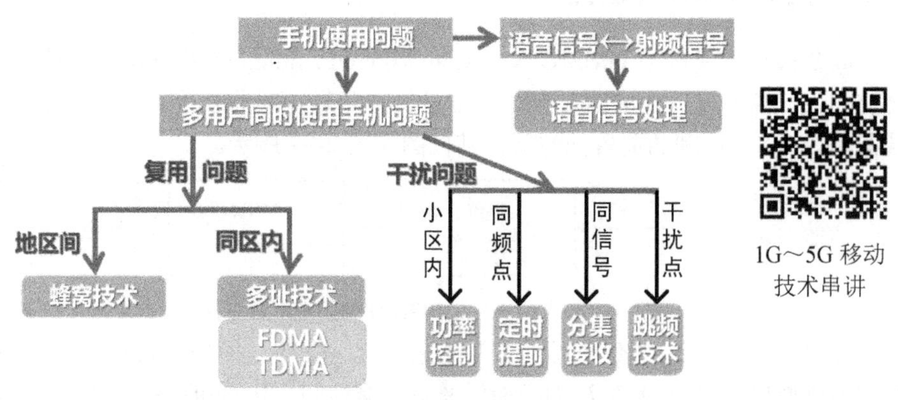

1G～5G 移动技术串讲

图 2-94　知识要点

通过本章的学习，读者应掌握多址技术、蜂窝技术、功率控制技术、跳频技术、定时提前技术、分集技术和语音处理技术，了解 DTX、DRX 技术和 GMSK 调制技术。

思政

科技领域安全是国家安全的重要组成部分。要加强体系建设和能力建设，完善国家创新体系，解决资源配置重复、科研力量分散、创新主体功能定位不清晰等突出问题，提高创新体系整体效能。要加快补短板，建立自主创新的制度机制优势。要加强重大创新领域战略研判和前瞻部署，抓紧布局国家实验室，重组国家重点实验室体系，建设重大创新基地和创新平台，完善产学研协同创新机制。要强化事关国家安全和经济社会发展全局的重大科技任务的统筹组织，强化国家战略科技力量建设。要加快科技安全预警监测体系建设，围绕人工智能、基因编辑、医疗诊断、自动驾驶、无人机、服务机器人等领域，加快推进相关立法工作。

习近平 2019 年 1 月 21 日在省部级主要领导干部坚持底线思维着力防范化解重大风险专题研讨班开班式上的讲话

网络是一把双刃剑，一张图、一段视频经由全媒体几个小时就能形成爆发式传播，对舆论场造成很大影响。这种影响力，用好了造福国家和人民，用不好就可能带来难以预见的危害。

习近平 2019 年 1 月 25 日在十九届中央政治局第十二次集体学习时的讲话

第3章　移动通信系统结构与相关接口

学习目标

1. 掌握 GSM 系统结构；
2. 掌握 GSM 系统的主要接口和协议；
3. 了解 GSM 系统的主要业务。

内容解读

本章重点介绍移动通信网络中的各个网元的名称和作用；介绍 GSM 系统的结构和与各种通信网 PSTN、ISDN、PDN 互联互通的标准化接口；简单介绍各个网元之间所采用的接口及各个接口的协议分层结构；简单介绍 GSM 网络的保密和安全知识；最后介绍 GSM 网络常用业务。

3.1　GSM 系统结构

GSM 系统结构

3.1.1　系统的基本特点

GSM 数字蜂窝移动通信系统(简称 GSM 系统)是完全依据欧洲通信标准化委员会(ETSI)制定的 GSM 技术规范研制而成的，任何一家厂商提供的 GSM 数字蜂窝移动通信系统都必须符合 GSM 技术规范。

GSM 系统作为一种开放式结构和面向未来设计的系统具有下列主要特点。

(1) GSM 系统是由几个子系统组成的，并且可与各种公用通信网互联互通，这些网络包括公共交换电话网络(PSTN，Public Switched Telephone Network)、综合业务数字网(ISDN，Integrated Services Digital Network)、公用数据网(PDN，Public Data Network)等。各子系统之间或各子系统与各种公用通信网之间都明确和详细定义了标准化接口规范，保证任何厂商提供的 GSM 系统或子系统能互连。

(2) GSM 系统能提供穿过国际边界的自动漫游功能，对于全部 GSM 移动用户都可进入 GSM 系统而与国别无关。

(3) GSM 系统除了可以开放语音业务，还可以开放各种承载业务、补充业务和与 ISDN 相关的业务。

(4) GSM 系统具有加密和鉴权功能，能确保用户保密和网络安全。

(5) GSM 系统具有灵活和方便的组网结构，频率重复利用率高。移动业务交换机的话务承载能力一般都很强，保证在话音和数据通信两个方面都能满足用户对大容量、高密度业务的要求。

(6) GSM 系统抗干扰能力强，覆盖区域内的通信质量高。

(7) 随着大规模集成电路技术的进一步发展，用户终端设备(手持机和车载机)向更小型、轻巧和增强功能趋势发展。

3.1.2　系统的结构与功能

GSM 系统可以分为三个子系统，分别为基站子系统(BSS，Base Station Subsystem)，网络子系统(NSS，Network Support Subsystem)和操作支持子系统(OSS，Operation Support Subsystem)。

通过无线的方式和手机进行通信的部分称为基站子系统(BSS)，它是 GSM 系统中与无线蜂窝方面关系最直接的基本组成部分，其主要作用是负责无线发送接收和无线资源的管理。BSS 在 MS(Mobile Station，移动台)和 NSS 之间提供和管理传输通路，特别是包括了 MS 与 GSM 系统的功能实体之间的无线接口管理。

BSS 的数据会发送给 NSS，它们之间是有线连接的。NSS 是整个系统的核心，它对 GSM 移动用户之间及移动用户与其他通信网用户之间通信，起着交换、连接与管理的作用。NSS 必须管理通信业务，保证 MS 与相关的公用通信网或与其他 MS 之间建立通信，也就是说，NSS 不直接与 MS 互通，BSS 也不直接与公用通信网互通。

其他部分称为操作支持子系统(OSS)，其主要作用是完成移动用户管理、移动设备管理、系统的操作与维护。MS、BSS 和 NSS 组成 GSM 系统的实体部分。OSS 则给运营部门提供一种手段来控制和维护这些实际运行部分。

GSM 系统由若干个子系统或功能实体组成。GSM 系统的结构如图 3-1 所示。

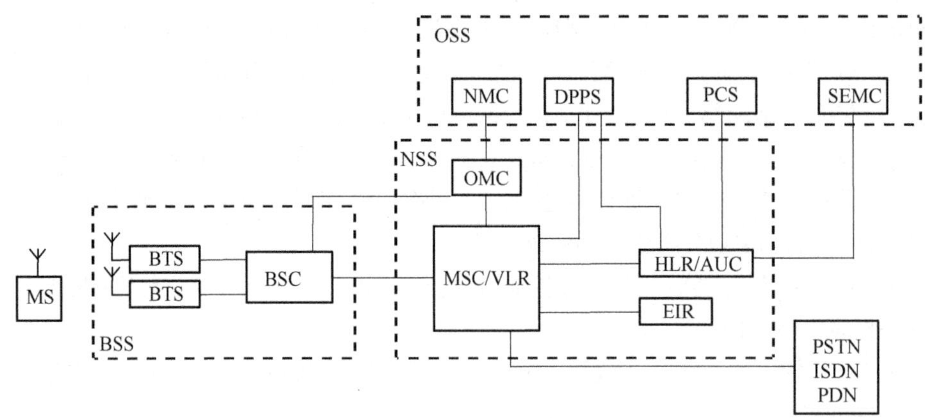

图 3-1　GSM 系统结构示意图

图 3-1 中的各缩写词的含义如表 3-1 所示。

表 3-1　GSM 系统各部分缩写词的含义

缩写	含　义	缩写	含　义
OSS	操作支持子系统	HLR	归属用户位置寄存器
BSS	基站子系统	AUC	鉴权中心
NSS	网络子系统	EIR	移动设备识别寄存器
NMC	网络管理中心	BSC	基站控制器
DPPS	数据后处理系统	BTS	基站收发信台
SEMC	安全性管理中心	PDN	公用数据网
PCS	用户识别卡个人化中心	PSTN	公用电话网
OMC	操作维护中心	ISDN	综合业务数字网
MSC	移动业务交换中心	MS	移动台
VLR	来访用户位置寄存器		

参照图 3-1 和表 3-1，下面分别对三个子系统包含的网元和功能进行介绍。

手机的专业说法叫作移动台，缩写为 MS；和手机直接通信的网元叫作基站收发信台，缩写为 BTS(Base Transceive Station)，它是为一个小区服务的无线收发信设备。管理基站的设备称为基站控制器，它的缩写为 BSC，它可以对一个或多个 BTS 进行控制以及进行相应的呼叫控制；若干个 BTS 和管理它们的 BSC(Base Station Controller，基站控制器)组成 BSS。

经过 BSC 收集的信号发给移动业务交换中心进行处理，缩写为 MSC(Mobile Switching Center)，它的作用是对位于它管辖区域内的移动台进行控制、交换。一个 MSC 可以处理多个 BSC 发来的数据。MSC 为当前处在它负责范围内的大量用户服务，这些用户有的是本地用户，有的是漫游过来的用户，用户的信息存储在来访用户位置寄存器中，缩写为 VLR(Visitor Location Register)，它在物理上属于 MSC 设备。VLR 只能临时存储当前 MSC 管辖范围内的用户数据，而移动用户是可以随时移动的，如果一个用户移动到一个新的 MSC 管辖范围，它的数据去哪里提取呢？这就需要一个网元专门存储用户数据，称为归属用户位置寄存器，缩写为 HLR(Home Location Register)。手机卡的归属地是哪里，用户信息就存在于那个 HLR 中，一个用户的信息只能存在一个 HLR 中。为了通信的安全性考虑，还需要网络能够鉴定用户是否为合法用户，实现这一功能的网元称为鉴权中心，缩写为 AUC(AUthentication Center)，它在物理上和 HLR 在一起。鉴权中心还有生成语音用户专用密钥的功能。每个正品手机都有一个全球唯一的移动设备识别码，俗称串号，系统也可以对网络内手机的移动设备识别码进行登记备案，实现这一功能的网元称为移动设备识别寄存器，缩写为 EIR。VLR、HLR、AUC、EIR 围绕着一个 MSC 形成一个网络子系统，这个子系统有一个用于维护管理的网元称为操作维护中心，缩写为 OMC(Operation and Maintenance Center)，它也参与维护基站控制器，每个围绕着 MSC 形成的网络子系统都有一个 OMC。

一个 GSM 系统中就会有很多个 OMC，系统需要一个网元来统一管理，这个网元就是 NMC(Network Management Center，网络管理中心)。系统还需要一个进行集中计费处理的网元，就是数据后处理系统，缩写为 DPPS(Data post-Processing System)，数据从 VLR 和 HLR 收集。所有用户的用户识别卡也需要集中管理，这个管理网元就是用户识别卡个人化中心，缩写为 PCS(Personal Identification Card Service)，它和 HLR、AUC 进行交互。最后，为了网络安全，还需要一个安全性管理中心，缩写为 SEMC(SEcurity Management Center)。NMC(网络管理中心)、DPPS(数据后处理系统)、PCS(用户识别卡个人化中心)和 SEMC(安全性管理中心)一起构成了 OSS。

3.2　MS

MS(移动台)是公用 GSM 移动通信网中用户使用的设备，也是整个 GSM 系统中用户能够直接接触的唯一的设备 MS 由机身设备与 SIM 卡组成，机身设备的类型不仅包括手持台，还包括车载台和便携式台。随着 GSM 标准的数字式手持台进一步小型化、轻巧型和功能增加的发展趋势，手持台的用户占整个用户的极大部分。

除了通过无线接口接入 GSM 系统的无线和处理功能外，移动台必须提供与使用者之间的接口。比如完成通话呼叫所需要的话筒、扬声器、显示屏和按键。或者提供与其他一些终端设备之间的接口，比如与个人计算机或传真机之间的接口，或同时提供这两种接口。

GSM 标准使用的移动台输出功率如表 3-2 所示。移动台的输出功率决定了小区的覆盖范围和通话、待机时间。通话的输出功率随 BTS 控制而变化。

表 3-2　移动台输出功率

类　型	输出功率	物理外观
类型 1	20 W	车载台和便携台
类型 2	8 W	车载台和便携台
类型 3	5 W	手持台
类型 4	2 W	手持台
类型 5	0.8 W	手持台

1. 手持机的 CPU

手持机的 CPU

手持机的 CPU(Central Processing Unit，中央处理器)是手持机处理器的简称，作为手机的核心部件，它就像人类的大脑一样，控制着整台手机的中枢系统，协调指挥手机各个部分的工作。手机 CPU 的好坏直接决定了智能手机的性能。

决定手机 CPU 性能的四大主要因素为：CPU 核心数、CPU 主频、工艺制程和图形处理器 GPU。

(1) CPU 核心数：大家平时会听到双核、四核等说法。CPU 核心数越高就意味着手机处理能力越强、速度越快。需要注意的是，CPU 的核心数只是 CPU 参数的一部分，单纯的 CPU 核心数并不是衡量手机 CPU 好坏的标准，CPU 核的“质量”及核心数同各组件的协同合作才是关键。

(2) CPU 主频：通常所说的“某某 CPU 是多少兆赫的”，这个多少兆赫就是 CPU 的主频，它是 CPU 内核工作的时钟频率(CPU Clock Speed)，表示在 CPU 内数字脉冲信号震荡的速度。主频的高低并不直接代表手机的运行速度，但提高主频对于提高 CPU 运算速度却至关重要。

(3) 工艺制程：在生产过程中，集成电路(CPU)的精细度，也就是说精度越高，生产工艺越先进，在同样的材料中可以制造更多的电子元件；连接线越细，精细度就越高，CPU 的功耗也就越小。纳米技术在手机 CPU 上的应用，从较早的 90 nm 已发展到目前的 7 nm，5 nm，3 nm。工艺制程越先进，处理器性能就越强。更小的制程意味着更低的功耗和散热，在同样面积的芯片上也能集成更多的晶体，而晶体的数量是决定处理器性能的关键因素。

(4) 图形处理器 GPU：它是智能手机更新换代的产物。早期的智能手机是不具备 GPU 的，但是伴随着智能手机娱乐性能的增强，各种应用软件及大型游戏的出现，GPU 应运而生。图形处理器掌管了所有显示处理功能，并提供视频录放和照相时的辅助处理，其性能由多边形生成能力和像素渲染能力共同决定。图形处理器效果对比如图 3-2 所示，左侧经过图形处理器处理画面清晰，流畅。

图 3-2　图形处理器效果对比

大家选择手机时可以根据自身的需要选择 CPU。如何查看手机 CPU 的信息呢？可以通过第三方软件查看你手机的 CPU 信息，例如手机卫士；也可以记住自己手机的具体型号上网查看，如到中关村网站上输入自己的手机型号，就可以查看到你手机的 CPU 信息了。

手机 CPU 的核心数是不是越多越好呢？移动芯片需要从移动生活的实际需求出发，考虑其计算性能与续航时间的完美平衡。单方面的核数多并不直接决定芯片这样一个全能选手的好坏，因为它的表现是核数、构架特性、制造工艺和系统优化能力等多方面的集合。盲目追求 CPU 核心数还可能导致发热大、耗电快、配套不成熟等问题。

2. 手持机的存储

手机存储一共包括三个部分：运行内存，也就是通常说的 RAM(Random Access Memory，随机存取存储器)、ROM(read only memory，只读存储器)存储、扩展存储卡。在 2G 阶段三者配合使用才能有效保障手机的正常运行，目前的 5G 系统中使用的手机多数已经不需要扩展存储卡了。

手持机的存储

(1) 运行内存。简称运存，即常说的 RAM 存储，是一种在手机中用来暂时保存数据的元件，相当于电脑中的内存条。

RAM 存储有五大特点：一是高速的访问性，读取速度快；二是随机存取性；三是需要刷新；四是容易丢失，掉电或者刷新都会导致数据丢失；五是对静电敏感，用手摩擦就可能损坏。

在手机系统内存足够的情况下，更大的 RAM 存储能确保手机操作的流畅性。如果开启的软件过多而不及时清理，手机就会因运存不足而妨碍其他任务运行。

优化 RAM 存储有四种优化方式：可以清除缓存；可以手动结束不使用的软件进程；可以长按 HOME 键关闭不用软件；还可以应用第三方软件进行优化。

(2) ROM 存储。ROM 存储器相当于电脑硬盘，是存放手机固件代码的存储器，比如手机的操作系统、一些应用程序如游戏等，也用来存放影音、图片、临时缓存文件等。为了系统的升级，通过电脑上的程序改擦写 ROM 存储，平时说的“刷机”就是擦写 ROM 存储器中存放手机系统的那部分。

ROM 存储分为两部分：一部分用来存放手机系统和手机自带的文件，此部分手机本身不可写入和更改；另一部分相当于一个内置存储卡，可以用来存储视频、图片、音乐等文件，也可以用来存放手机的临时文件。

优化 ROM 存储也有四种优化方式：可以卸载一些不常用的程序，可以手动删除部分不用的文件，可以通过具有优化内存类的软件来优化，还可以利用扩展存储卡来代替内存存放数据和文件。

为什么手机 ROM 可用空间不是宣传中的那么大？手机说明书中写的 ROM 是机身内存的总容量，而非可用内存。手机的系统文件都会占用部分存储空间，如操作系统，预装的程序等，这些都会占用部分手机内存，所以手机实际能够使用的 ROM 空间是小于说明书中标明的 ROM 存储空间的。

刷机会对手机有影响吗？刷机好比给电脑重新装系统。刷机可以个性化自己的手机，提升手机的性能，还可以让手机实现更多功能或让原有的功能更加完善。但是刷机会丢失 ROM 中的所有数据，并且存在着一定的风险，而且刷机以后机器不能再保修。所以一般情况下不建议刷写 ROM 存储卡，如果要刷写 ROM 存储卡，建议找专业人士进行操作。

(3) 扩展存储卡。手机扩展存储卡，用来扩展手机的物理空间。它以一种微小的方式存在，却在 2G 阶段发挥了极大的作用。作为移动电话使用的存储卡有 MMC 卡、RS-MMC 卡、SD 卡、mini SD 卡、T-Flash 卡、sony 记忆棒、CF 卡等。

3. SIM 卡

SIM 卡

移动台另外一个重要的组成部分是用户识别模块(SIM，Subscriber Identity Module)，也称为用户身份识别卡、智能卡。它基本上是一张符合 ISO(International Organization for Standardization，国际标准化组织)标准的“智慧”卡，它包含所有与用户有关的和某些无线接口的信息，其中也包括鉴权和加密信息。使用 GSM 标准的移动台都需要插入 SIM 卡，只有当处理异常的紧急呼叫时，可以在不用 SIM 卡的情况下操作移动台。SIM 卡的应用使移动台并非固定地缚于一个用户，因此，GSM 系统是通过 SIM 卡来识别移动电话用户的，这为将来发展个人通信打下了基础。GSM 阶段使用的 SIM 卡如图 3-3 所示。

图 3-3　GSM 阶段使用的 SIM 卡

SIM 卡的功能：

(1) 唯一标识一个客户。一张 SIM 卡可以插入任何一部 GSM 手机中使用，而使用手机所产生的通信费则记录在该 SIM 卡所唯一标识的客户账户上。SIM 卡上存储了该数字移动电话客户的信息。

(2) 可用于用户身份鉴权，可供 GSM 网络对客户身份进行鉴别。

(3) 存有保密算法及密钥，对客户通话时的语音信息进行加密。

(4) 可以进行用户 PIN 的操作和管理。

(5) 存储用户的电话簿等内容。

SIM 卡如何唯一标识一个客户呢？SIM 卡出厂时，里面就固化了一个 IMSI (International Mobile Subscriber Identification Number，国际移动客户识别码号码)，它相当于 SIM 卡的身份证号码，是全球唯一的，也就是说不会有两张卡用相同的 IMSI。IMSI 仅在网络内部使用，是不面向用户使用的。

用户购买 SIM 卡时，运营商会将这个 IMSI 绑定一个手机号，这个手机号才是用户间交流的号码。

SIM 卡还参与对用户身份进行鉴权。鉴权即鉴定用户使用网络的权限，鉴定这个用户是不是合法用户。SIM 卡出厂时固化了一个 Ki，称为用户鉴权密钥，即客户身份认证密码，它存放在特定区域，是不能向外读取的，那么怎么使用 Ki 进行鉴权呢？

下面以开机过程为例进行讲解。

(1) 手机开机后会从 SIM 卡上读取 IMSI；

(2) 手机会把 IMSI 发送给移动网络，主要是通过 MSC 发送给 AUC；

(3) 移动网络(AUC 中生成，MSC 管理使用)会生成一组随机数，并且发送给手机；

(4) 手机接收到随机数后会将它发送给 SIM 卡；

(5) 在 SIM 卡内部，根据随机数和 Ki 使用固定算法 A3 算出结果——SRES，并传送回手机；

(6) 手机将这个 SRES 发送给移动网络，通过 MSC 进行处理；

(7) 移动网络中的 AUC 从数据库中找到与这个 IMSI 对应的 Ki，并使用相同的随机数，用相同的算法计算出 SRES'，并和 SRES 进行比较；

(8) 如果 SRES=SRES'，则鉴权成功，否则鉴权失败，如果是非法用户，它没有正确的 Ki 和 IMSI，就没有办法鉴权成功。

Ki 还参与用户通话时的语音信息加密。每次通话时，网络会产生一个随机数，用这个随机数和 Ki 按照 A8 算法可以计算出一个临时密钥 Kc，手机和网络之间互通的语音信息就用这个 Kc 进行加密，由于这个密钥只有当前用户和网络知道，而且每次通话都会更换，所以比较安全。

SIM 卡还有一个 PIN1 码，称为个人识别号码 1，它是 SIM 卡的密码，用于保护 SIM 卡不被他人使用，对应的还有一个 PIN1 解锁号码 PUK1。

PIN2 码称为个人识别号码 2，用于手机计费等特殊功能使用，目前用于电话开通系统，对应的还有一个 PIN2 解锁号码 PUK2。

归纳起来 SIM 卡中具体存有的数据包括：

(1) 出厂时就固化的数据：IMSI(国际移动用户识别码)、Ki(手机鉴权密钥)和安全算法(A3、A8)。

(2) 使用过程中的临时网络数据：TMSI 称为临时识别码，它是由所在 MSC 临时分配的；LAI(Location Area Identity，位置区识别码)，用来标识用户当前所在的位置区；还有通话过程中临时生成的密钥 Kc。

(3) 业务相关数据：PIN、个人识别号和 PUK、PIN 码的解锁码。

OSS

3.3　OSS

操作支持子系统(OSS)需完成许多任务，包括移动用户管理、移动设备管理以及网络操作和维护。

移动用户管理包括用户数据管理和呼叫计费。用户数据管理一般由归属用户位置寄存器(HLR)来完成这方面的任务，HLR 是 NSS 功能实体之一。用户识别卡 SIM 的管理也可认为是用户数据管理的一部分，但是，作为相对独立的用户识别卡 SIM 的管理，还必须根据运营部门对 SIM 的管理要求和模式采用专门的 SIM 个人化设备来完成。呼叫计费可以由移动用户所访问的各个移动业务交换中心 MSC 和 GMSC 分别处理，也可以采用通过 HLR 或独立的计费设备来集中处理计费数据的方式。

移动设备管理是由移动设备识别寄存器(EIR)来完成的，EIR 与 NSS 的功能实体之间是通过 SS7 信令网络的接口互连的，为此，EIR 也归入 NSS 的组成部分之一。

网络操作与维护完成对 GSM 系统的 BSS 和 NSS 进行操作与维护管理任务，完成网络操作与维护管理的设施称为操作与维护中心(OMC)。从电信管理网络(TMN)的发展角度考虑，OMC 还应具备与高层次的 TMN 进行通信的接口功能，以保证 GSM 网络能与其他电信网络一起纳入先进、统一的电信管理网络中进行集中操作与维护管理。直接面向 GSM 系统 BSS 和 NSS 各个功能实体的操作与维护中心(OMC)归入 NSS 部分。

可以认为，操作支持子系统(OSS)已不包括与 GSM 系统的 NSS 和 BSS 部分密切相关的功能实体，而是成为一个相对独立的管理和服务中心。它主要包括网络管理中心(NMC)、安全性管理中心(SEMC)、用于用户识别卡管理的个人化中心(PCS)、用于集中计费管理的数据后处理系统(DPPS)等功能实体。

OSS 的功能是围绕着 NMC 实现的，NMC 有如下五大功能：

(1) 在商业上，负责用户开通、终端、计费等，其中计费管理要和 DPPS 数据后处理系统合作完成。DPPS 的主要功能就是用于集中计费管理。

(2) 安全方面的管理，主要检测非法入侵等，要和 SEMC 安全性管理中心合作完成。

(3) 开发和管理话务的功能，能观察话务量和话务质量、监控移动台等，监控移动台的功能要和 PCS 用户识别卡个人化中心合作完成。

(4) 管理网络的配置，植入软件、加入新设备和添加新的网络功能等。

(5) 维护功能，监控网络中出现的问题、进行设备测试等。

BSS

3.4　BSS

BSS(基站子系统)是 GSM 系统中与无线蜂窝关系最直接的基本组成部分。一方面，它通过无线接口直接与移动台连接，负责无线发送接收和无线资源管理。另一方面，BSS 与 NSS(网络子系统)中的 MSC(移动业务交换中心)相连，实现移动用户之间或移动用户与固定网络用户之间的通信链接，传送系统信号和用户信息等。当然，要对 BSS 部分进行操作维护管理，还要建立 BSS 与 OSS(操作支持子系统)之间的通信链接。

BSS 由 BTS(基站收发信台)、BSC(基站控制器)、TC(Transcoder，码变换器)和 SM(Sub-Multiplexing device，子复用设备)等功能实体组成。BSS 的典型组成方式如图 3-4 所示。

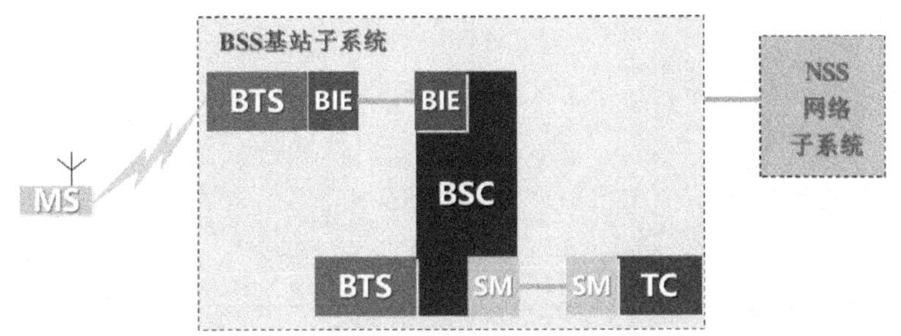

图 3-4　一种典型的 BSS 组成方式

在图 3-4 中，BTS(基站收发信台)负责无线发送与接收、BSC(基站控制器)负责无线资源的控制与管理。BSS 可由多个 BTS 和 BSC 组成。BTS 可以直接与 BSC 相连，也可以通过 BIE(基站接口设备)与远端的 BSC 相连。TC(码变换器)是执行 GSM 的话音编码和解码以及数据速率适配的设备，可以通过 SM(子复用设备)与 BSC 相连。

BSC 根据话务量需要可以控制数十个 BTS，它们之间可以有多种链接方式，如图 3-5 所示。

(1) 星型配置：BSC 与每个 BTS 之间都有一条专门的链路相连。

(2) 链型配置：BSC 链接一条总线，所有 BTS 都链接到这条总线上。

(3) 星型和扇区型配置：典型的配置为每三个 BTS 组成一个扇区型，每个 BTS 负责一个 120° 角的扇区。BSC 通过星型的方式与多个扇区型 BTS 相连。扇区型 BTS 也可以和 BSC 在同一物理位置上。

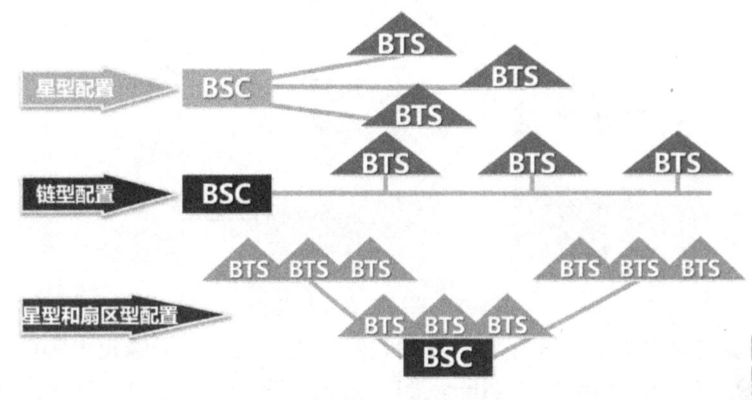

图 3-5　BSC 与 BTS 之间的链接方式示意图

BTS

3.4.1　基站收发信台

基站收发信台(BTS)属于基站子系统的无线部分，由基站控制器(BSC)控制，服务于某个小区的无线收发信台设备，完成 BSC 与无线信道之间的转换，实现 BTS 与移动台(MS)之间通过空中接口的无线传输及相关的控制功能。

1. BTS 物理设备

BTS 设备一般可以分为天馈系统和基站主设备两部分，如图 3-6 所示。

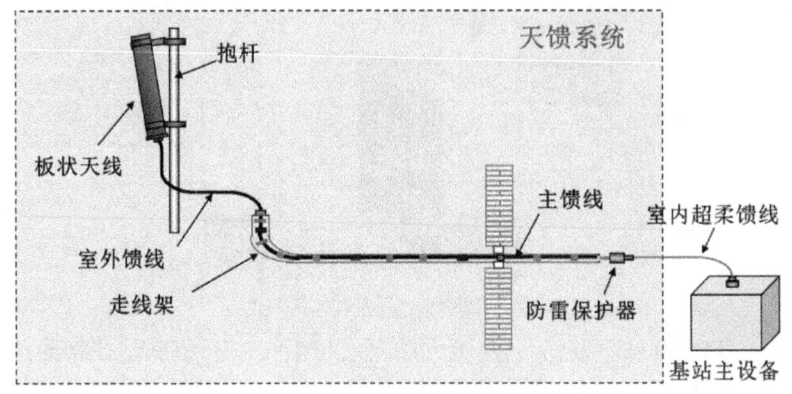

图 3-6　BTS 设备示意图

(1) 天馈系统。该系统包含若干个板状天线，这些板状天线固定在抱杆上，穿过墙体会架设走线架，板状天线接收到的信号由室外馈线送入走线架中的主馈线上，主馈线接入室内前要接入防雷保护器，保护基站主设备不被雷电损坏，最后信号通过室内超柔馈线被送入基站主设备。

(2) 基站主设备。图 3-7 是基站主设备的基本结构图，图中虚线为数据流、控制信号、时钟信号等内部总线。

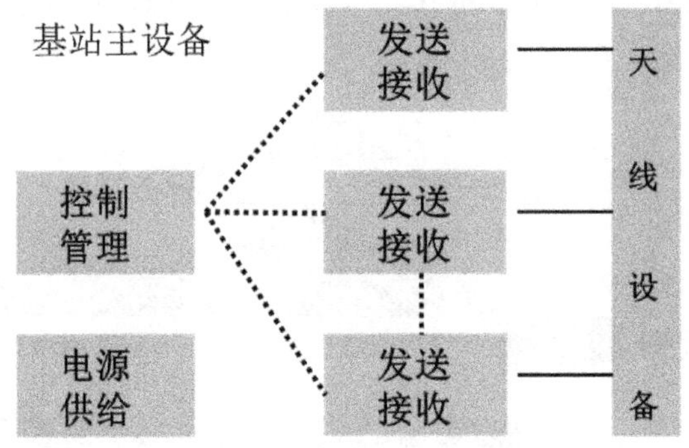

图 3-7　基站主设备结构图

基站主设备主要由基站控制管理、基站收发信机、电源、天线设备等四部分组成：

① 控制管理部分：主要完成 Abis 接口处理、基站操作维护、时钟同步及产生、内外告警采集及处理控制管理功能，还具有主备份功能，主要包括以下五点：

✧ 基站接口功能，完成 Abis 接口处理；
✧ 提供基站所需各种时钟，完成时钟同步及产生；
✧ BTS 的远端操作维护功能；
✧ BTS 的本地操作维护(MMI)；
✧ 设备告警采集功能，即内外告警采集及处理控制管理功能。

② 基站收发信部分：主要完成 GSM 系统中无线信道的控制和处理、无线信道数据的发送与接收、基带信号在无线载波上的调制和解调、无线载波的发送与接收功能。

③ 电源部分：进行直流电源-48V 到各模块的分配，并提供过载短路保护和电源输入滤波功能。

④ 天线设备部分：完成载波信号的合路和分路等功能。

2. BTS 逻辑功能

BTS 按逻辑功能划分主要分为基带单元、载频单元、控制单元三大部分。

(1) 基带单元主要用于必要的话音和数据速率适配以及信道编码等。

(2) 载频单元主要用于调制/解调与发射机/接收机之间的耦合等，完成基带信号到载波信号的调制和上变频功能，同时完成接收载波信号的下变频功能，并在下行方向上实现静态和动态功率控制功能。

(3) 控制单元用于 BTS 的操作与维护，完成 GSM 信令协议的处理和变换，完成一个 TDMA 帧上全双工信道基带数据处理的所有功能。在下行通信方向，它包括速率适配、信道编码、交织、加密、产生 TDMA 突发脉冲、GMSK 调制等功能。在上行通信方向，传输处理单元接收中频采样的两路信号，然后进行接收机分集合并、数字解调(GMSK 解调)、解密、去交织、信道解码、接收机分集合并及速率适配。控制单元还提供业务信道服务，提供各种速率的语音和数据信道；支持射频跳频及静态和动态功率控制等。

另外，当 BSC 与 BTS 不设在同一处而需采用 Abis 接口时，传输单元是必须增加的，以实现 BSC 与 BTS 之间的远端连接方式。如果 BSC 与 BTS 并置在同一处，只需采用 BS 接口时，传输单元是不需要的。

3. BTS 的功能结构

根据 BTS 实现的具体功能，BTS 的一般功能结构可以划分为如图 3-8 所示形式。

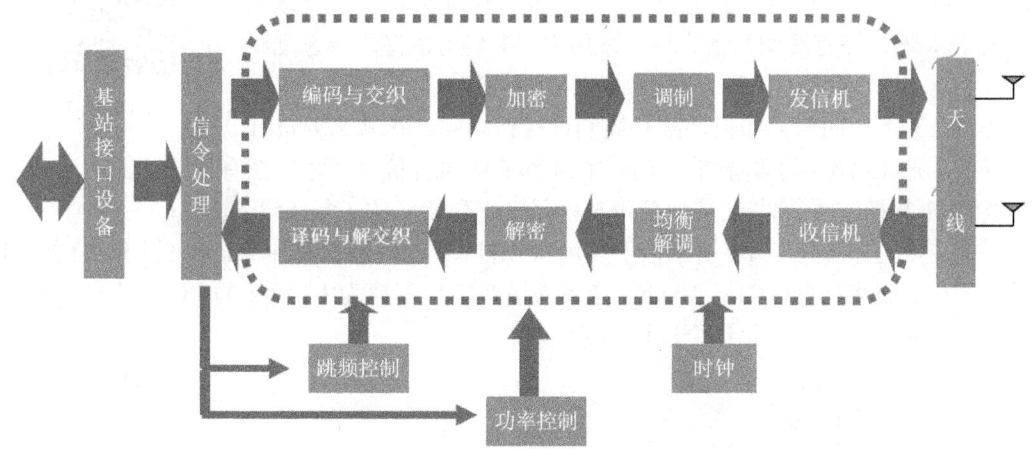

图 3-8　BTS 的一般功能结构示意图

从网络侧传输过来的数据会经过基站接口设备送入信令处理单元，优先处理信令，包括跳频控制和功率控制。去掉信令后的用户数据会经过编码与交织、加密、调制等步骤送入发信机，生成射频信号后通过天线发往无线侧。天线接收到来自无线侧的信号会直接送入收信机，之后经过均衡解调、解密、译码与解交织后送入信令处理单元。整个过程由时钟单元保证数字信号的同步。

3.4.2　基站控制器

基站控制器(BSC)是基站子系统(BSS)的控制部分，起着 BSS 变换设备的作用，即各

种接口的管理，承担无线资源和无线参数的管理。BSC 具有对一个或多个 BTS 进行控制的功能，主要负责无线资源管理、小区配置数据管理、功率控制、定位和切换等。

BSC 是一个很强的业务控制点，主要由以下三部分构成：

(1) 朝向与 MSC 相接的 A 接口或与码变换器相接的 Ater 接口的数字中继控制部分。

(2) 朝向与 BTS 相接的 Abis 接口或 BS 接口的 BTS 控制部分。

(3) 公共处理部分，包括与操作维护中心相接的接口控制。

BSC 主要由交换网络和处理器网络组成，如果与 MSC 距离过远，连接时需要通过数字中继。BSC 的一般结构如图 3-9 所示。

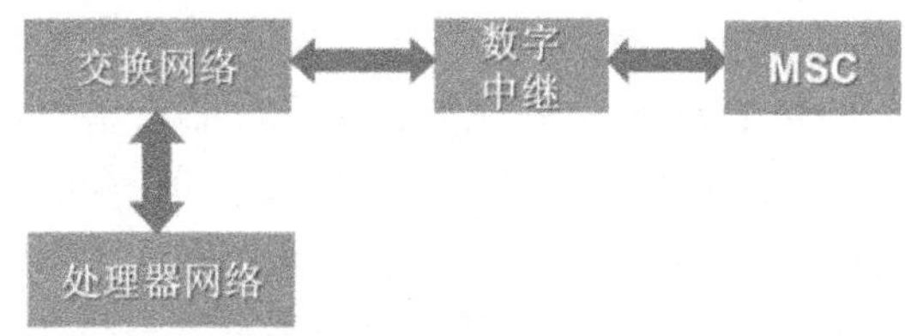

图 3-9　BSC 的一般结构

3.4.3　码型变换

码型变换

语音信号在无线侧和有线侧采用的编码方式是不一样的。在无线侧，语音信号采用规则脉冲激励长期预测编码，全速率时将语音速度压缩为 13 kb/s；在有线侧，语音信号采用 PCM 编码，将语音速度压缩为 64 kb/s。于是出现问题：两种编码格式和速度都不相同，来自无线侧的 13 kb/s 的信号如何送到有线侧进行传输呢？这就需要进行码型变换，把 13 kb/s 的语音信号变换为 64 kb/s 的语音信号，才能在有线侧传输。这个过程需要 BSS(基站子系统)，还应包括码变换器(TC)和相应的子复用设备(SM)。

码型变换过程如图 3-10 所示，子复用将 13 kb/s 的语音信息加 3 kb/s 的控制信息，4 路同时进行。码变换器(TC)将 16 kb/s 速率的语音信号变换为 64 kb/s 的 PCM 信号。从有线侧向无线侧传送数据就是这个过程的逆过程。

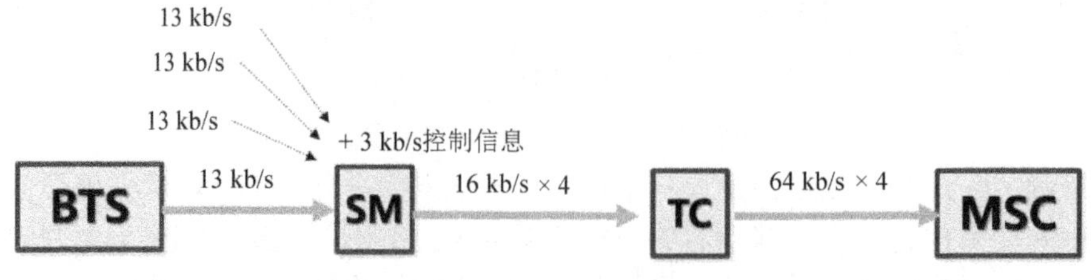

图 3-10　码型变换过程

在 GSM 规范中把 TC 视为 BTS 的一部分，可以安装在 BTS 和 MSC 之间传输链的任何地方。TC 的具体位置如图 3-11 所示，BTS 和 BSC 之间连接的接口称为 Abis 接口，BSC 和 MSC 之间的接口称为 A 接口。

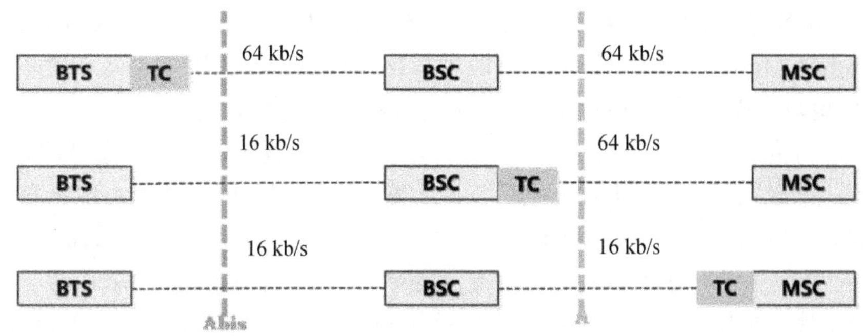

图 3-11 TC 的位置

TC 可以安装在 BTS 一侧，这样 Abis 接口中数据速度为 64 kb/s，A 接口中的数据速度为 64 kb/s。

TC 可以安装在 BSC 一侧，这样 Abis 接口中数据速度为 16 kb/s，A 接口中的数据速度为 64 kb/s。

TC 还可以安装在 MSC 一侧，这样 Abis 接口中数据速度为 16 kb/s，A 接口中的数据速度也为 16 kb/s。

第三种 TC 的安装位置可以节约成本，提高传输容量。通常是把它放在 BSC 和 MSC 之间的 MSC 一侧。码变换器在组网的灵活性和减少传输设备配置数量方面具有许多优点。

3.5 NSS

NSS

网络子系统 NSS 是整个系统的核心，主要实现用户间的交换、连接与管理的功能，包含有 GSM 系统的交换功能和用于用户数据与移动性管理、安全性管理所需的数据库功能，它对 GSM 移动用户之间的通信和 GSM 移动用户与其他通信网用户之间的通信起着管理作用。NSS 的具体功能包括呼叫处理、通信管理、移动管理、部分无线资源管理、安全性管理、用户数据和设备管理、计费记录处理、公共信道管理、信令处理和本地运行维护等。

NSS 由一系列功能实体构成，整个 GSM 系统内部，即 NSS 的各功能实体之间和 NSS 与 BSS 之间都通过符合 CCITT(国际电报电话咨询委员会)信令系统 No.7 协议和 GSM 规范的 7 号信令网络互相通信。

1. 移动业务交换中心

移动业务交换中心(MSC)是网络的核心，它的主要功能如下：

(1) 提供交换功能及面向系统其他功能实体：基站子系统(BSS)、归属用户位置寄存器(HLR)、鉴权中心(AUC)、移动设备识别寄存器(EIR)、操作维护中心(OMC)和面向固定网(公用电话网(PSTN)、综合业务数字网(ISDN)、分组交换公用数据网(PSPDN)、电路交换公用数据网(CSPDN))的接口功能，把移动用户与移动用户、移动用户与固定网用户互相连接起来。

(2) 移动业务交换中心 MSC 可从三种数据库，即归属用户位置寄存器(HLR)、访问用户位置寄存器(VLR)和鉴权中心(AUC)获取处理用户位置登记和呼叫请求所需的全部数据。反之，MSC 也可根据其最新获取的信息请求更新数据库的部分数据。

(3) MSC 可为移动用户提供一系列业务：电信业务，例如电话、紧急呼叫、传真和短消息服务等；承载业务，如 3.1 kHz 电话，同步数据 0.3～2.4 kb/s 及分组组合和分解(PAD)等；补充业务，例如呼叫前转、呼叫限制、呼叫等待、会议电话和计费通知等。

(4) 支持位置登记、越区切换和自动漫游等移动特征性能和其他网络功能。

对于容量比较大的移动通信网，一个网络子系统 NSS 可包括若干个 MSC、VLR 和 HLR，为了建立固定网用户与 GSM 移动用户之间的呼叫，无需知道移动用户所处的位置。此呼叫首先被接入入口移动业务交换中心，称为 GMSC，入口交换机负责获取位置信息，且把呼叫转接到可向该移动用户提供即时服务的 MSC，称为被访 MSC(VMSC)。因此，GMSC 具有与固定网和其他 NSS 实体互通的接口。目前，GMSC 的功能就是在 MSC 中实现的。根据网络的需要，GMSC 的 功能也可以在固定网交换机中综合实现。

2. 访问用户位置寄存器

访问用户位置寄存器(VLR)是服务于其控制区域内的移动用户的，主要功能有存储进入其控制区域内已登记的移动用户的相关信息，为已登记的移动用户提供建立呼叫接续的必要条件。VLR 从该移动用户的归属用户位置寄存(HLR)处获取并存储必要的数据。一旦移动用户离开该 VLR 的控制区域，则重新在另一个 VLR 登记，原 VLR 将取消临时记录的该移动用户的数据。因此，VLR 可看作一个动态的用户数据库，主要包含的数据有移动台状态、位置区域识别码(LAI)、临时移动用户识别码(TMSI)、移动台漫游码(MSRN)。VLR 中与用户地理区域位置相关的信息比 HLR 中更准确。VLR 功能是在每个 MSC 中综合实现的，即它的物理位置就安置在 MSC 中。

3. 归属用户位置寄存器

归属用户位置寄存器(HLR)是 GSM 系统的中央数据库，存储着该 HLR 控制的所有存在的移动用户的相关数据。一个 HLR 能够控制若干个移动交换区域以及整个移动通信网，所有移动用户重要的静态数据都存储在 HLR 中，这包括移动用户识别号码、访问能力、用户类别和补充业务等数据。

永久性的参数包含国际移动用户识别码(IMSI，International Mobile Subscriber Identification number)、移动台国际用户识别码(MSISDN，the Mobile Station ISDN number)、预定的附加业务、附加的业务信息(如当前转移号码)、鉴权键和鉴权功能。

暂时性的参数包含用户状态(已登记/已取消登记)、当前用户 VLR(当前位置)、移动台漫游号码(MSRN，Mobile Station Roaming Number)。

HLR 还存储且为 MSC 提供关于移动用户实际漫游所在地 MSC 区域相关的动态信息数据。这样，任何入局呼叫可以即刻按选择路径送到被叫的用户。

HLR 的布局方式可以是集中式的，被安装在一台特殊的机器上，一个 HLR 可以管理数十万用户；也可以是分布式的，被集成到 MSC 中，这时用户的数据被储存在和他经常联系的 MSC 中。

用户的资料只储存在一个 HLR 中，网络通过 MSISDN 和用户的 IMSI 来确定 HLR。

4. 鉴权中心

GSM 系统采取了特别的安全措施，例如用户鉴权，对无线接口上的话音、数据和信号信息进行保密等。因此，鉴权中心(AUC)存储着鉴权信息和加密密钥，用来防止无权用户接入系统，防止无线接口中数据被窃，保证通过无线接口的移动用户的通信安全。

AUC 属于 HLR 的一个功能单元部分，专用于 GSM 系统的安全性管理。

5. 移动设备识别寄存器

移动设备识别寄存器(EIR)存储着移动设备的国际移动设备识别码(IMEI，International Mobile Equipment Identity)，通过检查白名单、黑名单或灰名单这三种表格，判断移动设备所处的状态，使运营部门对于不管是失窃还是由于技术故障或误操作而危及网络正常运行的 MS 设备，都能采取及时的防范措施，以确保网络内所使用的移动设备的唯一性和安全性。三种清单的含义如下：

(1) 白名单：准许使用，指合法用户和允许漫游用户的 IMEI。

(2) 灰名单：出现故障需监视，指有故障未经型号认证淘汰的 IMEI。

(3) 黑名单：因失窃已不许使用，指报失被盗或非法使用的 IMEI。

3.6　GSM 相关接口

为了保证网络运营部门能在充满竞争的市场条件下灵活选择不同供应商提供的数字蜂窝移动通信设备，GSM 系统在制定技术规范时就对其子系统之间及各功能实体之间的接口和协议作了比较具体的定义，使不同供应商提供的 GSM 系统基础设备能够符合统一的 GSM 技术规范，从而达到互通、组网的目的。为使 GSM 系统实现国际漫游功能和在业务上迈入面向 ISDN 的数据通信业务，必须建立规范和统一的信令网络以传递与移动业务有关的数据和各种信令信息，因此，GSM 系统引入 7 号信令系统和信令网络，也就是说 GSM 系统的公用陆地移动通信网的信令系统是以 7 号信令网络为基础的。

接口泛指实体把自己提供给外界的一种抽象化物(可以为另一实体)，用以由内部操作分离出外部沟通方法，使其能被修改内部而不影响外界其他实体与其交互的方式。简单来说，网元自带一个附加装置，用以和外界沟通。接口是自然的、合理的、支持数据传送和信令传送到连接器或者到其他设备的附加装置。

接口可以是具体的物理元件，此时称为物理接口；也可以是虚拟的功能抽象化物，比如用一段程序实现沟通，此时称为逻辑接口。

如果一个接口是私有化定义的，没有广泛使用的统一标准，不具有通用性，则称它为内部接口；如果一个接口遵循统一标准，凡是遵循相同标准的接口都可以和它对接，具有通用性，则称它为开放接口。

3.6.1　BSS 的主要接口

主要接口

GSM 系统的主要接口是指 A 接口、Abis 接口和 Um 接口。GSM

系统的主要接口如图 3-12 所示。这三种主要接口的定义和标准化能保证不同供应商生产的移动台、基站子系统和网络子系统设备能纳入同一个 GSM 数字移动通信网运行和使用。

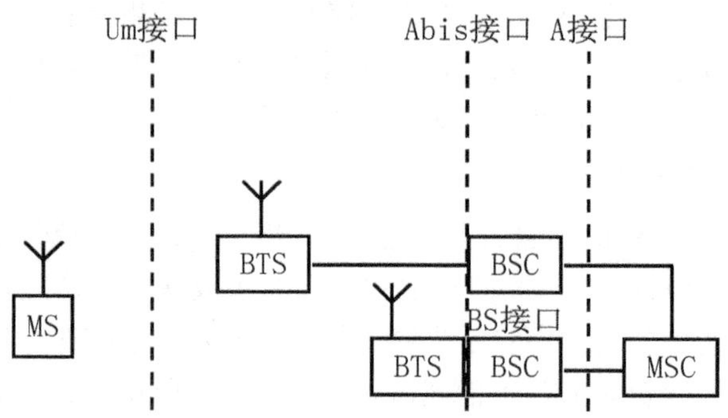

图 3-12　GSM 系统的主要接口

1. A 接口

A 接口定义为网络子系统(NSS)与基站子系统(BSS)之间的通信接口，从系统的功能实体来说，就是移动业务交换中心(MSC)与基站控制器(BSC)之间的互联接口，其物理链接通过采用标准的 2.048 Mb/s PCM 数字传输链路来实现，是有线接口。A 接口是开放式接口，GSM 协议定义了 A 接口的标准。为适应移动网络 IP 化发展的趋势，目前 A 接口采用的 IP 技术也已经在标准中定义，有成熟产品并在实际网络中使用。此接口传递的信息包括移动台管理、基站管理、移动性管理、接续管理等。

2. Abis 接口

Abis 接口指基站子系统的两个功能实体基站控制器(BSC)和基站收发信台(BTS)之间的通信接口，用于 BTS(不与 BSC 并置)与 BSC 之间的远端互联方式，物理链接通过采用标准的 2.048 Mb/s 或 64 kb/s PCM 数字传输链路来实现，是有线接口。图 3-12 中所示的 BS 接口作为 Abis 接口的一种特例，用于 BTS(与 BSC 并置)与 BSC 之间的直接互联方式，此时 BSC 与 BTS 之间的距离小于 10 米。此接口支持所有向用户提供的服务，并支持对 BTS 无线设备的控制和无线频率的分配。Abis 接口是内部接口，没有统一标准，它不是通用的。

3. Um 接口

Um 接口(空中接口)指移动台与基站收发信台(BTS)之间的通信接口，用于移动台与 GSM 系统的固定部分之间的互通，其物理链接通过无线链路实现。此接口传递的信息包括无线资源管理、移动性管理和接续管理等。移动台只要制式正确，无论哪个厂家的哪种型号都能通过 Um 接口接入网络，所以 Um 接口是开放式接口。

Um 接口的知识点很多，将在第 4 章进行详细的介绍。

3.6.2　网络子系统内部接口

NSS 内部接口

网络子系统由移动业务交换中心(MSC)、访问用户位置寄存器(VLR)、归属用户位置寄存器(HLR)等功能实体组成，因此 GSM 技术规范定义了不同的接口以保证各功能实体之间的接口标准化。网络子系统内部接口如图 3-13 所示。

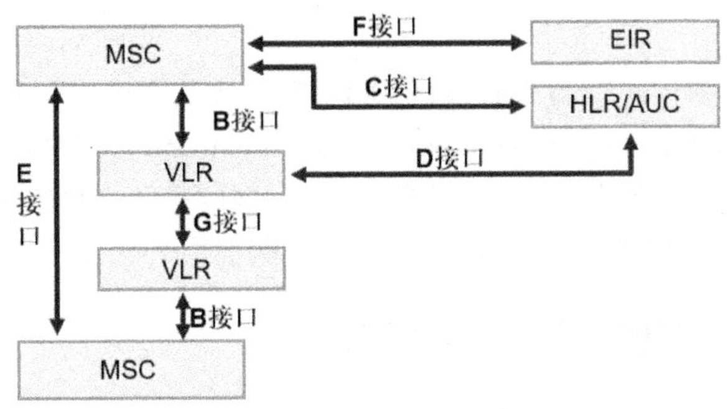

图 3-13　网络子系统内部接口示意图

1. B 接口

B 接口定义为访问用户位置寄存器(VLR)与移动业务交换中心(MSC)之间的内部接口，用于移动业务交换中心(MSC)向访问用户位置寄存器(VLR)询问有关移动台(MS)当前位置信息，或者通知访问用户位置寄存器(VLR)有关移动台(MS)的位置更新信息等。

2. C 接口

C 接口定义为归属用户位置寄存器(HLR)与移动业务交换中心(MSC)之间的接口，用于传递路由选择和管理信息。如果采用归属用户位置寄存器(HLR)作为计费中心，呼叫结束后建立或接收此呼叫的移动台(MS)所在的移动业务交换中心(MSC)应把计费信息传送给该移动用户当前归属的归属用户位置寄存器(HLR)。一旦要建立一个至移动用户的呼叫时，入口移动业务交换中心(GMSC)应向被叫用户所属的归属用户位置寄存器(HLR)询问被叫移动台的漫游号码。C 接口的物理链接方式是标准的 2.048 Mb/s 的 PCM 数字传输链路。

3. D 接口

D 接口定义为归属用户位置寄存器(HLR)与访问用户位置寄存器(VLR)之间的接口，用于交换有关移动台位置和用户管理的信息，为移动用户提供的主要服务是保证移动台在整个服务区内能建立和接收呼叫。实用化的 GSM 系统结构一般把 VLR 综合于移动业务交换中心(MSC)中，而把归属用户位置寄存器(HLR)与鉴权中心(AUC)综合在同一个物理实体内。因此 D 接口的物理链接是通过移动业务交换中心(MSC)与归属用户位置寄存器(HLR)之间的标准 2.048 Mb/s 的 PCM 数字传输链路实现的。

4. E 接口

E 接口定义为控制相邻区域的不同移动业务交换中心(MSC)之间的接口。当移动台(MS)在一个呼叫进行过程中，从一个移动业务交换中心(MSC)控制的区域移动到相邻的另一个移动业务交换中心(MSC)控制的区域时，为不中断通信需完成越区信道切换过程，此接口用于切换过程中交换有关切换信息以启动和完成切换。E 接口的物理链接方式是通过移动业务交换中心(MSC)之间的标准 2.048 Mb/s 的 PCM 数字传输链路实现的。

5. F 接口

F 接口定义为移动业务交换中心(MSC)与移动设备识别寄存器(EIR)之间的接口，用于交换相关的国际移动设备识别码管理信息。F 接口的物理链接方式是通过移动业务交换中心(MSC)与移动设备识别寄存器(EIR)之间的标准 2.048 Mb/s 的 PCM 数字传输链路实现的。

6. G 接口

G 接口定义为访问用户位置寄存器(VLR)之间的接口。当采用临时移动用户识别码(TMSI，Temporary Mobile Subscriber Identification number)时，此接口用于向分配临时移动用户识别码(TMSI)的访问用户位置寄存器(VLR)询问此移动用户的国际移动用户识别码(IMSI)的信息。G 接口的物理链接方式与 E 接口相同。

3.6.3 GSM 系统与其他公用电信网的接口

其他公用电信网主要是指公用电话网(PSTN)、综合业务数字网(ISDN)、分组交换公用数据网(PSPDN)和电路交换公用数据网(CSPDN)。

GSM 系统通过接口与这些公用电信网互连，其接口必须满足 CCITT 的有关接口和信令标准及各个国家邮电运营部门制定的与这些电信网有关的接口和信令标准。

当网络规模较小时(只设有 1～2 个 MSC)，各 MSC 与 PSTN 直连，该项功能由 MSC 完成。随着网络的逐步扩容、MSC 数目的增加，若仍采用各 MSC 与 PSTN 直连的方式，网络结构会存在诸多问题。具体如下：

(1) 网络结构复杂，不利于维护管理。

(2) 各 MSC 的中继线群多，每个线群的中继系统少，利用率低。

(3) 虽然网络建设初期投资少，但日后运行维护成本高。

(4) 不利于两网间的话费结算。

由此可见，GSM 网的多局制使得 GSM 网原有与 PSTN 之间的组网方式已不再继续适用。因此为维护网络界面的清晰，保障网间结算的准确便捷，需要在移动网与其他网之间设置独立的网关移动业务交换中心(GMSC，Gateway Mobile Switching Center)，以实现本地移动网与其他网间的话务、信令转接。

GMSC 具有从 HLR 查询得到被叫 MS 当前的漫游号码，并根据此信息选择路由的功能。

GMSC 可以是任意的 MSC，也可以单独设置。单独设置时，不处理 MS 的呼叫，因此不需设 VLR，不与 BSC 相连。

网关移动业务交换中心可以简单地理解为不同网络间话务流通的必经交换局，它不仅需要承担网间结算的功能，还需要具备路由查询功能，以保证其他网呼叫移动电话用户时能准确确定被叫所在的交换机，接通相应的话路。网关局作为 GSM 网和其他网的唯一接口，其重要程度是不言而喻的。为避免单个局点传输发生障碍或出现意外灾害而造成网间瘫痪，通常设置 1 个以上的 GMSC。对于中、小规模的 GSM 网，可设置 1 对 GMSC，但随着本业务区内 MSC 数目的增多、话务量的提高，可能需要设置多个 GMSC。

根据我国现有公用电话网的发展现状和综合业务数字网的发展前景，GSM 系统与 PSTN 和 ISDN 网的互连方式采用 7 号信令系统接口。其物理链接方式是通过 MSC 与 PSTN 或 ISDN 交换机之间标准 2.048 Mb/s 的 PCM 数字传输实现的。

如果具备 ISDN 交换机，HLR 与 ISDN 网之间可建立直接的信令接口，使 ISDN 交换机可以通过移动用户的 ISDN 号码直接向 HLR 询问移动台的位置信息，以建立至移动台当前所登记的 MSC 之间的呼叫路由。

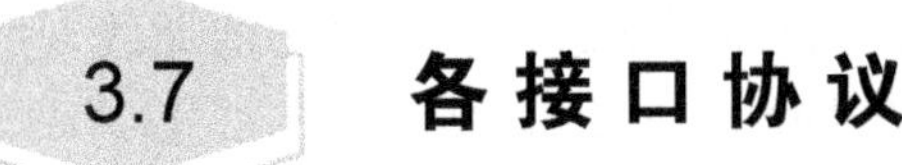

3.7 各接口协议

GSM 系统各功能实体之间的接口定义明确，同样 GSM 规范对各接口所使用的分层协议也作了详细的定义。协议是各功能实体之间共同的“语言”，通过各个接口互相传递有关的消息，为完成 GSM 系统的全部通信和管理功能建立起有效的信息传送通道。不同的接口可能采用不同形式的物理链路，完成各自特定的功能，传递各自特定的消息，这些都由相应的信令协议来实现。接口代表两个相邻实体之间的连接点，而协议就是连接点上交换信息需要遵守的规则。

3.7.1 协议分层结构

主要接口间协议

GSM 系统各接口采用的分层协议结构是符合开放系统互连(OSI，Open System Interconnection)参考模型的。分层的目的是允许隔离各组信令协议功能，按连续的独立层描述协议，每层协议在明确的服务接入点对上层协议提供它自己特定的通信服务。图 3-14 给出了 GSM 系统主要接口所采用的协议分层示意图。

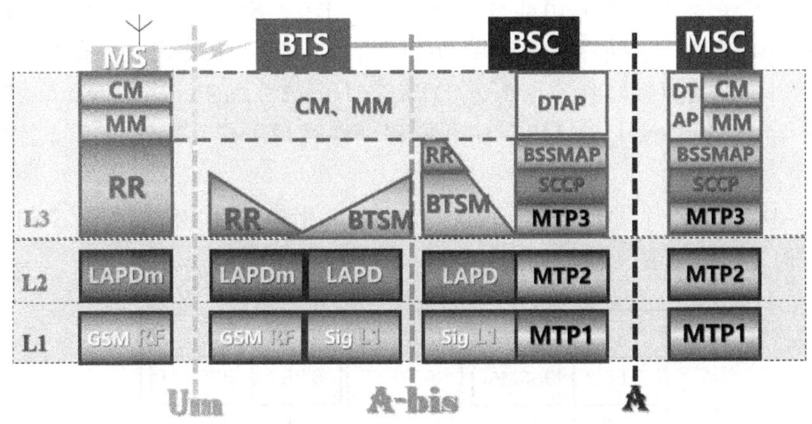

图 3-14　GSM 系统主要接口的协议分层示意图

(1) Layer 1：物理层(L1)。

这是无线接口的最底层，提供传送比特流所需的物理链路(例如无线链路)、为高层提供各种不同功能的逻辑信道，包括业务信道和逻辑信道，每个逻辑信道有它自己的服务接入点，定义了发送、接收信息的所有方法。

在空中接口 Um 上，使用无线的信道结构，协议为 GSM RF(Radio Frequency，射频)完成纠错编码、逻辑信道复用和进行一些无线指标的测量。在 Abis 接口上是数字传输，一般是 64 kb/s，采用了 ITU 的 G.703、G.705、G.732 电信标准。

(2) Layer 2：数据链路层(L2)。

数据链路层提供专用数据链路，主要目的是增加传输的可靠性。Abis 口使用的是LAP-D(Link Access Protocol on the Dchannel，基于 ISDN 的 D 信道链路接入协议)。

Um 口主要目的是在移动台和基站之间建立可靠的无线专用数据链路，L2 协议为LAP-D，但作了改动，因而在 Um 接口的 L2 协议中称之为 LAP-Dm。

(3) Layer 3：网络层(L3)。

这是实际负责控制和管理的协议层，把用户和系统控制过程中的特定信息按一定的协议分组安排在指定的逻辑信道上，在移动台要进行通信时，建立、维持和释放交换电路。

L3 包括三个基本子层：无线资源管理(RR，Radio Resource management)子层、移动性管理(MM，Mobility Management)子层和接续管理(CM，Succession Management)子层。

① 无线资源管理子层：主要存在于 MS 和 BSC 中。它管理的是无线资源，包括不同逻辑信道的建立、维持和释放。在移动台中，主要是用来选择小区、在物理层测量结果的基础上监听信标信道。

② 移动性管理(MM)子层：负责移动台的位置信息、鉴权和 TMSI 的分配。

③ 接续管理(CM)子层：是一个接续管理子层中含有多个呼叫控制(CC，Call Control)单元，管理和最终目标的电路链接，该子层提供多个并行呼叫处理。为支持补充业务和短消息业务，在 CM 子层中还包括补充业务管理(SS，Supplementary Services)单元和短消息业务管理(SMS，Short Message Service)单元。

无线资源管理子层在基站收发信台 BTS 的 Um 接口部分完成一部分管理功能，在基站控制器 BSC 完成另一部分管理功能。RR 消息在基站子系统中就终止了，在 A 接口中映射称为基站子系统管理应用部分(BSSMAP，Base Station Subsystem Manageement Application Part)消息。移动性管理子层和接续管理子层消息在基站子系统中是透明传递的，在 A 接口中采用直接转移应用部分(DTAP，Direct Transfer Application Part)进行消息传递，在移动业务交换中心 MSC 中还原移动性管理子层和接续管理子层消息，并且到 MSC 终止。

Abis 接口中还有一个 BTS 的管理部分 BTSM，用来交互 BSC 对 BTS 的管理消息。在 A 接口，信令协议的参考模型如图 3-15 所示。

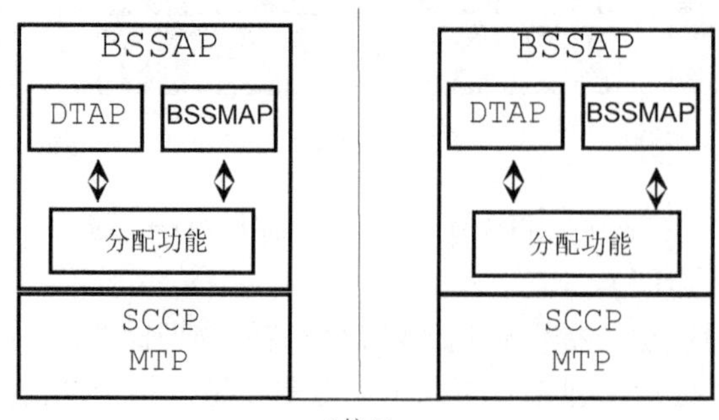

BSSAP BSS 应用部分；SCCP 信令连接控制部分；DTAP 直接转移应用部分；

MTP 消息传递部分；BSSMAP BSS 移动应用部分

图 3-15　NSS 内部及对外协议

由于基站需完成蜂窝控制这一无线特殊功能，这是在基站自行控制或在 MSC 的控制下完成的，所以无线资源管理子层在基站子系统中终止，无线资源管理消息在 BSS 中进行处理和转移，映射成 BSS 管理应用部分的消息在 A 接口中传递。A 接口中 L1、L2 和 L3 中的底层部分协议由信息传递部分(MTP，Message Transfer Part)完成。还有一部分网络功能由信令连接控制部分(SCCP，Signaling Connection Control Part)完成。

采用直子层移动性管理和接续管理都至 MSC 终止，MM 和 CM 消息在 A 接口中是直接转移应用部分来传递的，基站子系统则透明传递 MM 和 CM 消息，这样就能保证 L3 子层协议在各接口之间的互通。

3.7.2　NSS 内部及 GSM 系统与 PSTN 之间的协议

NSS 内部及对外协议

在网络子系统 NSS 内部各功能实体之间已定义了 B、C、D、E、F 和 G 接口，这些接口的通信(包括 MSC 与 BSS 之间的通信)全部由 7 号信令系统支持，GSM 系统与 PSTN 之间的通信优先采用 7 号信令系统。支持 GSM 系统的 7 号信令系统协议层如图 3-16 所示。

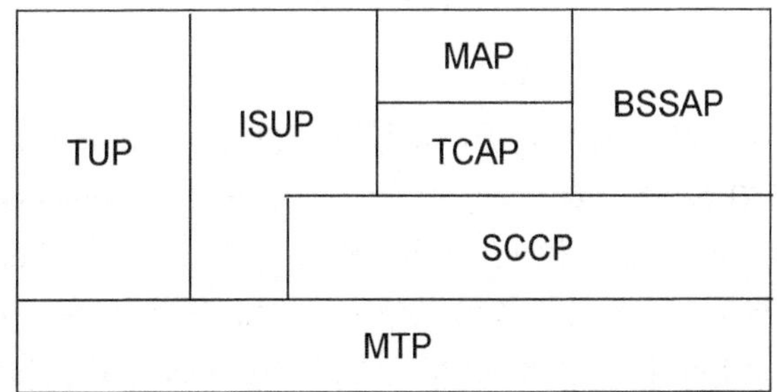

TUP：电话用户部分　　BSSAP：BSS应用部分
ISUP：ISDN用户部分　　SCCP：信令连接控制部分
MAP：移动应用部分　　MTP：消息传递部分
TCAP：事务处理应用部分

图 3-16　应用于 GSM 系统的 7 号信令协议层

(1) 与非呼叫相关的信令是采用移动应用部分(MAP，Mobile Application Part)，用于 NSS 内部接口 B 接口、C 接口、D 接口、E 接口、F 接口、G 接口之间的通信，负责管理 NSS 设备间的对话和巡游。

(2) 与呼叫相关的信令则采用电话用户部分(TUP，Telephone User Part)和 ISDN 用户部分(ISUP，ISDN User Part)。应指出的是，TUP 和 ISUP 信令必须符合各个国家制定的相应技术规范，MAP 信令则必须符合 GSM 技术规范。TUP 负责 MSC 之间和 MSC 与 PSTN 之间的通信，为基本通话过程中电路交换网络连接的建立、管理和释放提供骨干通信，以便于提供远程电信服务。TUP 用于对传输语音通信的电路进行控制。TUP 支持模拟和数字电路，利用 TUP 还能对电路的状态进行校验和管理。ISUP 用于 MSC 之间和 MSC 与 PSTN、ISDN 之间的通信，是 SS7/C7 信令系统的一种主要协议，定义了协议和程序用于建立、管理和释放中继电路，该中继电路在公共交换电话网络上传输语音和数据呼叫。ISUP 适用于 ISDN 呼叫和非 ISDN 呼叫。

(3) TCAP(Transaction Capabilities Application Part，事务处理应用部分)，是 7 号信令系统的一个协议，负责将一个事务分割成连续的操作元素。TCAP 和 SCCP 一起管理国际漫游，使用在 MSC/VLR－HLR 间以及 MSC/VLR－MSC/VLR 间。

(4) SCCP(Signalling Connection Control Part，信令连接控制部分)，能传送各种与电路无关(Non-Circuit-Related)的信令消息，具有增强的寻址选路功能，可以在全球互连的不同 7 号信令网之间实现信令的直接传输。除了无连接服务功能以外，SCCP 还能提供面向连接的服务功能。

(5) BSSAP，BSS 应用部分，包含 DTAP(直接转移应用部分)和 BSSMAP(BSS 移动应用部分)。

(6) MTP 称为消息传递部分，包含了 7 号信令系统 SS7(Signaling System 7)中低 3 层的所有协议。这些协议允许布置一个专门用于信令的、基于数据流的国家电话网络。

具体协议的内容在后面章节再作详细介绍。

3.8　GSM 网络的主要业务

GSM 系统提供的业务可分为三大类：电信业务(Telecommunication Services)、承载业务(Bearer Services)和附加业务(Supplementary Services)。其中，电信业务和承载业务也叫作基本电信业务(Basic Telecommunication Services)；附加业务可以分为 GSM 附加业务(GSM Basic Telecommunication Services)和非 GSM 附加业务(NON-GSM Basic Telecommunication Services)。

GSM 网络的主要业务

电信业务是指为用户通信提供包括终端设备功能在内的完整能力，即端到端业务，如图 3-17 所示，也就是说运营商要负责业务信息能够完整到达对方终端，语音要保证接收质量，短信要确保用户能够收到，要对信息内容负责。

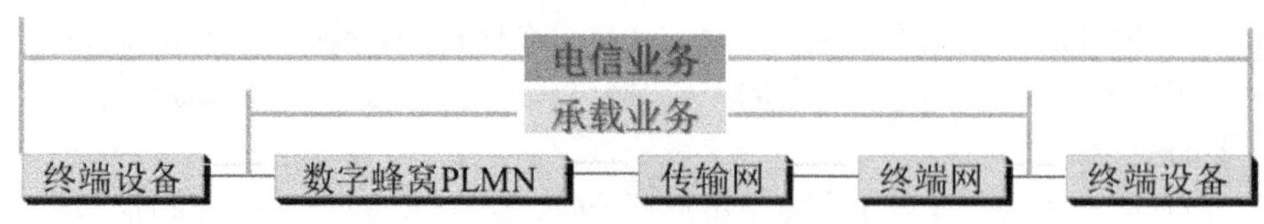

图 3-17　电信业务与承载业务

承载业务是指提供用户接入点(也称“用户/网络”接口)，即信号传输的能力，它只负责中间过程的传输，既不提供上层的功能，也不管传输的信息内容。

3.8.1　电信业务

电信业务使用通信终端之间从高、低层网到通信控制层的功能，主要有基本语音、数据电信业务，各个业务的名称和业务号以及业务功能如表 3-3 所示。

表 3-3　GSM 电信业务列表

业务名称	业务号	业 务 描 述
Telephony	TS11	语音业务，允许 PLMN 网与 PSTN 等其他网之间的语音信息传送
Emergency call	TS12	语音业务，用于建立移动台与紧急呼叫中心的连接
短消息终结	TS21	数据业务，允许移动台接收其他移动用户的短消息
短消息始发	TS22	数据业务，允许移动台发送短消息
传真业务	TS62	数据业务，允许移动台发送和接受传真
传真语音交替业务	TS61	传真/语音交替业务，允许语音和传真业务交替传送

3.8.2　承载业务

承载业务是提供数据传送的纯传输业务，它提供 GSM 网络和其他网络之间的底层交换功能。ETSI 为 GSM 定义的承载业务主要如表 3-4 所示。

表 3-4　GSM 承载业务列表

业务名称	业务号	业 务 描 述
Data CDA	BS21，BS22，BS23，BS24，BS25，BS26	circuit duplex asynchronous，数据电路双工异步传送，异步传送速率：300～9600 b/s
Data CDS	BS31，BS32，BS33，BS34	circuit duplex synchronous，数据电路双工同步传送，同步传送速率：1200～9600 b/s
PAD/CDA	BS41，BS42，BS44，BS45，BS46	packet assembler/disassembler dedicated PAD access，消息包异步传送速率：300～9600 b/s
Alternate speech/data CDA	BS61	circuit duplex Asynchronous 语音、数据电路双工异步传送业务
Speech followed by CDA	BS81	circuit duplex synchronous，语音切换到数据电路双工同步传送

3.8.3　GSM 附加业务

附加业务是 GSM 基本电信业务的附加业务，它总是和基本电信业务并存的，主要包括下列业务内容：

(1) 号码识别业务(Number identification Services)，包括：

① 主叫号码显示业务(calling line identification presentation)；

② 主叫号码隐藏业务(calling line identification restriction)。

(2) 呼叫前转业务(Call offering Services)，包括：

① 无条件前转(CFU，call forwarding unconditional)；

② 被叫用户忙前转(CFB，call forwarding on mobile subscriber busy)；

③ 无应答前转(CFNRy，call forwarding on no reply)；

④ 被叫不可及前转(CFNRc，call forwarding on mobile subscriber not reachable)。

(3) 呼叫完成类业务(Call completion Services)，包括：

① 呼叫保持(Call hold)；

② 呼叫等待(CW，call waiting)。

(4) 多方通话业务(Multi-party service)，最大允许包括多方会议发起者在内的六位用户。

(5) 呼叫闭锁业务(Call restriction Services)，包括：

① 闭锁所有呼出呼叫(BAOC，Barring of all outgoing calls)，紧急呼叫除外；

② 闭锁国际呼出(BOIC，Barring of all outgoing international calls)；

③ 闭锁国际呼出，归属 PLMN 除外(BOIC-exHC，Barring of all outgoing international calls except home PLMN country)；

④ 闭锁呼入呼叫(BAIC，Barring of all ingoing calls)；

⑤ 漫游时闭锁呼入呼叫(BIC-Roam，Barring of all ingoing calls when roaming outside home country)。

(6) 闭合用户群业务(CUG，Closed user group)，允许若干移动用户组成一个闭合用户群，其成员用户能接收和拨打群内用户电话，可统一开通其他业务。

(7) 计费提示业务(AOC，Advice of charge)，通过计费提示功能，GSM 用户可以通过手机显示屏了解电话费用的信息。

3.8.4　非 GSM 附加业务

非 GSM 附加业务通常指热线计费业务和遇忙回叫业务。

热线计费(Hot billing)：热线收费允许运营者为某个用户独立于普通计费而建立短期计费显示。

遇忙回叫(Call back，call diversion Services)：允许将呼叫临时不能接入公共陆地移动网络(PLMN，Public Land Mobile Network)的移动用户的呼叫重定向到网络个人语音邮箱；如果语音邮箱中有重定向的呼叫，语音邮箱会定时向用户发起呼叫。

本 章 小 结

本章不仅介绍了 GSM 系统的结构及各网元功能，还介绍了各网元间的接口以及使用的接口协议，最后介绍了 GSM 网络的主要业务。

通过本章的学习，读者应掌握 GSM 系统的结构，理解各接口及协议，了解 GSM 网络的主要业务。

GSM 系统结构
及网元功能串讲

接口及协议串讲

思政

中国第一条移动通信系统生产线在杭建成投产

【1991 年 12 月 14 日】中国第一条 900 兆赫蜂窝式移动通信系统生产线，在杭州通信设备厂建成投产。

为了促进中国移动通信业务的发展，经邮电部批准，杭州通信设备厂成为生产移动通信系统设备的定点厂。1991 年 12 月 14 日，杭州通信设备厂建成投产我国第一条 900 兆赫蜂窝式移动通信系统生产线。1993 年 5 月 21 日，该生产线通过邮电部验收。投产后，该生产线可年产手持机、车载台、便携台、基地站和移动交换机 4 万台(件)。

第 4 章　移动通信系统无线接口

学习目标

1. 了解 GSM 的无线接口相关网元和分层结构；
2. 掌握 GSM 系统频率资源、GSM 系统频点配置；
3. 掌握 GSM 无线物理信道和逻辑信道的分类；
4. 掌握无线逻辑信道的组合方式。

内容解读

本章主要分析移动通信网络的 Um 接口，介绍 Um 接口的分层结构(L1 层、L2 层、L3 层)及各层的主要功能；介绍无线资源管理、移动和安全管理、通信管理的含义；GSM 中双工技术的特点和工作频段的划分、上下行的区别以及双工间隔、下行频点的计算以及频率资源的重要性和各运营商的资源分配；着重讲述无线信道中的时隙、突发脉冲、帧、复帧、超帧、超高帧等基本概念，还介绍无线逻辑信道的分类和作用以及逻辑信道在物理信道上的复用方式。

4.1　GSM 无线接口概述

空中接口 Um 概述

4.1.1　无线接口基本概念

在公众陆地移动通信网(PLMN)中，MS 通过无线信道与网络的固定部分相连使用户可接入网内得到通信服务。为实现 MS 和 BTS 的互联，对无线信道上信号的传输必须作出一系列的规定，建立一套标准。这套关于无线信道信号传输的规范就是无线接口，又称 Um 接口，即空中接口。

Um 接口是空中无线接口，实现了移动台和 BTS 之间的通信，用于移动台和 GSM 系统固定部分之间的互通，其物理连接是通过无线电波实现。Um 接口是 GSM 系统的诸多接口中最重要的一个。首先，完整规范的 Um 接口建立了不同厂家的 MS 与不同网络之间的完全兼容，这是 GSM 实现全球漫游的最基本条件之一；其次，无线接口决定了 GSM 蜂窝系统的频谱利用率。“Um”是套用 ISDN 网中客户终端和网络的接口 U 接口的名称，其中“m”表示移动的意思。

GSM 系统在空中接口采用 FDMA 和 TDMA 多址接入技术，以及 FDD 的双工方式。

Um 接口用于传输 MS 与网络之间的信令信息和业务信息(包括语音和用户数据)。Um 接口传递的信令信息包括无线资源管理、移动性管理和接续管理等。

4.1.2　分层结构

空中接口
Um 协议

无线接口(Um 口)分层结构如图 4-1 所示。

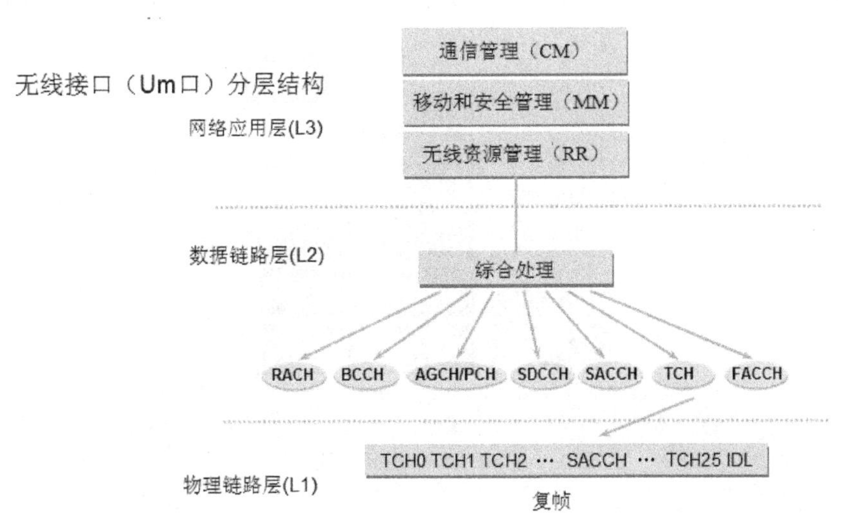

图 4-1　Um 分层结构

无线接口(Um)分层结构说明如下：

(1) 第一层是物理链路层，记为 L1，为最底层，提供传送比特流所需的无线链路。它定义了 GSM 的无线接入能力，为高层信息的传输提供基本的无线信道(逻辑信道)，包括业务信道和控制信道。图 4-1 中涉及的逻辑信道有 TCH(业务信道)，用来传输语音和用户数据；BCH(广播信道)，用来发送广播消息，频率校正信息和同步信息；RACH(随机接入信道)，用来发送用户的各种接入请求；AGCH(准予接入信道)，对 RACH 信道的应答信道；PCH(寻呼信道)发送用户的寻呼消息；SDCCH(独立专用控制信道)，发送链接过程中的各种信令；SACCH(慢速随路控制信道)，发送功率控制和定时提前消息；FACCH(快速随路控制信道)，发送切换和挂机等消息。有关逻辑信道的相关知识后续将有专门介绍。

(2) 第二层是数据链路层，记为 L2，为中间层，使用 LAP-Dm 协议。它包括各种数据传输结构，对数据传输进行控制，保证在移动台和基站之间建立可靠的专用数据链路。LAP-Dm 协议是基于 ISDN 中 D 信道链路接入协议(LAP-D)，考虑了无线传播与控制特性，使它适合于在 Um 口上传送。LAP-Dm 协议利用事先准备好的物理层的块，将每一帧插入一个单独的物理块，长为 23 字节。LAP-Dm 可以在 Dm 信道上提供一个或多个数据链路连接。数据链路连接之间是利用包含在各帧中的数据链路连接标示符来加以区别；可以允许帧类型的识别；可以顺序控制，以保持通过数据链路连接的各帧的次序；可以检测一数据链路连接上的帧格式差错和操作差错；可以把不能修复的差错通知管理实体；还可以进行流量控制。

(3) 第三层为网络应用层，记为 L3，是最高层。它包括各类消息和程序，对业务进行控制和管理，即把移动台和系统控制过程的特定信息按一定的协议分组安排到指定的逻辑信道上。L3 包括无线资源管理(RR)、移动和安全管理(MM)和通信接续管理(CM)3 个子层，这就是在 Um 口上传递的主要消息内容。其中通信管理子层中包括三大部分，分别为 CC(呼叫控制业务)、SS(补充业务)和 SMS(短消息业务)。

空中接口 Um 使用的协议，如图 4-2 所示。

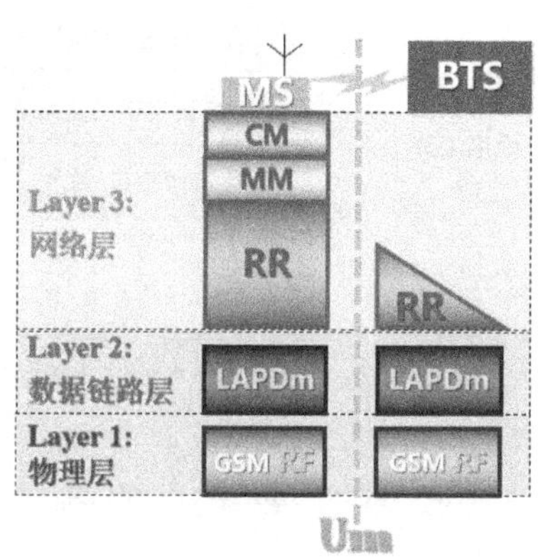

图 4-2　Um 接口协议

4.2　无线接口频率规划

4.2.1　GSM 系统频率资源

GSM 在我国主要使用 GSM900 和 DCS1800 两大系统，GSM 系统是双工系统，根据 GSM 协议规定，GSM900 的上行工作频段(MS 到 BTS)为 890～915 MHz，下行工作频段(BTS 到 MS)为 935～960 MHz，双工距离为 45 MHz；GSM1800 的上行工作频段为 1710～1785 MHz，下行工作频段为 1805～1880 MHz，双工距离为 95 MHz。在不同的国家，这些规定的频率资源被分配给不同的运营商使用，每个运营商只占

DCS1800
覆盖方式

有整个频段的一部分资源。因此，对于每个运营商来说，频率资源十分有限，如何充分利用这些频率资源，发挥最大效益是每个运营商都竭力追求的目标，这直接关系到系统的最大容量和服务质量。我国使用 GSM 系统频率资源如图 4-3 所示。

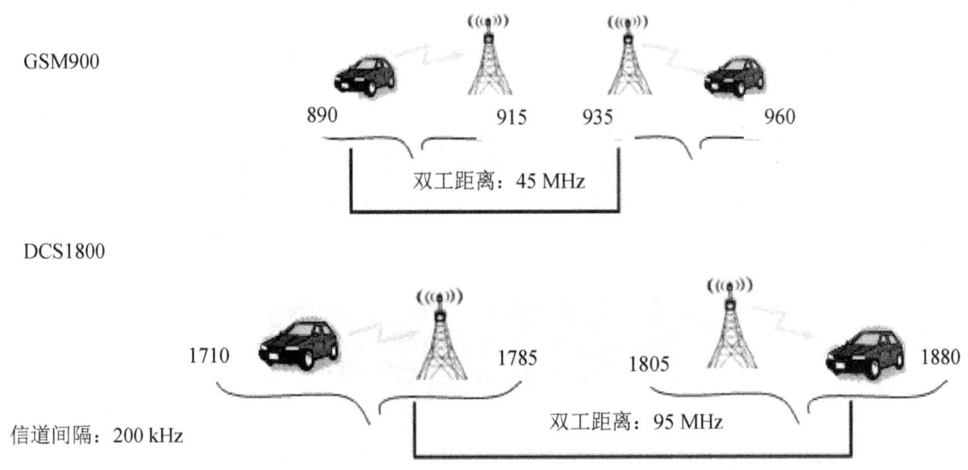

图 4-3　我国使用 GSM 系统频率资源示意图

在中国，GSM 系统使用的早期 GSM900，随着用户数的增加，频点已经不能满足通信的需求，又增加了 DCS1800 频段的若干频点。那么这些后加入的 DCS1800 频点如何使用呢？有两种覆盖方式：

(1) 热点地区零星覆盖。在原有的 GSM900 的网络基础上，DCS1800 只是在某几个(比如话务量比较大)点形成覆盖区。此种覆盖方式只能短期缓解局部区域的容量问题。图 4-4 中上方大片区域为 GSM900 覆盖区，为全覆盖，下方较小区域为后添加的 DCS1800 热点。当 GSM900 的用户数超出容量时，会引起频段间的切换，部分用户会切换到 DCS1800 频段。

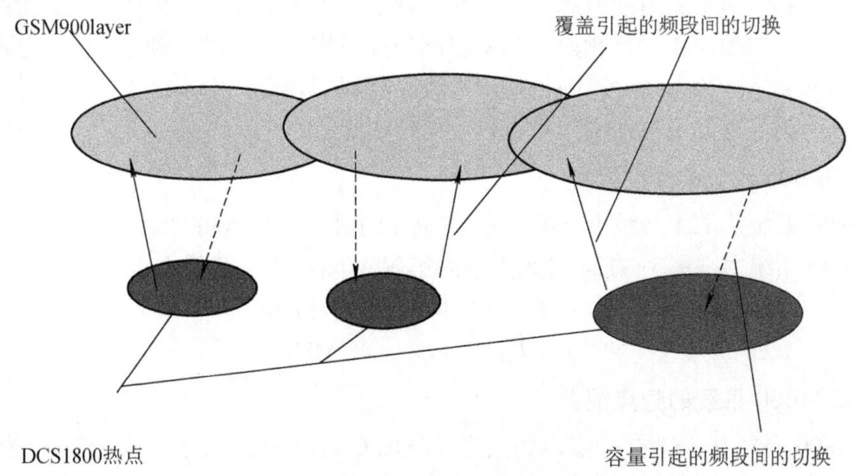

图 4-4　热点地区零星覆盖

这种覆盖方式的特点：DCS1800 吸收热点区域话务量；DCS1800 基站布局分散，初期频率规划简单；在 1800M 基站配置容量小时，网络优化需要解决 SDCCH、TCH 信道拥塞，双频间的频繁切换问题；这种覆盖方式初期投资少。

(2) 连续覆盖。连续覆盖是一种双频网的覆盖方式，即在 GSM900 的网络上再叠加覆盖 DCS1800 的网络。连续覆盖如图 4-5 所示。

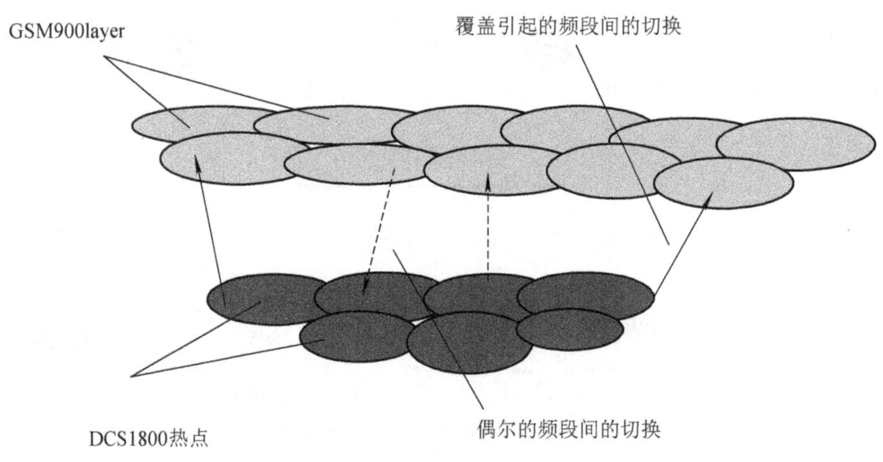

图 4-5　连续覆盖示意图

双频网的覆盖方式容易扩展，满足中长期容量的需要。由于它采用连续覆盖方式，因此它的频段间的切换要比热点覆盖少得多，所以这种方式的信令负荷也比第一种大为减少。

这种覆盖方式的特点：DCS1800 易于吸收话务量，话务量分布易于把握；层间切换少，运行质量高；频率规划可成片规划，网络规划、网络优化的工作量大；建站一步到位，载频按需设置可逐步扩容；投资大，站点难一次选齐。

4.2.2　GSM 系统频点配置

GSM 使用 FDMA 复用的方法，使用频分双工。上下行使用不同的频段，频率较低的频段作上行频段，频率较高的频段作下行频段。频分带宽都为 200 kHz。频点分配原则是使用无线区群规划频点，同小区不能使用邻频；相邻小区不能使用同频，也不能使用邻频。

DCS1800
频点计算

1. GSM900 系统的频点配置

GSM900 系统共 124 个频点，频点序号(也即绝对频点号 ARFCN)为 1～124。

GSM900 系统中，第 1～124 号频点中的第 N 号频点的上下行中心频率公式：

$$F_{UN} = 890 + N \times 0.2\ \text{MHz}$$

$$F_{DN} = F_{UN} + 45\ \text{MHz}$$

2. DCS1800 系统的频点配置

GSM1800 系统共 374 个频点，频点序号(ARFCN)为 512～885。将 512 号频点附近放大，如图 4-6 所示。上行中心频率应该等于上行起始频率 1710 MHz。加上 100 kHz 的保护带宽，再加上 512 号频点频分带宽 200 kHz 的一半。

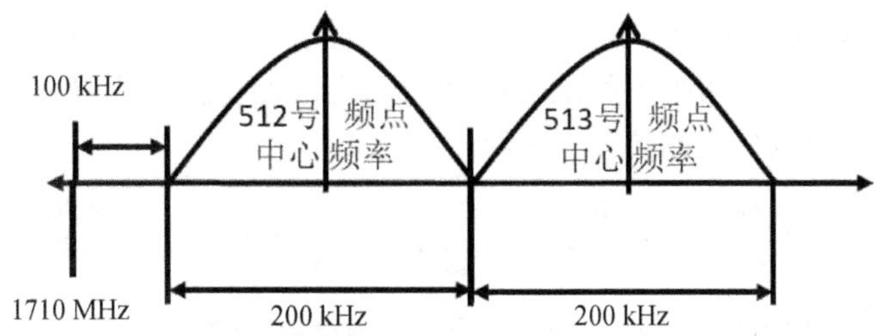

图 4-6　512 号与 513 号频点上行示意图

公式：

$$F_{U512} = 1710\ \text{MHz} + 100\ \text{kHz} + \frac{200\ \text{kHz}}{2} = 1710 + 0.2 \times (512 - 511)\text{MHz}$$

第二个频点 513 号频点的上行中心频率应该等于 F_{U512}，加上 512 号频点频分带宽 200 kHz 的一半，再加上 513 号频点频分带宽 200 kHz 的一半。公式：

$$F_{U513} = F_{U512} + \frac{200\ \text{kHz}}{2} + \frac{200\ \text{kHz}}{2} = 1710 + 0.2 \times (513 - 511)\text{MHz}$$

N 号频点的上行中心频率，按照规律它应该等于其前面一个频点中心频率 F_{UN-1}，加上前一个频点 *N*-1 频分带宽 200 kHz 的一半，再加上本频点 *N* 频分带宽 200 kHz 的一半。

整理后可以推导出 GSM1800 中第 *N* 号频点的上行中心频率：

$$F_{UN} = F_{UN-1} + \frac{200\ \text{kHz}}{2} + \frac{200\ \text{kHz}}{2} = 1710 + 0.2 \times (N - 511)\text{MHz}$$

第 *N* 号频点的下行中心频率应该如何计算呢？上下行的双工间隔为 95 MHz，上下行中心频率之间就相差一个双工间隔，可以得到下行频点的计算公式：

$$F_{DN} = F_{UN} + 95\ \text{MHz}$$

DCS1800 中 512～885 频点计算方法总结如下：

$$F_{UN} = 1710 + 0.2 \times (N - 511)\text{MHz}$$

$$F_{DN} = F_{UN} + 95\text{MHz}$$

【例题】试计算频点 611 的上下行中心频率。

$$F_{U611} = 1710 + 0.2(611 - 511)\ \text{MHz} = 1730\ \text{MHz}$$

$$F_{D611} = F_{U611} + 95\ \text{MHz} = 1825\ \text{MHz}$$

我国 GSM 频点使用

3. 中国 GSM 频点使用

中国使用 GSM 系统的运营商有两个，分别是中国移动和中国联通。最是 GSM900 系统频段，具体分配如下：

分配给中国移动的频段是上行：890～909 MHz，下行：935～954 MHz。

分配给中国联通的频段是上行：909～915 MHz，下行：954～960 MHz。

已经把 GSM900 频段完全分配了，那么这两个运营商获得了多少频点呢？可以计算得到，中国移动得到 1 号到 94 号共 94 个频点，中国联通得到 96 号到 124 号共 29 个频点。在这次分配中，中国移动得到的频点比中国联通多很多，当时中国移动的用户数也比中国联通多很多。95 号频点作为中国移动和中国联通之间的保护频点使用，不分配给用户使用。中国 GSM 系统频点分配如图 4-7 所示。

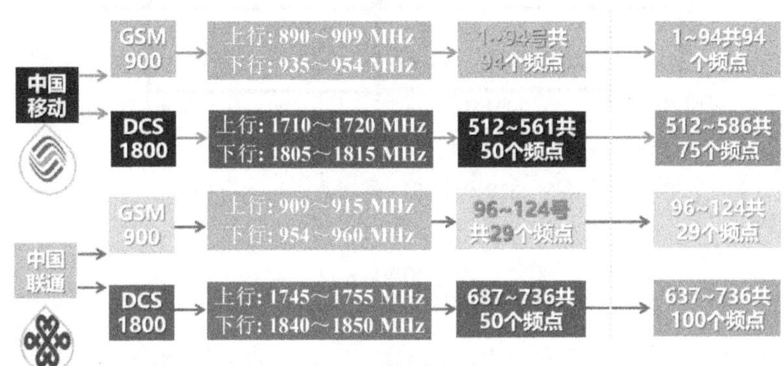

图 4-7　中国 GSM 系统频点分配

后来随着移动用户的增加，GSM900 频段的频点不够用了，又分配了 DCS1800 频段，具体分配如下：

分配给中国移动的频段是上行：1710～1720 MHz，下行：1805～1815 MHz。

分配给中国联通的频段是上行：1745～1755 MHz，下行：1840～1850 MHz。

只分配了 DCS1800 频段的一部分，那么这两个运营商获得了多少频点呢？中国移动得到 512 号到 561 号共 50 个频点；中国联通得到 687 号到 736 号共 50 个频点。

后来部分地区频点依然不够使用，中国移动又增加了 562 号到 586 号频点，频点增加到了 75 个；中国联通又增加了 637 号到 686 号频点，频点增加到了 100 个。

中国移动的频点都是向上增加的，而中国联通的频点都是向下增加的。

中国 GSM 频点使用方案，有一个分配原则，号码较小的频点分配给了中国移动，而号码较大的频点分配给了中国联通。在 GSM900 的分配中，中国移动分配了 1～94 号频点，中国联通分配了 96 到 124 号频点，95 号频点作为保护频点使用。在 DCS1800 的分配中，中国移动从第 512 号频点开始向频点号增大的方向分配；中国联通从第 736 号频点开始向频点号减小的方向分配。736 号频点以上的部分在中国没有使用，暂时保留作其他用途，在实际规划中应注意边缘频率的规划。

4.3　帧　结　构

4.3.1　时隙

GSM 系统在无线路径上传输要涉及的基本概念最主要的是突发脉冲序列(Burst)，简称突发序列，它是一串含有百来个调制比特的传输单元。突发脉冲序列有一个限定的持续时间和占有限定的无线频谱。它们在时间和频率窗上输出，而这个窗被人们称为隙缝

(Slot)。确切地说，在系统频段内，每 200 kHz 设置隙缝的中心频率(以 FDMA 角度观察)，而隙缝在时间上循环地发生，每次占 15/26 ms 即近似为 0.577 ms(以 TDMA 角度观察)。在给定的小区内，所有隙缝的时间范围是同时存在的。这些隙缝的时间间隔称为时隙(Time Slot)，而它的持续时间被用于作为时间单元，标为 BP，意为突发脉冲序列周期(Burst Period)。

用时间和频率图把隙缝画成一个小矩形，其长为 15/26 ms、宽为 200 kHz，如图 4-8 所示。类似地，可把 GSM 所规定的 200 kHz 带宽称为频隙(Frequency Slot)，相当于 GSM 规范书中的无线频道(Radio Frequency Channel)，也称射频信道。

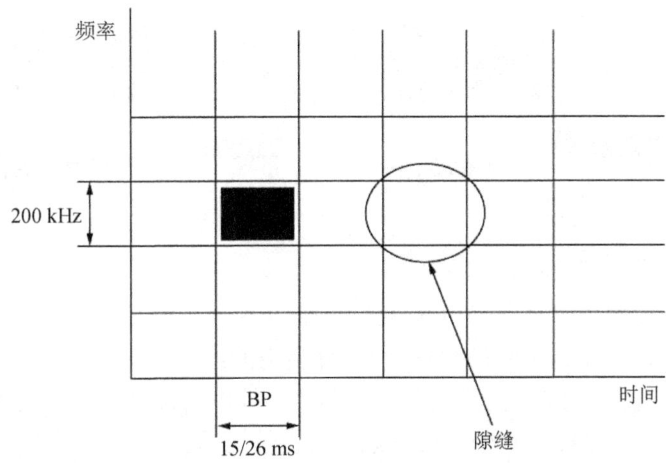

图 4-8　时间和频率中的隙缝示意图

时隙和突发脉冲序列这两个术语，在使用中带有某些不同的意思。例如突发脉冲序列，有时与时/频“矩形”单元有关，有时与它的内容有关。类同地，时隙含有其时间值的意思，或意味着在时间上循环地使用每八个隙缝中的一个隙缝。

使用一个给定的信道就意味着在特定的时刻和特定的频率，也就是说在特定的隙缝中传送突发脉冲序列。通常，一个信道的隙缝在时间上不是邻接的。

信道对于每个时隙具有给定的时间限界和时隙号码 TN(Time Slot Number)，这些都是信道的要素。一个信道的时间限界是循环重复的。

与时间限界类似，信道的频率限界给出了属于信道的各隙缝的频率。它把频率配置给各时隙，而信道带有一个隙缝。对于固定的频道，频率对每个隙缝是相同的。对于跳频信道的隙缝，可使用不同的频率。

4.3.2　帧

帧(Frame)通常被表示为接连发生的 i 个时隙。在 GSM 系统中，目前采用全速率业务信道，i 取为 8。TDMA 帧强调的是以时隙来分组而不是 8BP。这个想法在处理基站执行过程中是很自然的，它与基站执行许多信道的实际情况相吻合。但是从移动台的角度看，8BP 周期的提法更自然，因为移动台在同样的一帧时间中仅处理一个信道，占用一个时隙，更有“突发”的涵意。

在 GSM 系统中每个频点分为八条时分信道，将时间轴划分为等长的时间片段，每片时长 4.615 ms，称为 TDMA 帧，每帧分为 8 个 0.577 ms 时间段，每段称为一个时隙，缩写为 TS，8 个时隙标号分别为 TS0～TS7。

物理信道和逻辑信道

4.3.3　物理信道和逻辑信道

相同时隙号的时隙组成一个突发脉冲序列，称为一条时分信道，如图 4-9 所示，时分信道 2 就是由一系列 TS2 重复得到的。这个时分信道是客观存在的，称为物理信道。

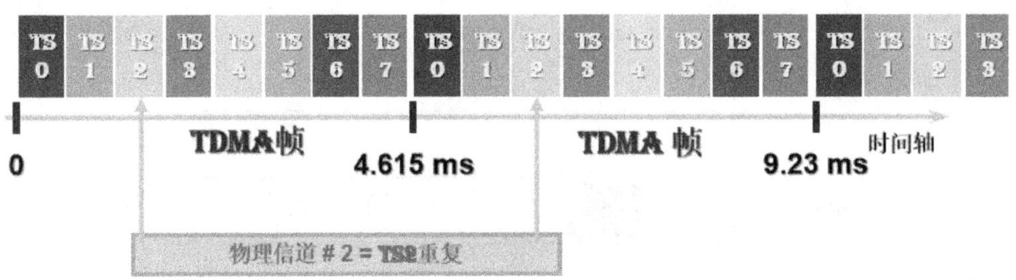

图 4-9　物理信道示意图

物理信道(Physical Channel)采用频分和时分复用的组合，它由用于基站(BTS)和移动台(MS)之间连接的时隙流构成。这些时隙在 TDMA 帧中的位置，从帧到帧是不变的。一个 TDMA 帧包含 8 个基本的物理信道的信息。逻辑信道示例如图 4-10 所示。

图 4-10　逻辑信道示例示意图

图 4-10 中所有时隙 TS1 组成一条物理信道。在通信中也会将一条物理信道中的时隙分别用作传输不同的信息，用来传输用户业务信息的时隙可以统称为业务信道，这是一个逻辑概念，当这些时隙用作传输其他信息时，就不再称为业务信道。

逻辑信道(Logical Channel)是在一个物理信道中作时间复用的。不同逻辑信道用于 BTS 和 MS 间传送不同类型的信息，例如信令或数据业务。

物理信道和逻辑信道的区别：物理信道是客观存在的信道，信道里面传不传信息，传什么信息都不影响它的存在。逻辑信道是物理信道的复用，是根据信道传输的信息类型定义的，某些时隙预留出来用作传某个类型信息时，这些时隙就定义为该类型信息的逻辑信道，没有预留时隙用作传输某个类型信息时，该类型信息的逻辑信道就不存在。

复帧

4.3.4　复帧

通信中会将一条物理信道中的时隙分别用作传输不同的信息，或者传业务信息，或者传信令信息。用来传输并保证可靠传输用户业务信息的信道可以称为业务信道，用来传输各种信令信息的信道称为控制信道。

为了让信道能够传输各种逻辑功能的信息，将物理信道复用为若干逻辑信道，每条逻辑信道传递一类信息。划分的方法是将一条物理信道分成长度相等的数据段，每段中包含个数相等的时隙，每段的这些相邻时隙组成一个复帧，复帧中的各个时隙，按照需求来分别定义它所传输的信号。

如图 4-11 所示，在同一条物理信道中，每个复帧的相同位置的时隙传输的信号类型也相同(或者间隔一个复帧相同)，所有复帧中传输相同类型信号的时隙一起构成该类型信号的逻辑信道。

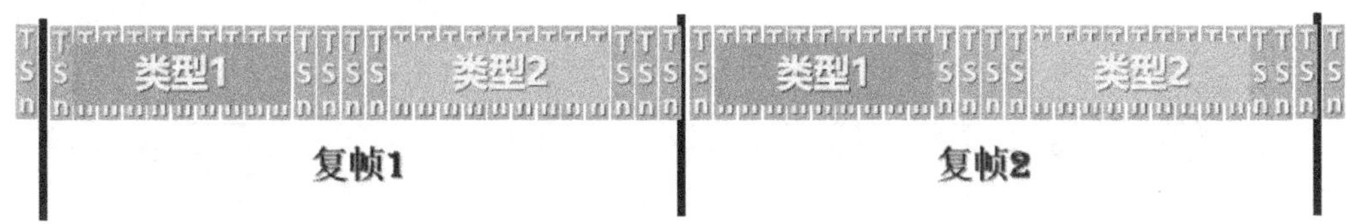

图 4-11　复帧示意图

这样只要了解一个复帧(或者连续两个复帧)中信道的组成结构，就可以知道整个物理信道复用成了哪些逻辑信道，这种结构称为信道组合。

再来看看复帧的长度，一条物理信道中的时隙都是来自于不同的 TDMA 帧的，组成复帧时，直接说一个复帧由多少个帧组成，是指组成这个复帧的时隙来自连续的多少个帧，每个帧中只有一个对应的时隙属于这个复帧，不要认为帧中的所有时隙都属于这个复帧。

按照长度划分复帧，可以分为两种。

1. 业务复帧

业务复帧如图 4-12 所示，主要包含业务信道，它的长度为 26 帧，业务信道中除了包含用户数据外，也要包含保证通信质量的信令消息，如功率控制、TA 值等。业务复帧以含业务信道为主，将复帧中的帧标号，表示为 0～25，典型的全速率业务信道是将 0～11，13～24 号帧用作业务信道 TCH，第 12 号帧用作慢速随路控制信道 SACCH，第 25 帧作空闲帧，业务复帧一个复帧的传输时间约为 120 ms。

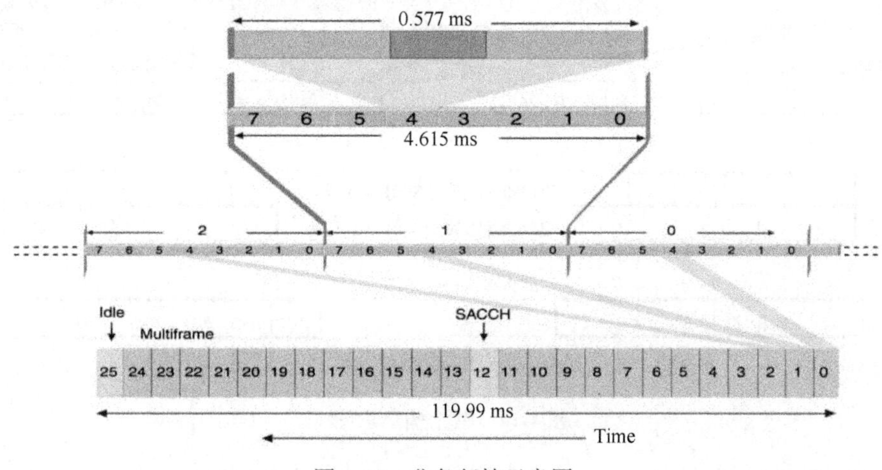

图 4-12　业务复帧示意图

2. 控制复帧

另一种复帧用作控制信道，称为控制复帧，它的长度为 51 帧，将复帧中的帧标号，表示为 0～50。控制复帧中可以包含所有的共路信令信道，控制复帧一个复帧的传输时间约为 235 ms。控制复帧如图 4-13 所示。

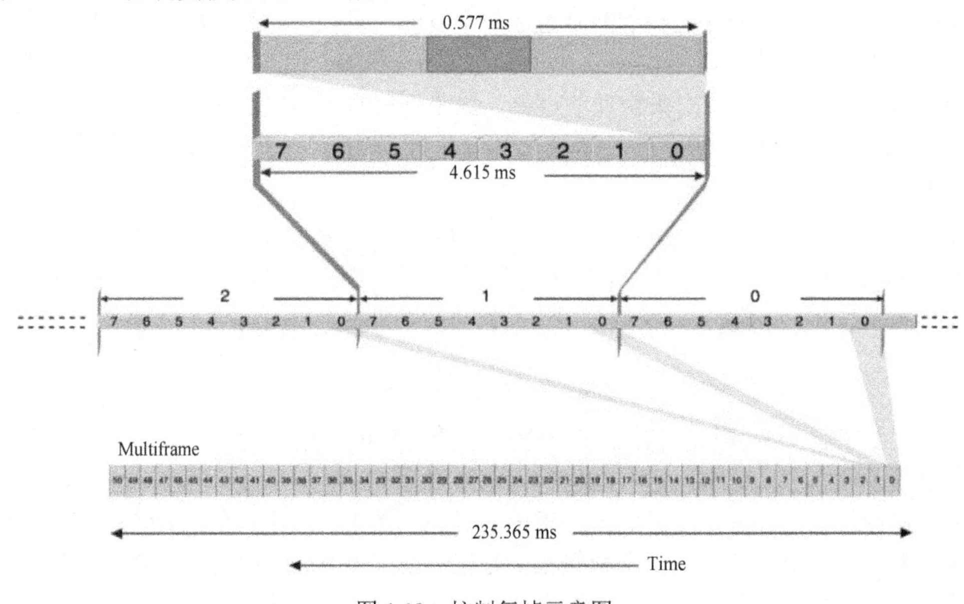

图 4-13　控制复帧示意图

4.3.5　帧结构

帧结构

TDMA 帧的完整结构，还包括了时隙和突发脉冲序列。必须记住，TDMA 帧是在无线链路上重复的“物理”帧。为了方便管理和使用，将帧划分为层次结构，帧结构如图 4-14 所示。

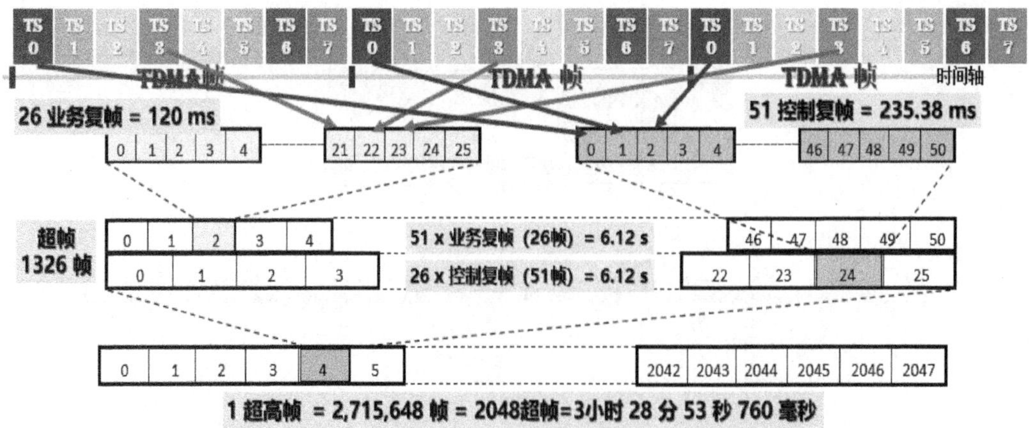

图 4-14　帧结构示意图

一个频点划分为若干 TDMA 帧，每帧划分为 8 个时隙，共占 $\frac{120}{26}\approx$4.615 ms。每个时隙含 156.25 个码元，占 $\frac{120/26}{8} \approx 0.577$ ms。相同时隙号的时隙组成一条物理信道。这八个物理信道有的用作业务信道，有的用作控制信道。

相同时隙号的连续 26 个业务帧(比如 3 号时隙帧)组成一个业务复帧，它的传输时间约为 120 ms。

相同时隙号的连续 51 个控制帧，(比如 0 号时隙帧)组成一个控制复帧，它的传输时间约为 235.38 ms。

多个复帧又构成超帧(Super frame)。它是一个连贯的 51×26TDMA 帧，即一个超帧可以是包括 51 个 26TDMA 复帧(业务复帧)，也可以是包括 26 个 51TDMA 复帧(控制复帧)。超帧的周期均为 1326 个 TDMA 帧，即 6.12 s。

多个超帧构成超高帧(Hyper frame)，它包括 2048 个超帧，周期为 12 533.76 秒，即 3 小时 28 分 53 秒 760 毫秒。用于加密的话音和数据，超高帧每一周期包含 2 715 648 个 TDMA 帧，这些 TDMA 帧按序编号，依次从 0 至 2 715 647，帧号在同步信道中传送。帧号在跳频算法中也是必需的。

4.4 突发脉冲序列

突发脉冲序列综述

在语音处理过程中会让数据组成突发脉冲序列，那么，什么是突发脉冲序列呢？

TDMA 信道上的一个时隙中的消息格式被称为突发脉冲序列。因为在特定突发脉冲上发送的消息内容不同，也就决定了它们格式的不同。

一共有五种突发脉冲序列，具体如下：

(1) 普通突发脉冲序列，缩写为 NB(Normal Burst)，多数的常用信道信息都是由 NB 携带，如业务信道(TCH)、快速随路控制信道(FACCH)、慢速随路控制信道(SACCH)、独立专用控制信道(SDCCH)、广播控制信道(BCCH)、寻呼信道(PCH)和准许接入信道(AGCH)的消息。

(2) 接入突发脉冲序列，缩写为 AB(Access Burst)，用于携带随机接入信道(RACH)信道的消息，RACH 是上行信道，作用是完成手机接入申请功能。

(3) 频率校正突发脉冲序列，缩写为 FB(Frequency Correction Burst)，用于携带频率校正信道(FCCH)的消息，FCCH 是下行信道，用来完成手机频率校正功能。

(4) 同步突发脉冲序列，缩写为 SB(Synchronization Burst)，用于携带同步信道(SCH)的消息，SCH 是下行信道用来完成手机帧同步功能。

(5) 空闲突发脉冲序列，缩写为 DB(Dummy Burst)，是用于填充的，当系统没有任何具体的消息要发送时就传送这种突发脉冲序列。

这些突发脉冲序列有一些共性的参数。

突发脉冲如何界定开始和结束呢？使用尾比特来界定。它总是 0，以帮助均衡器来判断起始位和终止位以避免失步。也就是说间隔适当的长度看到两串零码，就可以判断这两串零码之间就是一个突发脉冲序列的值。

突发脉冲携带的消息，称为消息比特。用于描述业务消息和信令消息，但是空闲突发脉冲序列和频率校正突发脉冲序列的消息有其他叫法。

每个突发脉冲的结尾部分都会留一块空白，用作保护间隔。它是一个空白时间，用作突发脉冲间的缓冲，以保证相邻的时隙发射时不相互重叠。

普通突发脉冲序列(NB)和空闲突发脉冲序列(DB)中都有一段训练序列，它是做什么用的呢？举一个例子，如果手机发突发脉冲时，在中间嵌入一串训练序列，这个训练序列基站提前就知道，手机发出的突发脉冲经过无线信道的传输到达基站，这时对比收到的训练序列和基站自身的训练序列，如果一样，说明信道质量较好，信息就可以照单全收；如果不一样，说明信道质量较差，这时要对均衡器参数进行调整，修正收到的信号。

所以训练序列是发送端和接收端所共知的序列，用于供均衡器产生信道模型。它对近似的估算发送信道的干扰情况能起到很重要的作用。

4.4.1　普通突发脉冲序列——NB

NB 和 DB

在 GSM 系统运行的过程中，需要传输大量的用户数据还有信令消息，这些数据要通过突发脉冲序列来传输。设计了一种通用的突发脉冲格式，称为普通突发脉冲序列 NB。

大多数的信道都可以采用普通突发脉冲来装载数据，包括所有的双向信道：业务信道(TCH)、快速随路控制信道(FACCH)、慢速随路控制信道(SACCH)、独立专用控制信道(SDCCH)。还包括需要传输大量信令信息的单向信道：广播控制信道(BCCH)、寻呼信道(PCH)、准予接入信道(AGCH)。

这些信道中的信息都被分为加密数据段，每段长度为 114 比特，把每段加密数据装入一个突发脉冲中，再将这些数据段等分为两份，每份 57 比特。

这些数据在信道传输的过程中可能遇到各种各样的干扰，希望能够大致估计信息传输过程中受到的干扰程度，建立实时的信道传输模型，在接收端通过均衡器对信号进行补偿。

那么怎么建立实时的信道传输模型呢？通过训练序列来实现。如图 4-15 所示，如果接收端提前知道它将要接收的训练序列信息内容是什么，发送端发送这段训练序列，在传输过程中，这段训练序列会因为干扰而变形，接收端将接收过来的训练序列信号和已知的训练序列做对比，不同的部分就是在信道中受到干扰造成的。通过这个不同部分，就可以建立传输模型了。

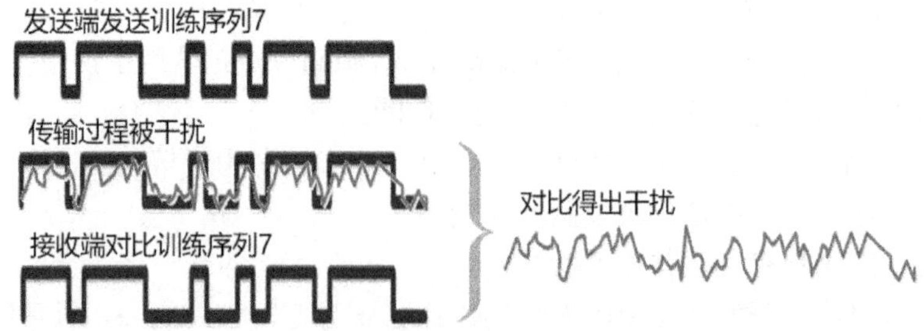

图 4-15　训练序列的使用

训练序列一共有 8 种，它们的具体序列值如表 4-1 所示。

表 4-1　8 种训练序列

训练序列序号	训 练 序 列 值
0	0，0，1，0，0，1，0，1，1，1，0，0，0，0，1，0，0，0，1，0，0，1，0，1，1，1
1	0，0，1，0，1，1，0，1，1，1，0，1，1，1，1，0，0，0，1，0，1，1，0，1，1，1
2	0，1，0，0，0，0，1，1，1，0，1，1，1，0，1，0，0，1，0，0，0，0，1，1，1，0
3	0，1，0，0，0，1，1，1，1，0，1，1，0，1，0，0，0，1，0，0，0，1，1，1，1，0
4	0，0，0，1，1，0，1，0，1，1，1，0，0，1，0，0，0，0，0，1，1，0，1，0，1，1
5	0，1，0，0，1，1，1，0，1，0，1，1，0，0，0，0，0，1，0，0，1，1，1，0，1，0
6	1，0，1，0，0，1，1，1，1，1，0，1，1，0，0，0，1，0，1，0，0，1，1，1，1，1
7	1，1，1，0，1，1，1，1，0，0，0，1，0，0，1，0，1，1，1，0，1，1，1，1，0，0

每个训练序列长度都是 26 比特。两段加密数据分别在训练序列的两侧传输，如图 4-16 所示，它们在信道中受到的干扰和中间的训练序列受到的干扰类似，可以用训练序列建立的信道模型来补偿这些加密数据受到的干扰。

图 4-16　普通突发脉冲

在业务信道使用的过程中，可能出现紧急的情况，比如需要切换或者需要挂机，这时会将 TCH 信道挪用为 FACCH 信道，并且通过挪用标志来表明这个突发脉冲被挪用了，训练序列两端的两个比特位就是挪用标志，“0”表示是 TCH，“1”表示是 FACCH。

这些数据组成了普通突发脉冲的数据部分，需要前后各加 3 比特的尾比特，来标识数据的开始和结束。

为了防止相邻的两个突发脉冲在时间上重叠，要在它们之间保留一个缓冲时间段，这个时间段留白，不传任何信息，称为保护间隔。

普通突发脉冲中的保护间隔的长度是 8.25 比特的传输时间。

把这个保护时间也归属到普通突发脉冲格式中，这样就组成了长度为 156.25 比特的突发脉冲格式。

BTS 在无信息下发的时隙会发送填充帧，它的格式和普通突发脉冲类似，只是将加密数据和挪用标志位替换为混合比特，两片的长度都为 58 比特。空闲突发脉冲序列如图 4-17 所示。

图 4-17　空闲突发脉冲序列

这种填充帧称为空闲突发脉冲序列 DB，也叫作假突发。

DB 方便 MS 做支持 BCCH 的射频频率的功率测试，保持信号强度，防止对方解不出消息而将链路释放。

4.4.2　频率校正突发脉冲序列——FB

FB—频率校正突发脉冲序列

服务区是由很多个基站覆盖区域组成的，手机每进入一个基站覆盖范围内时，就需要收听该基站的自我介绍广播控制信号，那么首先要能够锁定广播控制信号的发送频率，这个锁定广播控制信号的发送频率的过程称为频率校正。

用作频率校正的信道称为频率校正信道(FCCH)，它是下行信道，由基站向覆盖范围广播。

FCCH 中的信号要求强度稳定，方便移动台 MS 捕捉，采用“固定比特”，全部是 0，在一个突发脉冲中，这种固定比特会发送连续的 142 个。

这些固定比特经过 GMSK 高斯最小频移键控调制后，成为高于频点的中心频率 67.7 kHz 的正弦波，称为 67.7 kHz 的频偏。这个固定比特发送的持续时间足够长，移动台有充足的时间锁定这个频率。

FCCH 中传送的突发脉冲称为频率校正突发脉冲序列——FB，如图 4-18 所示。

图 4-18　频率校正突发脉冲序列

FB 需要前后各 3 比特作为尾比特，标识一个突发脉冲的开始和结束。后面也需要有用作突发脉冲间的缓冲，以保证相邻的时隙发射时不相互重叠的保护间隔。时间长度为 8.25 比特。从而组成一个长度为 156.25 比特时间长度的突发脉冲。

FB 的使用流程如图 4-19 所示。某个小区中心建立一个基站，每隔一小段时间基站就发送一次 FB，频率和频点的中心频率相差 67.7 kHz，并保证它的信号强度。

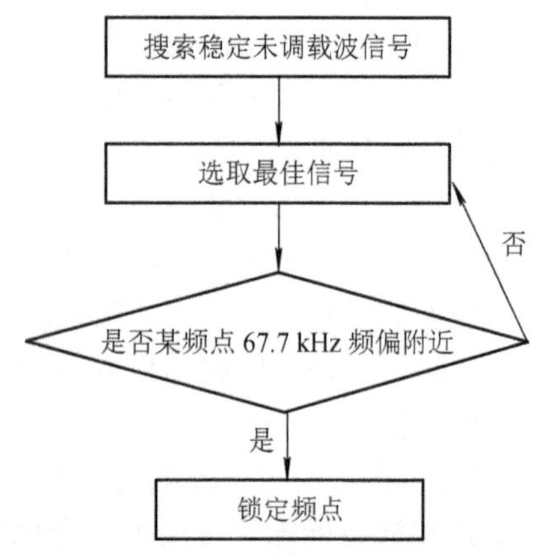

图 4-19　FB 使用流程示意图

这个基站中的手机开机时，或者进入一个新的基站覆盖区时，要搜索当前小区的频率校正信号，接收机会搜索所有可能的接收频率，找到稳定的未调载波信号，并对搜索到的稳定信号进行强度排序，先判断最强信号，看它的频率是否在某频点的 67.7 kHz 频偏附近，如果是就锁定这个频点。

如果不是就搜索次强信号，再重复这个过程，直至锁定正确的频点。

4.4.3　同步突发脉冲序列——SB

SB—同步突发脉冲序列

手机通过 FCCH 频率校正信道，锁定某个基站的频点后，还有一系列的同步需求，要和当前基站进行帧同步，还需要知道当前的帧号是多少，从而判断 BCCH 广播控制信道信号的广播时间。

手机还要知道当前基站所使用的基站识别码 BSIC 号是多少，从而可以确定后续发送的普通突发脉冲序列 NB 和假突发使用哪种训练序列。

同步信号、TDMA 帧号信息和 BSIC 号都是在同步信道 SCH 中发送的。

SCH 信道的突发脉冲格式称为同步突发脉冲序列——SB。

如图 4-20 所示，SB 中有一个长达 64 比特的扩展的训练序列，它的具体值为一串二进制数。

图 4-20　同步突发脉冲序列

SB 中由于扩展的训练序列比特是已知的，也就是固定的。

那么通过对含有 SB 的数据段进行相关运算，可以得到扩展的训练序列比特的起止位置，通过调整本地定时可以得到精确的定时同步。

SB 在扩展的训练系列前后，各有 39 比特的加密数据。里面包括当前 SB 所在 TDMA 帧的缩减帧号，这个缩减帧号的长度为 19 比特，还包括基站识别码 BSIC，手机可以根据这两个数据段推算出当前 TDMA 帧的帧号和训练序列号。

SB 也需要前后各 3 比特作为尾比特，标识一个突发脉冲的开始和结束。后面也需要有用作突发脉冲间的缓冲，以保证相邻的时隙发射时不相互重叠的保护间隔。时间长度为 8.25 比特，从而组成一个长度为 156.25 比特时间长度的突发脉冲。

同步突发脉冲 SB 是紧随频率校正突发脉冲 FB 发送的，其主要作用如下：

(1) 使手机获得精准的同步信号。

(2) 确定当前 TDMA 帧的帧号。

(3) 确定当前小区的 BSIC，从而确定训练序列号。

4.4.4　接入突发脉冲序列——AB

AB—接入突发脉中序列

处在空闲状态的移动台 MS 想与网络建立连接时，它会通过随机接入信道(RACH)来广播它所需的服务信道请求消息，注意广播这个词，此时移动台和基站之间没有有效连接，手机的服务信道请求消息是广播发送的。

RACH 中传输的突发脉冲称为接入突发脉冲序列——AB，如图 4-21 所示。

图 4-21　接入突发脉冲序列

移动台的服务信道请求消息装载在 AB 的数据段中，这个数据段长度为 36 加密比特。这些请求消息包括呼叫请求、响应寻呼、位置更新请求、及短消息请求等。由于 RACH 中的 AB 是随机接入的，基站不能预测该突发脉冲的发送时间，提前做好接收准备，就需要在发送数据前发送较长的同步比特。

加密数据前传输 41 比特的固定同步比特，使基站能够获得移动台的准确同步信息，做好接受服务信道请求消息的准备。

AB 的前端尾比特也比较长，有 8 比特，标识一个突发脉冲的开始，结束端的尾比特依然是 3 比特，标识突发脉冲的结束。后面也需要有用作突发脉冲间的缓冲，以保证相邻的时隙发射时不相互重叠的保护间隔。处在空闲状态的移动台 MS 无法估计移动台和基站的距离，就不能应用定时提前技术，这个保护间隔要比较长，大于基站最大覆盖半径 35 km 的传输时延。

AB 中保护间隔的时间长度为 68.25 比特。这些部分组成一个长度为 156.25 比特时间长度的突发脉冲 AB。

4.5　无线逻辑信道

无线子系统的物理信道支撑着逻辑信道。逻辑信道可分为业务信道(TCH，Traffic Channel)和控制信道(CCH，Control Channel)两大类，其中后者也称信令信道(SCH，Signalling Channel)。

无线逻辑信道综述

4.5.1　逻辑信道分类

逻辑信道的分类如图 4-22 所示。

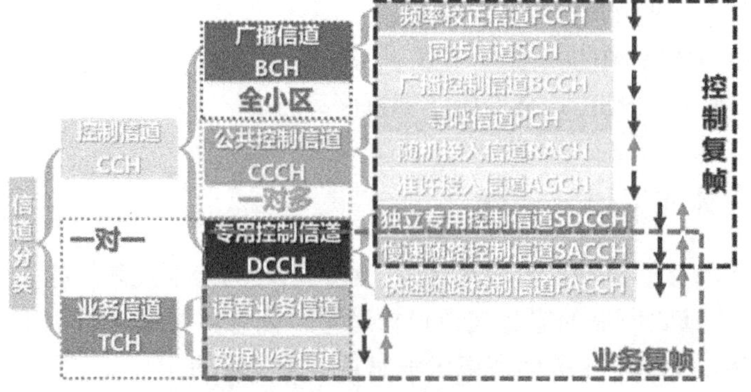

图 4-22　逻辑信道分类示意图

1. BCH

控制信道中一类通用信道，信道中的信令消息是基站向一个小区内所有用户广播的，这类信道称为广播信道(BCH)，它发出的信息是面向全小区用户的。广播信道(BCH)包含如下信道：

(1) 当信道中传输的是频率校正消息时，这种信道称为频率校正信道(FCCH)；

(2) 当信道中传输的是同步消息时，这种信道称为同步信道(SCH)；

(3) 当信道中传输的是小区广播消息时，这种信道称为广播控制信道(BCCH)。

2. CCCH

控制信道的另一类通用信道，信道中的信令消息，如果是基站下发的，多个 MS 可以收到，如果是移动台发信号的上行信道，多个移动台 MS 共用一个信道，这类信道称为公共控制信道(CCCH)，它发出的信息是一条信道对应多个 MS，是一对多的。公共控制信道(CCCH)包含三类信道：

(1) 当信道中传输的是寻呼消息时，这种信道称为寻呼信道(PCH)；

(2) 当信道中传输的是移动台的各种接入消息时，这种信道称为随机接入信道(RACH)；

(3) 当信道中传输的是 RACH 的应答消息时，这种信道称为准许接入信道(AGCH)。

3. DCCH

控制信道中还包含一类专用信道，是基站和移动台间一对一交互的，这类信道称为专用控制信道(DCCH)，DCCH 和业务信道(TCH)一样，都是一对一的。专用控制信道 DCCH 也包含三类信道：

(1) 用来传输各种链接相关的信令时，信道称为独立专用控制信道(SDCCH)；

(2) 用来传输功控和 TA 等消息时，信道称为慢速随路控制信道(SACCH)；

(3) 用来传输切换和挂机等消息时，信道称为快速随路控制信道(FACCH)。

4. TCH

业务信道(TCH)按照传输的内容不同分为两类：传输语音消息的称为语音业务信道，传输其他用户数据的称为数据业务信道。业务信道的这两种信道都是专用信道。

所有的广播信道(BCH)都是基站向移动台方向的，是下行信道。

公共控制信道(CCCH)中寻呼信道(PCH)是基站向移动台方向的，是下行信道；随机接入信道(RACH)是移动台向基站方向的，是上行信道；准许接入信道(AGCH)是基站向移动台方向的，是下行信道。

所有的一对一的信道，都是双向信道。

控制复帧中可能包含的信道如图 4-22 框中所示，可以包含除快速随路控制信道(FACCH)之外的所有控制信道。

业务复帧中可能包括业务信道(TCH)和快速、慢速两种随路控制信道。

逻辑信道在 Um 口中的使用如图 4-23 所示。

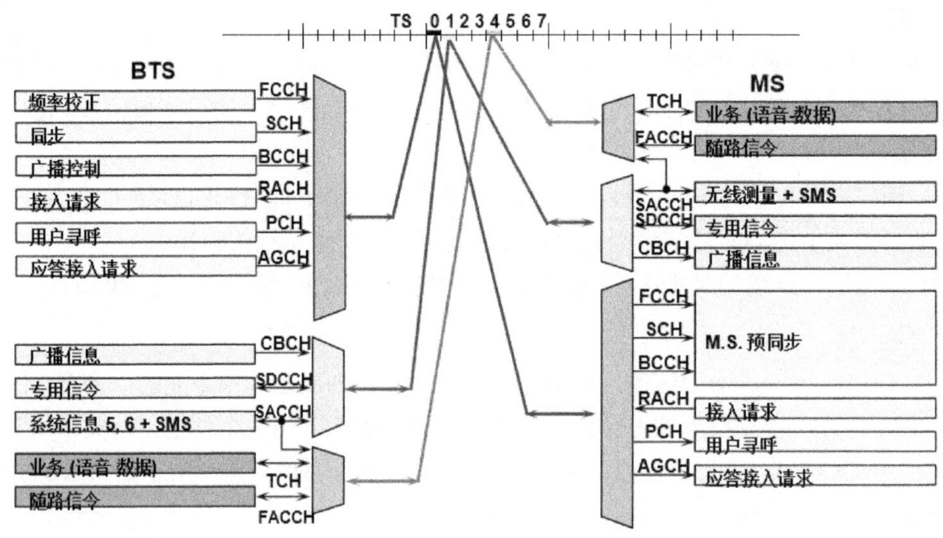

图 4-23　Um 口中逻辑信道的使用

4.5.2　逻辑信道应用实例

信道按照它能够实现的逻辑功能，可以分成具体的逻辑信道，通过开机过程来了解如何使用这些逻辑信道。

逻辑信道应用实例——开机

手机开机就需要接入网络中，手机从关机状态进入空闲状态，第一步是搜索网络信号，即搜寻 FCCH 信道中的频率校正脉冲，搜索到正确的 FCCH 信道。

具体流程如图 4-24 所示，在所有可能使用的频点的下行信道上扫描 RF 信号并且测量信号的平均强度。根据接收到信号的强弱把这些信道排成一张表，锁定最强信号，并通过算法验证最强信号是不是一个 FCCH 信号。如果是 FCCH 信号，就进行载波同步，调整 MS 频率和时间基准，具体方法是通过 AFC 调整 13 MHz 晶体，协调自己的频率合成器与这个载波完全同步，即将频率误差控制在 0.1 ppm 之内。如果不是 FCCH 信号，就验证次强信号，判断它是不是 FCCH 信号，如果是就进行载波同步，如果不是 FCCH 信号将再次验证次强信号，直至找到正确的 FCCH 信号。

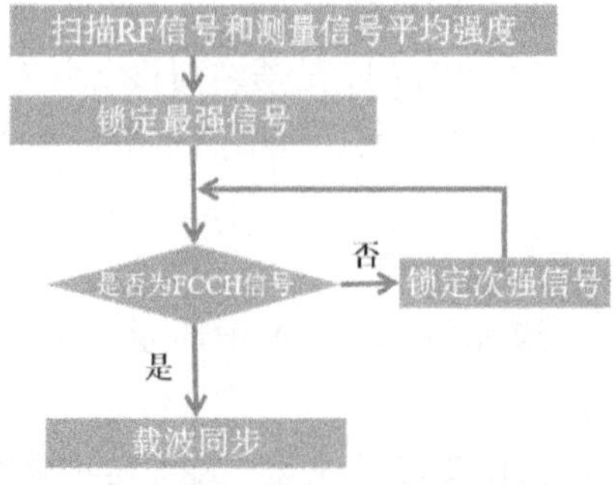

图 4-24　搜索 FCCH 信号流程示意图

载波同步后，第二步是在此频率上读取同步信道(SCH)消息，SCH 信道是控制复帧中的一个时隙，是紧跟在 FCCH 信道后的一个帧，通过 SCH 中的信息对 MS 时基和定时进行微调，接收并解出基站收发信台 BTS 的 BSIC，并确定当前 TDMA 帧号，同步到超高速 TDMA 帧上，此时手机就与系统在时间上同步了。

第三步是接收 BCCH 信道的信息。这包括呼叫前手机必须知道大量的系统信息，例如：附近小区的频率、基站识别码、现在小区使用的频率、小区是否禁止使用、移动网国家代号及移动网络号等。然后检查这个 BCCH 信号是否来自该手机 SIM 卡运营商的公用陆地移动网(PLMN)，如果网络不正确就要重新验证次强的 FCCH 信道信号，重复前面的过程，直至搜索到正确的网络。如果网络正确，手机就可以接入网络了。

第四步是通过 RACH 登记接入。手机在随机接入信道(RACH)上发送登记接入请求信息。

第五步，系统通过允许接入信道(AGCH)为手机分配一个专用控制信道(SDCCH)。

第六步是手机在独立专用控制信道(SDCCH)上完成登录，也就是位置更新。首先基站在 SDCCH 相关的慢速随路控制信道(SACCH)上发送 MS 功率控制等级和时间提前量的信令，移动台 MS 根据指令作相应调整。之后通过 SDCCH 信道发起鉴权流程，鉴定手机使用网络的权限，鉴权成功后，网络记录手机当前所在的位置区，完成登录。

此时，手机进入空闲状态，作好应答呼叫或发起呼叫的准备，监听广播控制信道(BCCH)和公共控制信道(CCCH)的相关信息。

业务信道 TCH

4.5.3　业务信道

2G 手机的主要业务是语音业务，后来增加了通用分组无线系统(GPRS，General Packet Radio System)部分，开始支持数据业务，无论是语音业务还是数据业务都是在业务信道中传输的。业务信道的缩写为 TCH，分为两种应用，一种是传输语音业务的信道，称为语音业务信道；一种是传输数据业务的信道，称为数据业务信道。

1. 语音业务信道

语音业务信道的传输速率是什么样的呢？

语音信号有三种编码速度，分别称为全速率(FR，Full Rate)、增强型全速率(EFR，Enhanced Full Rate)、半速率(HR，Half Rate)，如图 4-25 所示。

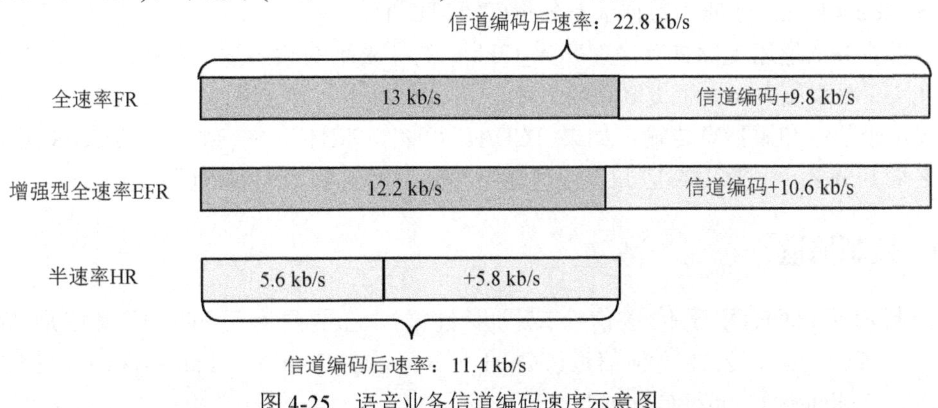

图 4-25　语音业务信道编码速度示意图

全速率 FR 是利用规则脉冲激励长期预测编码技术编码的，它的纯语音速率为 13 kb/s，信道编码额外增加了 9.8 kb/s 的冗余，码速增加到 22.8 kb/s，可以获得达到 4.1 左右 Qos 的语音通信质量。

增强型全速率(EFR)是另一种语音编码的标准。它的开发目的是改善质量相当糟糕的 GSM 全速率(FR)编解码器。纯语音速率为 12.2 kb/s，信道编码额外增加了 10.6 kb/s 的冗余，码速增加到 22.8 kb/s。EFR 提供线材级的低噪质量，着眼点是改善呼叫质量，可以获得更好更清晰的语音质量，接近 Qos4.7，需要网络服务商开通此项网络功能手机才能配合实现。EFR 的编解码有较高的计算复杂性，它会导致移动设备相比以前的 FR 编解码功耗增加 5%。

半速率(HR)在经过语音编码之后，纯语音速率为 5.6 kb/s，经过信道编码之后增加了 5.8 kb/s 的冗余，输出数据是 11.4 kb/s，速率正好是全数率的一半。HF 是以增加 GSM 网络容量为目的的，但是会损害语音质量。对于 HR 来说，由于信道容量减半，显然不能使用 1/2 的卷积来进行编码，同样由分组编码进行保护的信息也相应减少。由于现在网络频率紧缺，一些大的运营商在大城市密集地带开通此方式以增加容量。

EFR 提供的语音质量最好，但也最费电；FR 音质次之，费电情况也次之；HR 音质再次，费电情况也再次。用户可以根据个人需要通过个人的操作在这三种模式间进行手动切换选择。EFR 的开启指令是*3370#，关闭 EFR 的指令是#3370#；HR 的开启指令是*4720#，关闭 HR 的指令是#4720#。关闭 EFR 或是 HR 后手机会回到 FR 状态。需要注意的是，并不是所有的网络都支持 EFR 或 HR，此时如果你启动了 EFR 或是 FR，有可能会无法接听、拨打电话。如果在音质不清晰、环境很嘈杂的情况下，切换为 EFR 会有所改善。

2. 数据业务信道

在全速率或半速率信道上，通过不同的速率适配、信道编码和交织，支撑着直至 9.6 kb/s 的透明和非透明数据业务。用于不同用户数据速率的业务信道具体如下：

(1) 9.6 kb/s，全速率数据业务信道(TCH/F9.6)。

(2) 4.8 kb/s，全速率数据业务信道(TCH/F4.8)。

(3) 4.8 kb/s，半速率数据业务信道(TCH/H4.8)。

(4) ≤2.4 kb/s，全速率数据业务信道(TCH/F2.4)。

(5) ≤2.4 kb/s，半速率数据业务信道(TCH/H2.4)。

数据业务信道还支撑具有净速率为 12kb/s 的非限制的数字承载业务。

在 GSM 系统中，为了提高系统效率，还引入额外一类信道，即 TCH/8，它的速率很低，仅用于信令和短消息传输。如果 TCH/H 可看作 TCH/F 的一半，则 TCH/8 便可看作 TCH/F 的八分之一。TCH/8 应归于慢速随路控制信道(SACCH)的范围。

4.5.4 控制信道

控制信道(CCH)用于传送信令或同步数据。它主要有三种：广播信道(BCH，Broadcast Channel)、公共控制信道(CCCH，Common Control Channel)和专用控制信道(DCCH，Dedicated Control Channel)。

1. 广播信道

广播控制信道 BCH

每个基站覆盖一个小区的范围，若干邻接的无线小区组成一个无线区群，由若干个无线区群构成整个服务区。也就是说整个服务区中有很多个基站，那么手机在服务区中移动时，怎么知道它在哪个基站的覆盖范围内呢？这就要基站主动告诉手机。基站会不断地向自己覆盖的范围内发信号，信号的内容相当于一个自我介绍。手机如果能够收到某个基站的这种自我介绍信号，并且信号质量达到了通信要求，手机就处在这个基站的覆盖范围了。这种自我介绍信号就是广播信号，它是通过广播信道(BCH)发出的。广播信道中的信号是基站发给手机的，是下行信号，那么广播信道(BCH)就是下行信道。

手机什么时候需要收听基站的广播呢？应该是手机不确定自己在哪个基站覆盖范围的时候需要，手机入网的时候需要收听。还有，如果手机没有和某个基站建立通信链接，也就是空闲的时候，手机需要时不时地确定一下自己的位置，也要收听基站的广播。所以说，广播信道对应于 MS 入网和空闲时。

一个基站收发信台有 8 个时分信道，标为时隙 0 到时隙 7，广播信道多数时候只需要一条时分信道就可以，规定第 0 时隙为广播信道，在一些特殊的情况下，也可选用 TS2、4 或 6 为广播信道。

BCH 信道的所有时隙必须处于激活状态，使同频与其他小区的手机可以测量它的功率。

广播信道(BCH)包括频率校正信道(FCCH，Frequency Correction Channel)、同步信道(SCH，Synchronization Channel)和广播控制信道(BCCH，Broadcast Control Channel)。

(1) 频率校正信道。频率校正信道(FCCH)，携带用于校正 MS 频率的消息，使 MS 可以定位并解调出同一小区的其他信息。也就是说，FCCH 可以使手机找准基站收发信台使用的频点。

(2) 同步信道。同步信道(SCH)提供移动台(MS)所需要同步的所有信息，它提供了 19 比特的缩减帧号(RFN，Reduce the Frame Number)，可以让手机确定当前帧号，另外还提供了 6 比特的基站识别码(BSIC，Base Station Identity Code)，让手机确定当前基站所使用的训练序列。

基站识别码 BSIC

① BSIC。每个基站覆盖一个小区的范围，若干邻接的无线小区组成一个无线区群，由若干个无线区群构成整个服务区。无线区群内部不允许用相同频点，但是相邻的无线区群中，会用到相同频点，每个小区中的基站都会通过广播控制信道发送本小区的广播信号，为了尽量确保移动台能够收到这个广播信息，发送功率会比较大，移动台在小区间移动时，可能同时收到来自相邻无线区群中使用相同频点的小区的广播信号，移动台使用基站识别码 BSIC 来区分。

BSIC 用于区分不同运营商或同一运营商广播控制信道频率相同的不同小区。

BSIC 为一个 6 比特编码：BSIC＝NCC(3 比特)＋BCC(3 比特)。

NCC：PLMN 色码，用来识别相邻的 PLMN 网。

BCC：BTS 色码，用来识别同一个 PLMN 网中相同载频的不同的基站。

BCC 的长度是 3 比特，可以对应 0～7 八个数字，分别表示八种普通突发脉冲中的训练序列，如图 4-26 所示，两个深色的基站都使用频点组 f_1，一个 BCC 为 0，另一个 BCC 为 2。这两个 BSIC 值，对应着两个不同的训练序列，如果移动台锁定了一个基站，确定了使用某一个训练序列，就不能锁定到另一个基站上了，即使它们使用相同的频点。

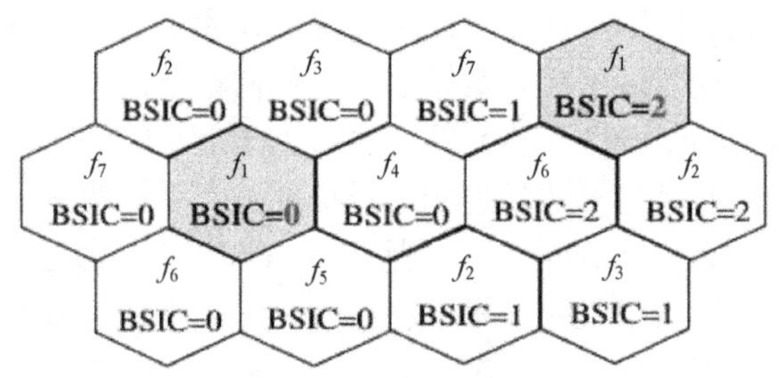

图 4-26　BCC 的应用

NCC 的应用如图 4-27 所示。黑线的两端是两个不同的运营商运营的网络。边界部分有两个使用相同频点组的基站，两个网络设置的 NCC 不同，这样即使这两个基站使用相同的频点组，使用相同的 BCC，它们两个发出的广播信号也不会被混淆。

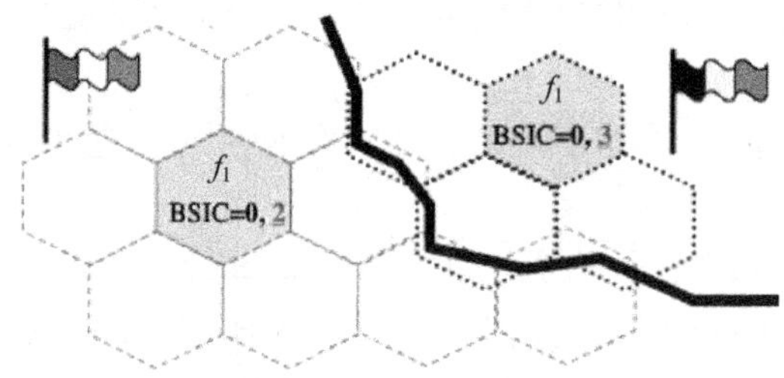

图 4-27　NCC 的应用示意图

NCC 为 XY1Y2，主要用来区分国界各侧的运营者。其中 X 表示运营者，GSM 中移动为 1，联通为 0。Y1Y2 在国内用来区别不同的省，如表 4-2 所示。

表 4-2　NCC 在我国的应用

Y2 / Y1	0	1
0	吉林、甘肃、西藏、广西、福建、湖北、北京、江苏	黑龙江、辽宁、宁夏、四川、海南、江西、天津、山西、山东
1	新疆、广东、河北、安徽、上海、贵州、陕西	内蒙古、青海、云南、河南、浙江、湖南

BSIC 的作用之一是通知移动台本小区公共信令信道所采用的训练序列号。

由于 BSIC 参与了随机接入信道(RACH)的译码过程，因此它可以用来避免基站将移动台发往相邻小区的 RACH 误译为本小区的接入信道。

当某小区的相近小区中包含两个或两个以上的小区采用相同的 BCCH 载频时，基站可以依靠 BSIC 来区分这些小区，从而避免错误的切换，甚至切换失败。

移动台在连接模式下(通话过程中)必须测量邻区的信号，并将测量结果报告给网络。由于移动台每次发送的测量报告中只能包含六个邻区的内容，因此必须控制移动台仅报告与当前小区确实有切换关系的小区情况。BSIC 中的 NCC 用于实现上述目的。网络运营者可以通过广播参数“允许的 NCC”控制移动台只报告 NCC 在允许范围内的邻区情况。

② RFN。手机和基站之间要进行帧同步，即手机需要知道当前的帧号(FN，Frame Number)，实际发送的帧号是缩减的，被称为缩减帧号(RFN)。

RFN 计算

帧结构中一个超高帧包括 2 715 648 个帧，一个超高帧的持续时间是 3 小时 28 分 53 秒 760 毫秒，以这个时间为周期循环编号。一个超高帧 FN 编号从 0 到 2 715 647，如果用二进制表示这个数值需要 22 位数字。

首先帧号信息是同步信道(SCH)传输的，SCH 只存在于控制复帧中，并且在复帧中的位置是有规律的。简化控制复帧的帧结构如图 4-28 所示，只表示控制复帧的 SCH 位置，图中 S 代表同步信道(SCH)。

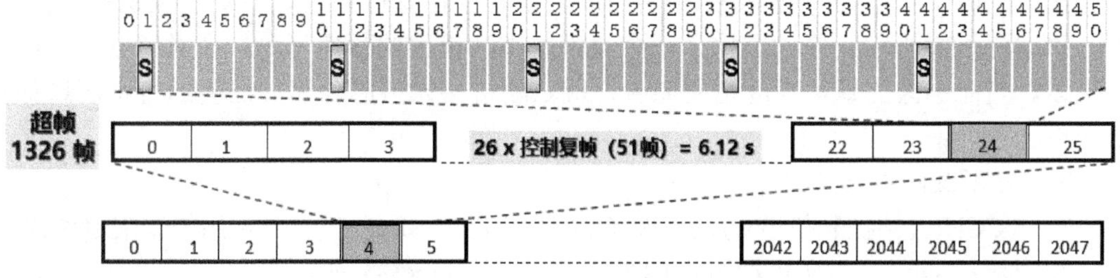

图 4-28　简化控制复帧的帧结构图

一个超高帧包含 2048 个超帧，一个超帧包含 26 个控制复帧，一个控制复帧包含 51 个帧。SCH 的帧位如图 4-28 所示只存在于 1、11、21、31、41 号帧位。根据这个规律，可以简化帧号的表示方法，称为缩减帧号(RFN)。

缩减帧号(RFN)由 T1、T2、T3’组成。

✧T1 用来表示这个 SCH 在哪个超帧中。每个超帧中有 26×51 = 1326 个帧，用帧号 FN 整除 1326，可以得到该 SCH 所在的超帧号：

T1 = FN/(26×51)

T1 表示该帧所在的超帧号(AN)一共有 2048 个超帧，超帧号用 11 位二进制数就可以表示，所以 T1 是 11 位二进制数。

✧T2 表示这个 SCH 在该超帧的哪个控制复帧中。一个超帧中有 26 个复帧，表示为 0～25。用 FN 模 26 就可以得到一个参考值。

T2＝FN mod 26

T2 可以配合 T3 确定该 SCH 在超帧中的那个复帧中，需要 5 位二进制数表示。

✧T3’表示这个 SCH 在该复帧的那个帧号中。FN 模 51 就可以得到它所在的帧号。

T3 = FN mod 51

求出所在帧号可以看到，一个复帧中只有五个帧位是 SCH，而且它们之间间隔十个帧。只要知道这个 SCH 帧是第几个 SCH 就可以了。

T3’ = (T3-1)/10，就可以求出它是第几个 SCH。T3’的数值为 0～4，需要 3 位二进制数表示。

至此，用 T1、T2、T3’准确表示出一个 SCH 帧的具体位置，AN 缩减帧号 RFN 所需要的二进制数位数是 11 加 5 加 3 等于 19 位。缩减帧号 RFN 将帧号 FN 缩减为 19 位。

【例题】假设某个 SCH 帧的帧号 FN 为 456797，它用缩减帧号 RFN 如何表示？

T1 = FN/(26 × 51)=344，11 位二进制数表示为 00101011000。

T2 = FN mod 26 = 3，5 位二进制数表示为 00011。

T3 = FN mod 51 = 41　T3’=(T3-1)/10 = 4，3 位二进制数表示为 100。

所以它的缩减帧号 RFN 为 00101011000 00011100。

频率校正信道(FCCH)和同步信道(SCH)必须并且只能存在于 T0 时隙，也就是说手机收到 FCCH 和 SCH 信号，就能确定当前为第 0 时隙。

(3) 广播控制信道。通常，在每个基站收发信台中总有一个收发信机含有这个信道，向移动台广播系统信息。

广播控制信道(BCCH)提供了 MS 在空闲模式下需要的大量的网络信息，先要广播位置区识别码(LAI)，告诉移动台(MS)当前处在哪个位置区中。之后是小区识别号(CGI)，告诉移动台(MS)当前小区的名字，还会通告本小区使用的频率列表，会对邻近的小区进行描述。当前小区的繁忙程度也要通告，就是随机接入控制信息，还会通告小区选择参数和小区选项。

BCCH 所载的主要参数：

① CCCH(公共控制信道)号码以及 CCCH 是否与 SDCCH(独立专用控制信道)相组合。

② 为接入准许信息所预约的各 CCCH 上的区块(block)号码。

③ 向同样寻呼组的移动台传送寻呼信息之间的 51TDMA 复合帧号码。

这几个信道使用的突发脉冲序列如图 4-29 所示，FCCH 信道使用 FB，一个 FB 就能表达频率校正的完整信息；SCH 信道使用 SB，一个 SB 就能表达同步的完整信息；BCCH 信道使用普通突发脉冲序列 NB，需要连续的四个 NB 才能广播完整的信息。

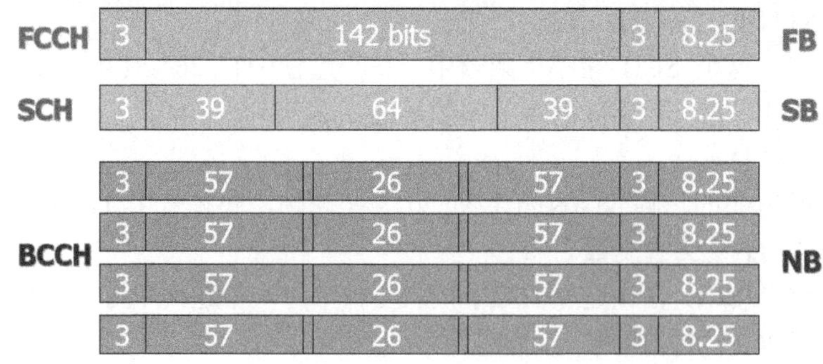

图 4-29　BCH 使用的突发脉冲序列示意图

2. 公共控制信道

公共控制信道(CCCH)是一对多的信道，CCCH 信道的下行信道包含寻呼信道(PCH，Paging Channel)和准许接入信道(AGCH，Access Grant Channel)，基站收发信台 BTS 借用它们发送信息，在基站覆盖范围内的多个移动台 MS 都能收到。

公共控制信道 CCCH

CCCH 信道包含的上行信道随机接入信道(RACH，Random Access Channel)，是移动台(MS)向基站发送接入请求的信道，这个信道是共用的，可能同时有多个移动台 MS 用这个信道发信息。

公共控制信道(CCCH)是在手机和基站之间还没有建立一对一的专用链路前使用，主要有以下几种情境：

(1) 一个基站覆盖一个小区范围，移动台(MS)刚开机，或者到达一个新的位置区，需要向网络上报自己所在的位置区，此时发起位置更新请求，手机要用到公共控制信道中的随机接入信道(RACH)向当前小区的基站发送这个请求。基站应答 RACH 也要使用公共控制信道中的准予接入信道(AGCH)，并且通过 AGCH 发送后续要使用的专用信道的相关信息。也就是说位置更新的初期要使用 CCCH 信道。

(2) 当移动台(MS)主动发起一个呼叫或者请求数据服务时，需要向网络提出申请，手机要用到公共控制信道中的随机接入信道(RACH)向当前小区的基站发送这个申请。基站应答 RACH 也要使用公共控制信道中的准予接入信道(AGCH)，并且通过 AGCH 发送后续要使用的专用信道的相关信息。也就是说呼叫或者请求数据服务的初期需要用到 CCCH。

(3) 当网络要寻呼某个移动台时，会通过公共控制信道中的寻呼信道(PCH)对移动台进行寻呼，寻呼范围内的移动台都可以收听到这个寻呼。当某个移动台发现寻呼的就是自己，此时它使用随机接入信道(RACH)发信息响应这个寻呼。基站发送确认消息，并且分配专用信道，要使用准予接入信道(AGCH)。也就是说被叫的初期需要用到 CCCH。

(4) 移动台主叫或者被叫或者使用数据业务统称为呼叫接续。呼叫接续的初期要使用 CCCH 信道。

总体来说，公共控制信道(CCCH)对应于位置更新和呼叫接续的初期。

下面分别了解一下公共控制信道(CCCH)中包含的信道。

(1) 寻呼信道。当网络想与某一 MS 建立通信时，它就会在寻呼信道(PCH)上根据 MS 所登记的 LAC 号向所有具有该 LAC 号的小区进行寻呼，寻呼 MS 的标示为 TMSI 或 IMSI，属于下行信道，点对多点传播。

随机接入信道 RACH

(2) 随机接入信道。当 MS 想与网络建立连接时，它会通过随机接入信道(RACH)来广播它所需的服务信道，属于上行信道，点对点传播方式。用于 MS 向 BTS 随机提出入网申请。可作为对寻呼的响应或 MS 主叫/登记时的接入。

RACH 是公共控制信道，所有基站覆盖范围内的移动台(MS)都可以使用。它就像一排服务柜台，等待为客户提供服务。如图 4-30 所示，所有的客户都可以去柜台买东西，可能出现几个客户同时去一个柜台要求服务的情况，营业员同时只能给一个客户提供服务，那么不是所有客户的服务要求都会及时处理，可能客户要求了几次才轮到为他服务。

图 4-30　RACH 抽象柜台示意图

一条 RACH 中可能出现几部移动台(MS)同时发送接入申请的情况，此时信号会混淆，基站一个也回应不了，这些移动台(MS)需要换个时间重新发接入申请。

处于空闲状态的移动台(MS)向基站发出申请时主要使用 RACH 信道。移动台(MS)可能出现在基站覆盖范围的任意位置，而基站并不能提前知道移动台(MS)离它有多远，也就没有办法得知路径时延，故 RACH 必须是一个特殊的短脉冲，留出足够的空闲时间用于时延。移动台(MS)只在得到下行 SACCH 中的 TA 值后才会发送普通的脉冲。

随机接入信道(RACH)使用接入突发脉冲(AB)，如图 4-31 所示，在 AB 中有一个长达 68.25 比特时间的保护间隔。为什么需要这么长的保护间隔呢？

如图 4-31 所示，每个色块代表一个时隙，移动台都是在每一个时隙开始时在 RACH 中向基站发送请求消息的。这个消息在信道中传输，会产生时延。如果信息太长了，到达基站时就可能超出当前时隙的时间。可能和下一个时隙发送的信息重叠。

图 4-31 消息重叠演示示意图

移动台 MS 的最大时延也只有 63 比特时间，这个保护间隔如果大于最长时延，也就是说信息足够短，传输这个信息，虽然会产生时延，但也不会超出当前时隙，可以保证请求消息在时隙内就能被基站完整收到。最大时延状态未重叠演示如图 4-32 所示。

图 4-32 最大时延状态未重叠演示示意图

当 MS 想与网络建立连接时，它会通过 RACH 信道来广播它所需的服务信道请求消息，这个在 RACH 上发送的报文，被称作“信道申请”，它其中的有用信令消息只有 8 比特。这 8 比特的分配如下：

① 3 比特的建立原因包括呼叫请求、响应寻呼、位置更新请求，以及短消息请求等。在网络拥塞的情况下，系统可根据这一粗略的指示来区别对待不同接入目的的信道申请，哪些类型的呼叫可接入网络、哪些类型的呼叫将被拒绝，并为它们选择分配最佳类型的信道。比如响应寻呼要优先于呼叫请求。

② 5 比特的参考随机数是用来区别不同 MS 请求的，由于信息位太少，不足以让移动台 MS 发送自己的名字 IMSI 等。那么移动台(MS)怎么把自己和其他移动台区分开来呢？移动台会随机生成 5 比特的参考随机数，这个参考随机数就相当于移动台(MS)给自己取的一个临时代号。

它只有 5 比特，最多只能同时区分 32 个 MS，不保证两个同时发起呼叫的 MS 的参考随机数一定不同。要进一步区别同时发起请求的 MS，还要根据接入原因区分。信道请求消息只在 BSS 内部进行处理。网络此后将向移动台回复的命令中会附带这个参考随机数，移动台收到的参考随机数如果和本身所发送的一致，就可以判断该信息是网络发送给自己的。

(3) 准予接入信道。当网络收到处于空闲模式下 MS 的信道请求后，就将给其分配一独立专用控制信道(SDCCH)，准予接入信道(AGCH)根据该指派的描述，向所有的移动台进行广播，属于下行信道，点对多点传播，即可作为随机接入信道(RACH)的响应信令。

准予接入信道 AGCH

AGCH 是公共控制信道，AGCH 中的信号所有基站覆盖范围内移动台(MS)都可以收到。它就像银行的叫号系统一样，叫号时整个大厅的客户都能听到，某个客户听到报的是自己的号码，就去柜台接受服务。移动台(MS)通过随机接入信道(RACH)发送请求，里面包含 3 比特的建立原因和 5 比特的参考随机数。这个 RACH 中发送的信息内容和银行取号器上取的号码纸上的内容类似，建立原因相当于服务类型，普通客户服务，还是 VIP 客户服务；参考随机数相当于服务号码，移动台(MS)等待基站回复，相当于客户等待叫自己的号码。

基站回复 RACH 的申请是通过 AGCH 信道，AGCH 信道发布的内容包括收到的接入申请中的接入原因、随机参考值、该消息发送的时刻。移动台(MS)通过验证这三个参数和自己发送的申请是否一致，来确定这个 AGCH 信道中的信息是不是发给自己的。相当于客户收听叫号信息里面叫的号码，核对是否和自己的号码纸一致。

AGCH 中还给移动台(MS)分配了一个一对一的专用信道 SDCCH，它会对这个独立专用控制信道进行描述，通告该信道所在绝对载频号、时隙号、子信道号等。相当于银行叫号信息里面的，XXXX 号请到 XX 号窗口。移动台(MS)接收到发给自己的信道描述信息后，后面办理具体业务的信令就用这个信息描述的信道传输了。相当于客户去叫号的窗口办理具体业务。

准予接入信道(AGCH)中的消息主要有以下两个：

① 接入申请中的接入原因、随机参考值和该消息发送的时刻。

② 对独立专用控制信道的描述(该信道所在绝对载频号、时隙号、子信道号等)。

(4) 小区广播控制信道。小区广播控制信道(CBCH，Cell Broadcast Channel)，用于广播短消息和该小区一些公共的消息(如天气和交通情况)，它通常占用 SDCCH/8 的第二个子信道，属于下行信道，一点对多点传播。

CCCH 信道使用的突发脉冲序列如图 4-33 所示。

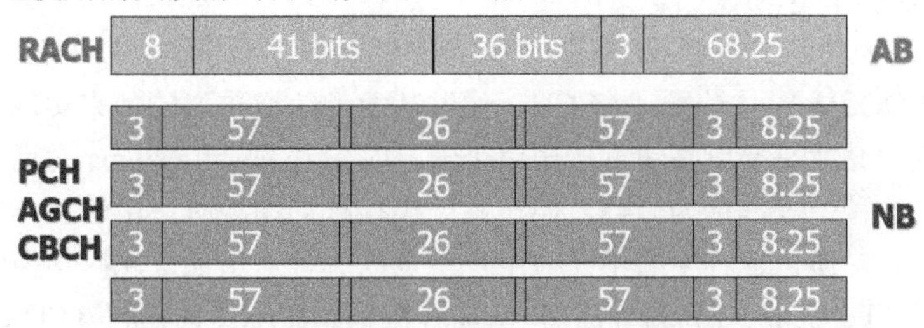

图 4-33　CCCH 信道使用的突发脉冲序列

RACH 使用的是接入突发脉冲序列 AB，一个突发脉冲就能表达完整语义。PCH、AGCH、CBCH 使用的是普通突发脉冲序列 NB，需要四个突发脉冲才能表达完整语义。

专用控制信道 DCCH

3. 专用控制信道

专用控制信道(DCCH)，属于控制信道(CCH)，是一对一的信道，DCCH 信道都是双向信道，包括独立专用控制信道(SDCCH，Stand-Alone Dedicated Control Channel)、慢速随路控制信道(SACCH，Slow Associated Control CHannel)、快速随路控制信道(FACCH，Fast Associated Control CHannel)，使用时由基站将其分给移动台，进行移动台与基站之间的信号传输。

那么 DCCH 什么时候使用呢？具体情况如下：

(1) 呼叫或者寻呼应答的用户会被网络分配一个独立专用控制信道(SDCCH)。用户会使用这个独立专用控制信道(SDCCH)来进行鉴权、加密、建立通信链路。跟随 SDCCH 还要有一个慢速随路控制信道(SACCH)，用来传递功率控制和 TA 值等信息。也就是说 MS 呼叫接续的后期阶段会用到 DCCH。

(2) 通信进行中，跟随 TCH 需要有一个慢速随路控制信道(SACCH)，用来传递功率控制和 TA 值等信息。切换时需要使用快速随路控制信道(FACCH)，所以通信进行中会用到 DCCH。

(3) 用户挂机时，要使用快速随路控制信道(FACCH)释放链路，释放链路过程中会用到 DCCH。

因此，DCCH 对应于呼叫接续的后期、通信进行中和释放链路过程。

专用控制信道(DCCH)使用时由基站将其分给移动台，进行移动台与基站之间的信号传输。下面对其包含的三种信道的作用分别进行介绍，具体如下：

(1) 独立专用控制信道(SDCCH)，用于传送信道分配等信号。它主要用于传送建立连接的信令消息、位置更新消息、短消息、用户鉴权消息、加密命令、应答和各种附加业务。它可分为独立专用控制信道(SDCCH/8)与 CCCH 相组合的独立专用控制信道(SDCCH/4)。

(2) 慢速随路控制信道(SACCH)。SACCH 是一种伴随着 TCH 和 SDCCH 的专用信令信道。在上行链路上它主要传递无线测量报告和第一层报头消息(包括 TA 值和功率控制级别)；在下行链路上它主要传递系统消息 type5、5bis、5ter、type6 及第一层报头消息。这些消息主要包括通信质量、LAI 号、CELLID、邻小区的标频信号强度等信息、NCC 的限制、小区选项、TA 值、功率控制级别。该信道包含：TCH/F 随路控制信道(SACCH/TF)、TCH/H 随路控制信道(SACCH/TH)、SDCCH/4 随路控制信道(SACCH/C4)、SDCCH/8 随路控制信道(SACCH/C8)。

(3) 快速随路控制信道(FACCH)与一条业务信道联用，携带与 SDCCH 同样的信号，但只在未分配 SDCCH 时才分配 FACCH，通过从业务信道借取的帧来实现接续，主要用于话音传输过程中突然需要以高速度传送信令消息时，它需借用 20 ms 的话音突发脉冲序列来传送信令，这种情况被称为偷帧，如在系统执行越局切换时。由于话音译码器会重复最后 20 ms 的话音，所以这种中断不会被用户察觉的。传送诸如“越区切换”和“呼叫释放”等指令信息。FACCH 可分为 TCH/F 随路控制信道(FACCH/F)和 TCH/H 随路控制信道(FACCH/H)。

独立专用控制信道(SDCCH)、慢速随路控制信道(SACCH)和快速随路控制信道(FACCH)都需要四个普通突发脉冲(NB)才能表达完整语义。DCCH 信道使用的突发脉冲序列如图 4-34 所示。

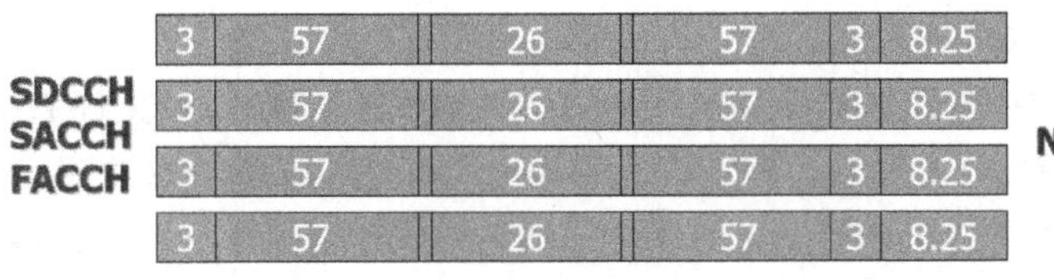

图 4-34　DCCH 信道使用的突发脉冲序列

4.5.5　信道应用实例——被呼

信道应用——被呼实例如图 4-35 所示，通过实例可以了解逻辑信道的应用。

信道应用实例——被呼

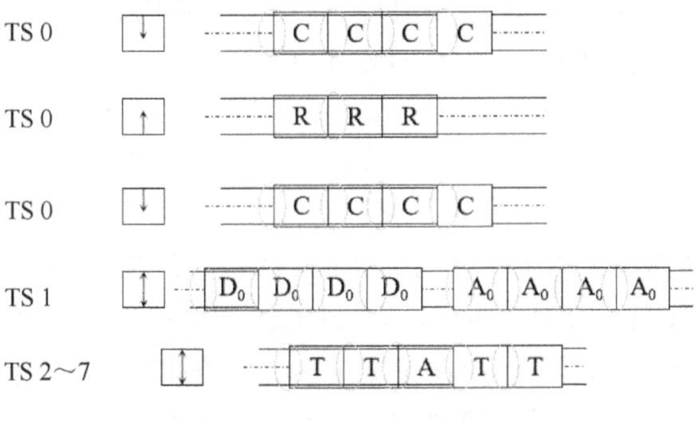

图 4-35　信道应用——被呼

信道应用——被呼具体过程如下：

(1) 系统通过寻呼信道(PCH)呼叫移动用户；

(2) 移动用户在随机接入信道(RACH)上通过发寻呼响应来应答；

(3) 系统通过允许接入信道(AGCH)为移动台分配一个独立专用控制信道(SDCCH)；

(4) 系统与移动台通过 SDCCH 交换必要的信息，如鉴权、加密模式、建立信息等，以便识别移动台的身份；

(5) 同时在慢速随路控制信道(SACCH)上发送测试报告和功率控制；

(6) 最后，给移动台分配一个业务信道(TCH)，并在 TCH 上开始通话。

4.6　逻辑信道在物理信道上的复用

在 GSM 系统中，每个小区最多有 2 个物理时隙来传输信令，而每个小区中有 9 种控制信息需要传送，也就是 2 个物理时隙需要传递 9 种控制信息。由于可用信道数量少，而需要传输的信息多，因此需要对信息与信道进行组合。其中，SACCH(慢速随路控制信道)既可以由传送业务信息的物理时隙传递，也可以由传送控制信息的物理时隙传递。FACCH(快速随

信道复用组合综述

路控制信道)则必须由传送业务信息的物理时隙传递。

可能的信道复用组合一共有 7 种。

(1) 全速率 TCH 信道：TCH/F+FACCH/F+SACCH/TF。

里面包含 TCH、FACCH、SACCH 三种信道，F 指全速率信道 FR，TF 指这个 SACCH 跟随的是全速率业务信道。

(2) 半速率 TCH 信道：TCH/H(0，1)+FACCH/H(0，1)+SACCH/TH(0，1)。

里面包含 TCH、FACCH、SACCH 三种信道，H 指半速率信道 HR，TH 指这个 SACCH 跟随的是半速率业务信道，0 和 1 指用户 0 和用户 1，也就是说信道中传输两个用户的信息。

(3) 半速率 TCH 组合：TCH/H(0，0)+FACCH/H(0，1)+SACCH/TH(0，1)+TCH/H(1，1)。

这种组合和第二种组合类似。

前三种都是业务信道组合，使用 26 帧的业务复帧结构。

(4) 主 BCCH 信道：FCCH+SCH+BCCH+CCCH。

里面包含 FCCH、SCH、BCCH 和 CCCH 信道，CCCH 信道中包含 PCH、RACH、AGCH 三种信道。由于 FCCH 和 SCH 只能存在于第 0 时隙，所以这种组合只允许映射在时隙 0。

(5) 组合 BCCH 信道：FCCH+SCH+BCCH+CCCH+SDCCH/4+SACCH/C4。

里面除了包含 FCCH、SCH、BCCH 和 CCCH 信道外，还包括 SDCCH 和 SACCH 两种信道。由于 FCCH 和 SCH 只能存在于第 0 时隙，所以这种组合只允许映射在时隙 0，也就是说信道组合 4 和 5 只能二者选其一。SDCCH 的 4 表示有四条 SDCCH 信道，SACCH 的 C4 表示有四条 SACCH 信道，分别跟随 SDCCH。

(6) 扩展 BCCH 信道：BCCH+CCCH。

里面只包含 BCCH 和 CCCH 信道，这种组合允许映射在时隙 2、4、6。

(7) 独立 SDCCH 信道：SDCCH/8+SACCH/C8。

里面只包含 SDCCH 和 SACCH 两种信道。SDCCH 的 8 表示有 8 条 SDCCH 信道，SACCH 的 C8 表示有 8 条 SACCH 信道，分别跟随 SDCCH。

后四种信道组合都是控制信道组合，用 51 帧的控制复帧结构。

4.6.1 TCH 信道组合

TCH 信道组合

TCH 信道中的语音信号主要有三种编码速度，分别称为全速率(FR)、增强型全速率(EFR)、半速率(HR)。

全速率业务信道和增强型全速率业务信道对应于全速率业务信道组合；半速率业务信道对应于半速率业务信道组合。

1. 全速率业务信道组合

它是信道组合中定义的第一种组合，公式为

(Ⅰ) TCH/F+FACCH/F+SACCH/TF

它是业务信道组合，使用 26 帧的业务复帧结构。可以使用频点中八个物理信道中的任意一个，也就是说可以存在于每帧八个时隙中的任意一个时隙。取每个帧的第 n 时隙，比如取 2 号时隙，连续 26 帧的第 n 时隙组成一个 26 帧的业务复帧，全速率业务信道组合就可以安排在这个业务复帧中。全速率业务信道组合如图 4-36 所示。

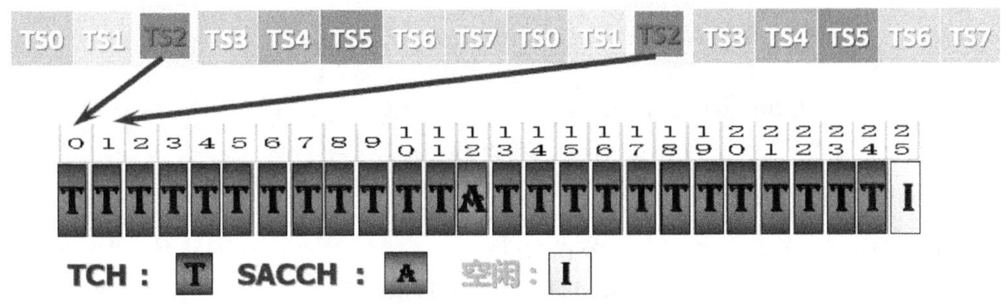

图 4-36　全速率业务信道组合

如何安排业务复帧中的 26 个帧呢？具体安排如下：

(1) TCH 帧位。业务复帧主要是用来传输业务消息的，首先要给 TCH 分配帧位，而且一个 NB 突发脉冲能传送 TCH 的一片数据，在一个业务复帧中为 TCH 安排了 24 个帧位，帧号为 0～11 号，还有 13～24 号。这些业务数据片段都是来自于同一个用户。

(2) SACCH 帧位。公式中还有慢速随路控制信道(SACCH)，把它安排在了 12 号帧位。

SACCH 想要表达完整的语义需要 4 个常规突发脉冲，一个业务复帧中 12 号帧位只能传输一个突发脉冲，怎么办呢？需要把连续四个复帧中 12 号帧位中的突发脉冲凑在一起，组成一个完整的 SACCH 消息。全速率业务信道中完整的 SACCH 如图 4-37 所示。

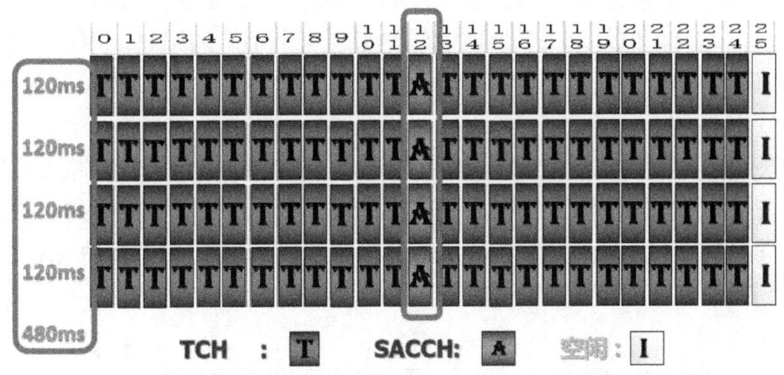

图 4-37　全速率业务信道中完整的 SACCH

一个复帧的传输时间是 120 ms，四个复帧的传输时间就是 480 ms，也就是说，480 ms 传输一个完整的 SACCH 信令。

(3) FACCH 帧位。公式中还有一个快速随路控制信道 FACCH，需要四个突发脉冲才能表达完整语义，因为只有切换或者挂机这种紧急情况才会用到 FACCH，所以信道组合结构中没有具体安排 FACCH 的位置，有需要时，FACCH 会挪用 TCH 的信道，且挪用连续的四个 TCH 信道。TCH 挪用为 FACCH 可能的位置如图 4-38 所示。

(4) 空闲帧帧位。最后剩余的 25 号帧位用作空闲帧(idle)。空闲帧表示为 I。

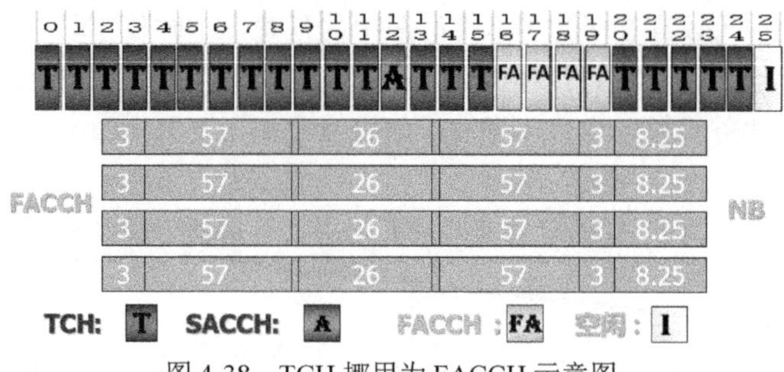

图 4-38　TCH 挪用为 FACCH 示意图

2. 半速率业务信道组合

信道组合中定义的第二种组合，公式为：

(Ⅱ) TCH/H(0，1)+FACCH/H(0，1)+SACCH/TH(0，1)

它也是业务信道组合，使用 26 帧的业务复帧结构，和全速率业务信道组合一样可以存在于每帧八个时隙中的任意一个时隙。半速率业务信道组合(Ⅱ)如图 4-39 所示。

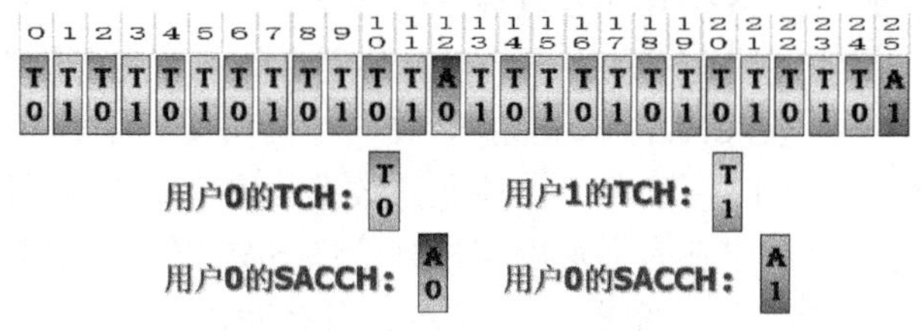

图 4-39　半速率业务信道组合

如何安排业务复帧中的 26 个帧呢？具体安排如下：

(1) TCH 帧位。业务复帧主要是用来传输业务消息的，依然给 TCH 分配了 24 个帧，帧号为 0～11，13～24，但是这 24 个帧中传输来自两个用户的消息，用户 0 和用户 1。将帧号为偶数的 TCH 帧给一个用户用，表示为 T_0，帧号为奇数的 TCH 帧给另一个用户用，表示为 T_1。

(2) SACCH 帧位。两个用户也都分别需要 SACCH 信道：第一个用户的 SACCH，表示为 A_0，把它安排在了 12 号帧位；第二个用户的 SACCH，表示为 A_1，把它安排在了 25 号帧位。

每个用户的连续四个复帧中的 SACCH 凑在一起，组成一个完整的 SACCH 消息。半速率业务组合(Ⅱ)中完整的 SACCH 如图 4-40 所示。

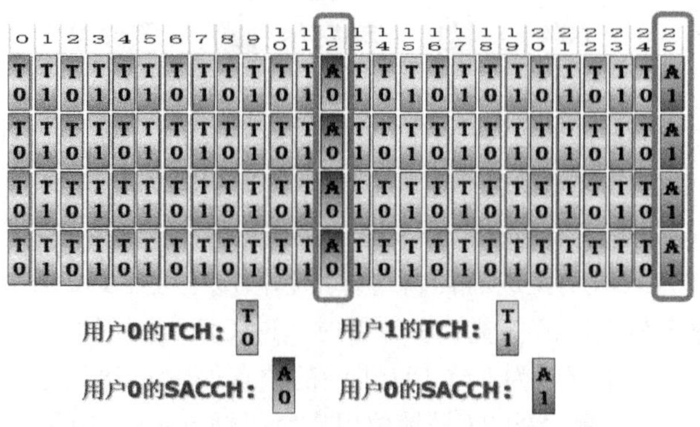

图 4-40　半速率业务信道组合(Ⅱ)中完整的 SACCH

(3) FACCH 帧位。快速随路控制信道 FACCH 也没有具体安排帧位，哪个用户有需要时，FACCH 就会挪用该用户的 TCH 信道，或者挪用该用户的连续的四个 TCH 信道，如图 4-41 所示。

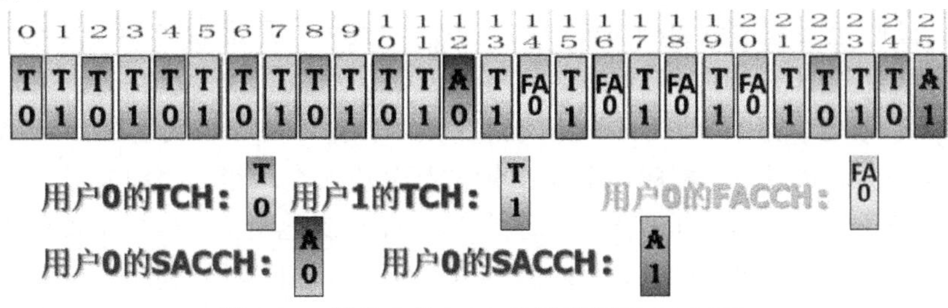

图 4-41　用户 0 的 TCH 信道挪用为 FACCH

半速率 TCH 组合的第三种组合，公式为：

(Ⅲ) TCH/H(0，0)+FACCH/H(0，1)+SACCH/TH(0，1)+TCH/H(1，1)

这种组合的结构和组合(Ⅱ)类似，这里不再赘述。

4.6.2　非组合 BCCH 信道组合

主 BCCH 组合

1. 主 BCCH 信道组合

主 BCCH 是第四种信道组合，它的信道组合公式为：

(Ⅵ) FCCH + SCH + BCCH + CCCH

公式中的信道都是控制信道，那么主 BCCH 要使用 51 帧的控制复帧结构，实际上一条信道只使用每帧八个时隙中的一个，那么主 BCCH 使用哪个时隙呢？

主 BCCH 中包含 FCCH 和 SCH，根据前面的知识，这两个信道只能使用第 0 时隙，所以主 BCCH 就只能使用第 0 时隙。主 BCCH 的下行复帧如图 4-42 所示。

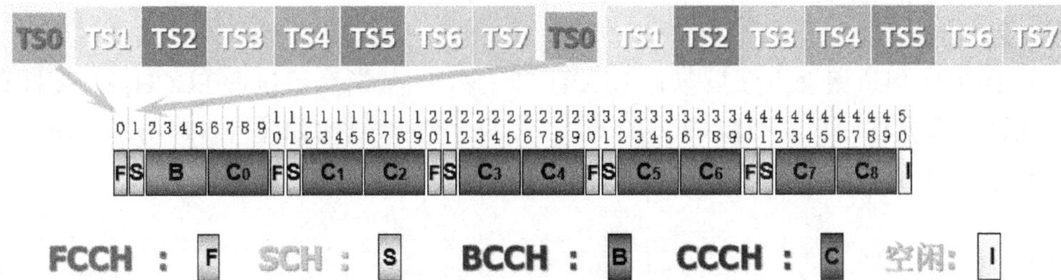

图 4-42　主 BCCH 下行复帧示意图

取每个帧的第 0 时隙，连续 51 帧的第 0 时隙组成一个 51 帧的控制复帧，主 BCCH 组合就可以安排在这个控制复帧中。

如何安排这 51 个时隙呢？具体安排如下：

(1) FCCH 帧位。按照手机的接收规律，手机会最先使用 FCCH 进行频率校正，而且一个 FB 突发脉冲就能完整传送频率校正信号，所以 FCCH 只需安排一个时隙。把 FCCH 放在下行复帧的最前面，即 0 号帧中，而且 FCCH 需要反复出现，以便基站找到频率校正信号，所以安排每十个帧出现一次 FCCH，第 10 号、20 号、30 号、40 号帧都安排 FCCH。

(2) SCH 帧位。频率校正后，紧接着手机要进行同步，同样一个时隙时长的 SB 突发脉冲可以完整传输同步信号，那么 FCCH 的下一帧也就是下行复帧的 1 号帧就要安排 SCH，之后 11、21、31、41 号帧都安排 SCH。

(3) BCCH 帧位。基站完成频率校正和同步后，就可以开始接收 BCCH 信号了，4 个突发脉冲才能表达 BCCH 的完整语义，所以将 BCCH 安排在下行复帧的 2～5 号帧。

(4) CCCH 帧位。最后 CCCH 的需求量是最大的，每 4 个突发脉冲可以表达一个 CCCH 的完整语义，所以下行复帧中剩下的帧位都分成 4 个一组，每组安排一个 CCCH，一共是 9 个 CCCH，表示为 C0～C8。下行的 CCCH 信道包括 PCH 和 AGCH 两种，这 9 个 CCCH 具体分配多少个给 PCH，多少个给 AGCH，要根据具体情况分析。

CCCH 还有一个信道是 RACH，一个 AB 突发脉冲就可以表达 RACH 的完整语义，它是上行信道，而且公式中只有这一个信道是上行的，主 BCCH 的上行复帧全都安排给 RACH 使用，所以上行复帧是 51 个 RACH。主 BCCH 的上行复帧如图 4-43 所示。

图 4-43　主 BCCH 的上行复帧示意图

(5) 空闲帧帧位。下行复帧的最后一个 50 号帧用作空闲帧，空闲帧表示为 I。

这样就完成了主 BCCH 组合的 51 复帧安排。主 BCCH 信道所在的频点不进行功率控制，BCCH 信道所在的时隙也不参与跳频。

2. 扩展 BCCH 信道组合

扩展 BCCH 信道组合是第六种信道组合，其公式为

(Ⅵ) BCCH+CCCH

扩展 BCCH 信道组合里面只包含 BCCH 和 CCCH 信道，不包含 FCCH 和 SCH 两个信道，这种组合允许映射在时隙 2、4、6。上、下行复帧结构如图 4-44 所示，基本结构为将主 BCCH 的结构除去 FCCH 和 SCH 两个信道。

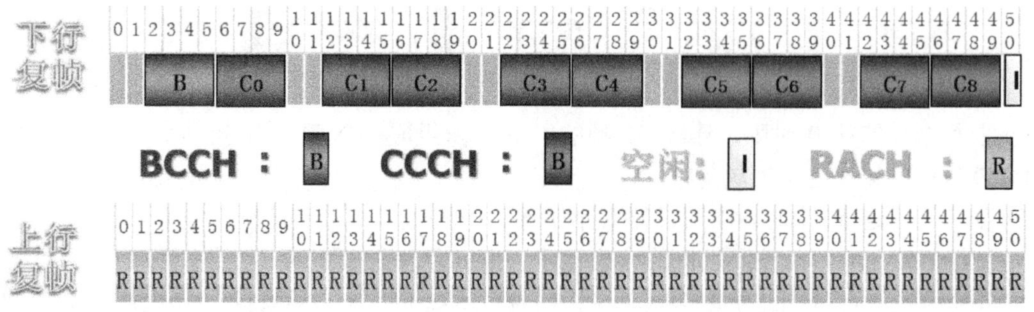

图 4-44　扩展 BCCH 信道组合结构图

非组合 BCCH 信道中 CCCH 配置，可以根据扩展的 BCCH 信道数量可以分为 1 个非

组合 CCCH(不配置扩展的 BCCH)，2 个非组合 CCCH(配置 1 个扩展的 BCCH)，3 个非组合 CCCH(配置 2 个扩展的 BCCH)和 4 个非组合 CCCH(配置 3 个扩展的 BCCH)。1 个非组合 CCCH 有 9 个数据块，最多配置 9 个 PCH 信道，对于 $N(1<N<4)$个非组合 CCCH 的配置，最多可以配置 $N\times 9$ 个 PCH 信道。

4.6.3 组合 BCCH 信道组合

主 BCCH 是第五种信道组合，它的信道组合公式为：

(Ⅴ) FCCH+SCH+BCCH+CCCH+SDCCH/4+SACCH/C4

组合 BCCH 组合

公式中的信道都是控制信道，那么组合 BCCH 要使用 51 帧的控制复帧结构，实际上一条信道只使用每帧八个时隙中的一个，那么组合 BCCH 使用哪个时隙呢？组合 BCCH 中包含 FCCH 和 SCH，根据前面的知识，这两个信道只能使用第 0 时隙，所以组合 BCCH 就只能使用第 0 时隙。

1. 下行复帧

取每个帧的第 0 时隙，连续两个 51 帧的第 0 时隙组成两个 51 帧的控制复帧，组合 BCCH 组合就可以安排在这个控制复帧中。组合 BCCH 信道组合的下行复帧的结构如图 4-45 所示。

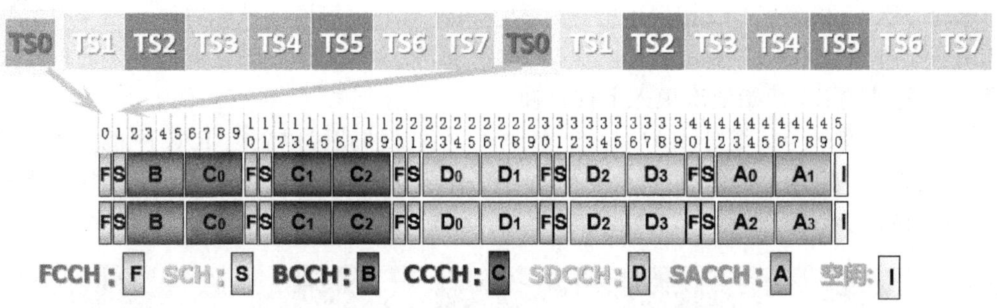

图 4-45 组合 BCCH 信道组合的下行复帧结构图

如何安排这 51 个时隙呢？具体安排如下：

(1) FCCH 帧位。按照手机的接收规律，手机会最先使用 FCCH 进行频率校正，而且一个 FB 突发脉冲就能完整传送频率校正信号，所以 FCCH 只需安排一个时隙。把 FCCH 放在下行复帧的最前面，即 0 号帧中，而且 FCCH 需要反复出现，以便基站找到频率校正信号，安排每十个帧出现一次 FCCH，两个控制复帧的第 10 号、20 号、30 号、40 号帧都安排 FCCH。

(2) SCH 帧位。频率校正后，紧接着手机要进行同步，需要 SCH 信道，同样一个时隙时长的 SB 突发脉冲可以完整传输同步信号，那么 FCCH 的下一帧也就是 1 号帧就要安排 SCH，之后 11、21、31、41 号帧都安排 SCH。基站完成频率校正和同步后，就可以开始接收 BCCH 信号了，四个突发脉冲才能表达 BCCH 的完整语义，所以将 BCCH 安排在下行复帧中两个控制复帧中的 2～5 号帧。

(3) CCCH 帧位。再来安排 CCCH 信道，每 4 个突发脉冲可以表达一个 CCCH 的完整语义，所以需要将帧位分成 4 个一组，每组安排一个 CCCH，组合 BCCH 中每个控制复帧中安排了 3 个 CCCH，表示为 C0～C2。分别用到了 6～9，12～15，16～19 号帧。下行的 CCCH 信道包括 PCH 和 AGCH 两种，这 3 个 CCCH 具体分配多少个给 PCH，多少个给 AGCH，要根据具体情况分析。

(4) SDCCH 帧位。从公式中可以看到，组合 BCCH 中还有 4 条 SDCCH 信道。每 4 个突发脉冲可以表达一个 SDCCH 的完整语义，所以需要将帧位分成 4 个一组，每组安排一个 SDCCH，组合 BCCH 中一共安排了 4 个 SDCCH，表示为 D0～D3。

(5) SACCH 帧位。公式中还有 4 个 SACCH 信道，每 4 个突发脉冲可以表达一个 SACCH 的完整语义，所以需要将帧位分成 4 个一组，每组安排一个 SACCH，发现组合 BCCH 中第一个复帧剩下的帧位只能安排两个 SACCH，表示为 A0～A1。剩下的两个 SACCH，A2、A3 安排在哪里呢？SACCH 的命令周期是 480 ms 左右，而一个 51 帧的命令复帧的传输时间是 235 ms，也就是说对于 SACCH 信道来说保证两个命令复帧传输时间中能表达完整语义就可以了。那么 A2、A3 可以安排在下一个复帧中，也安排在与 A0、A1 相同的位置。

第二个复帧的其他帧位和第一个复帧相同。

(6) 空闲帧帧位。下行复帧中的每个控制复帧最后一个 50 号帧用作空闲帧帧位。

2. 上行复帧

组合 BCCH 中 SDCCH 和 SACCH 都是双向信道，也就是说上行复帧中要有和下行复帧中的 SDCCH 和 SACCH 相对应的帧。为了错开上下行信道的传输时间，将下行复帧从第二个复帧的 D2 和 D3 中间断开，保持 SDCCH 和 SACCH 各帧之间的间隔时间不变，从第二个复帧的 D3 开始依次填入上行复帧。

CCCH 还有一个信道是 RACH，一个 AB 突发脉冲就可以表达 RACH 的完整语义，它是上行信道，组合 BCCH 的剩余上行帧全都安排给 RACH 使用。组合 BCCH 的上行复帧如图 4-46 所示。

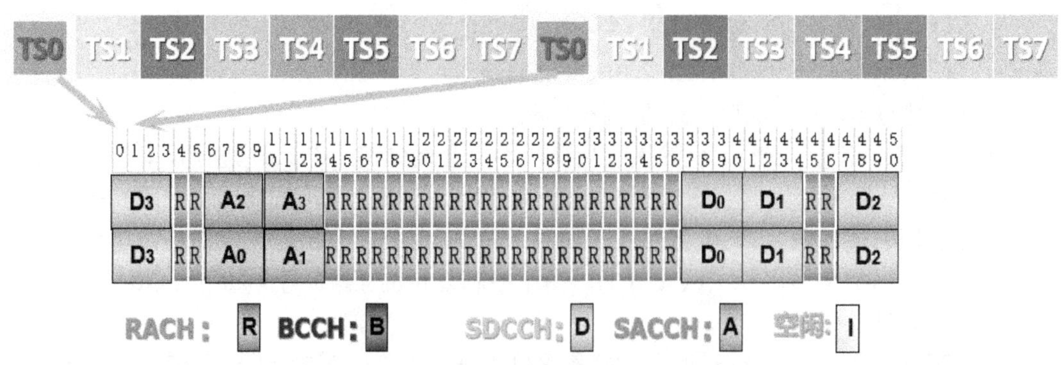

图 4-46　组合 BCCH 信道组合的上行复帧结构图

这样就完成了组合 BCCH 组合的复帧安排。

4.6.4　独立 SDCCH 信道组合

独立 SDCCH
组合

独立 SDCCH 是第七种信道组合，它的信道组合公式为

(Ⅶ) SDCCH/8＋SACCH/C8

公式中的 SDCCH 和 SACCH 信道都是控制信道，那么独立 SDCCH 要使用 51 帧的控制复帧结构，实际上每条信道只使用每帧八个时隙中的一个，那么独立 SDCCH 使用哪个时隙呢？常常将这种组合使用在第 1 时隙，取每个帧的第 1 时隙，连续 51 帧的第 1 时隙组成一个 51 帧的控制复帧，独立 SDCCH 组合就可以安排在这个控制复帧中。

1. 下行复帧

独立 SDCCH 信道组合的下行复帧结构如图 4-47 所示。

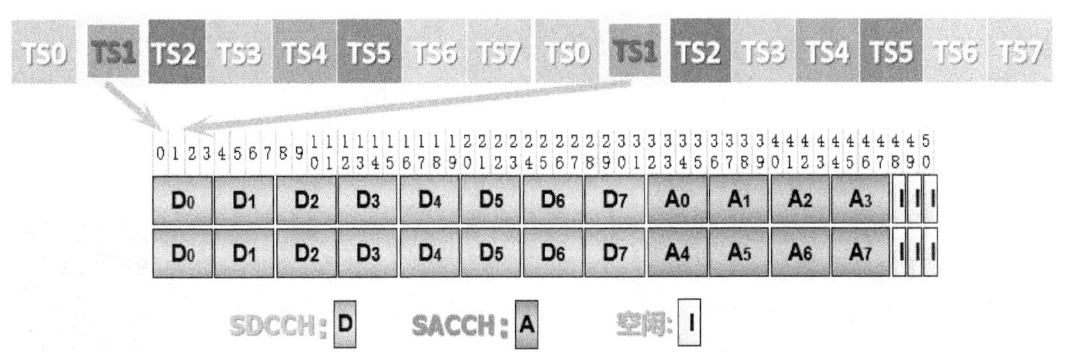

图 4-47　独立 SDCCH 信道组合的下行复帧结构图

如何安排这 51 个时隙呢？具体安排如下：

(1) SDCCH 帧位。从公式中可以看到，独立 SDCCH 中还有 8 条 SDCCH 信道，每 4 个突发脉冲可以表达一个 SDCCH 的完整语义，所以需要将帧位分成 4 个一组，每组安排一个 SDCCH，独立 SDCCH 中一共安排了 8 个 SDCCH，表示为 D0～D7。

(2) SACCH 帧位。公式中还有 8 个 SACCH 信道，每 4 个突发脉冲可以表达一个 SACCH 的完整语义，所以需要将帧位分成 4 个一组，每组安排一个 SACCH，发现独立 SDCCH 中第一个控制复帧剩下的帧位只能安排 4 个 SACCH，表示为 A0～A3。

剩下的 4 个 SACCH，A4、A5、A6、A7 安排在下一个复帧中，也安排在与 A0、A1、A2、A3 相对应的位置。

第二个复帧的其他帧位和第一个复帧相同。

(3) 空闲帧帧位。剩余的三个帧用作空闲帧帧位。

2. 上行复帧

组合 BCCH 中 SDCCH 和 SACCH 都是双向信道，也就是说上行复帧中要有和下行复帧中的 SDCCH 和 SACCH 相对应的帧。为了错开上下行信道的传输时间，将下行复帧从第二个复帧的 A4 和 A5 中间断开，保持 SDCCH 和 SACCH 各帧之间的间隔时间不变。从第二个复帧的 A5 开始依次填入上行复帧，填到第二个复帧的最后一个空帧结束，再从第一个复帧的开始 D0 依次填入上行复帧，上行复帧的第一个复帧填满，就接着填第二个复帧，再把下行复帧第二个复帧的剩余部分填在上行复帧的第二个复帧后面。

这样就完成了组合 BCCH 组合的复帧安排，独立 SDCCH 信道组合的上行复帧结构如图 4-48 所示。

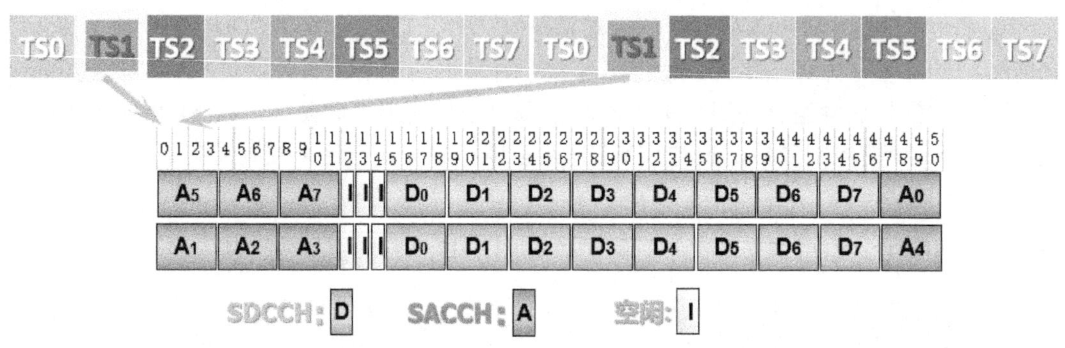

图 4-48　独立 SDCCH 信道组合的上行复帧结构图

4.6.5　信道组合应用案例

信道组合应用案例

本节介绍两个信道组合应用的案例。

【案例 1】假设一个小区，只有一个载波，给它配置一个控制组合的物理信道，7 个业务组合的物理信道。

一个载波有 8 个时隙的物理信道，每个时隙可以放置一种信道组合。本例中只有一个载波，画出它的 8 个物理信道。案例 1 的可能安排如图 4-49 所示。TS0 选择并且只能选择 IV 和 V 中的一个，应该选哪个呢？要求中只能配置一个控制组合，那么这个控制组合就要包含所有需要的控制信道，只能选组合五，组合 BCCH 信道组合，这个组合包含所有的控制复帧中的控制信道。

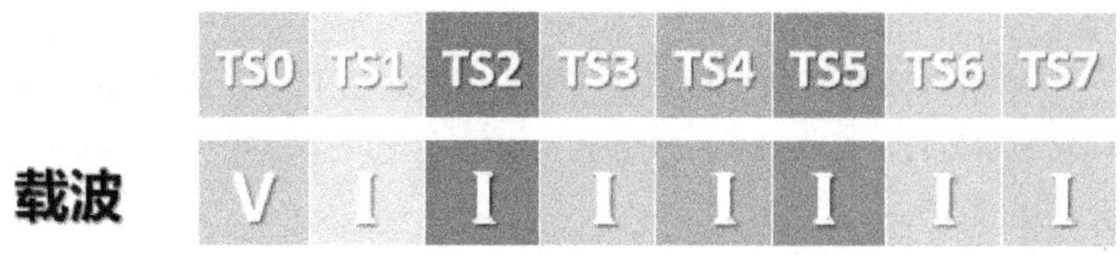

图 4-49　案例 1 的可能安排

还要配置 7 个业务组合，本例没有特殊要求，给这 7 个物理信道都配置组合一，全速率业务组合。

【案例 2】假设一个小区，有两个载波，给它配置 3 个控制组合的物理信道，13 个业务组合的物理信道。

两个载波，每一个载波有 8 个时隙的物理信道，每个时隙可以放置一种信道组合。一共有 3 个控制组合，可以给载波 1 配置两个，给载波 2 配置一个，那么载波 2 就和刚才的案例一配置相同。

载波 1 的 TS0 选择并且只能选择 IV 和 V 中的一个，应该选哪个呢？由于载波 1 有两个物理信道用作控制组合，那么选择哪个都是可以的。

(1) 如果选择第五种组合，那么时隙 1 的物理信道通常配置第七种组合，独立 SDCCH 组合。案例 2 方案一如图 4-50 所示。

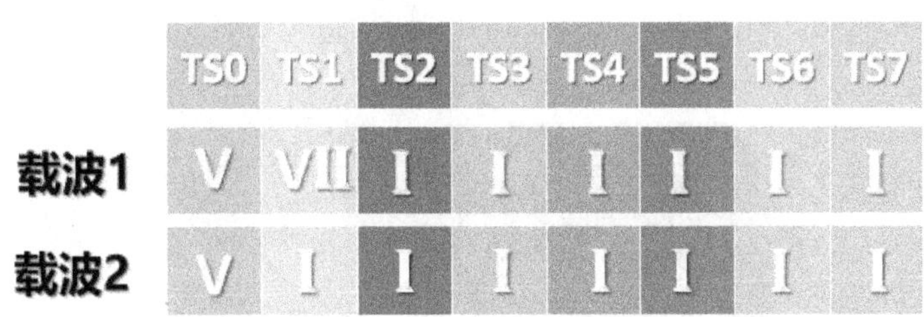

图 4-50　案例 2 方案一

(2) 如果选择第四种组合，里面缺少 SDCCH 和 SACCH，那么时隙 1 的物理信道一定要配置第七种组合，独立 SDCCH 组合。案例 2 方案二如图 4-51 所示。

	TS0	TS1	TS2	TS3	TS4	TS5	TS6	TS7
载波1	IV	VII	I	I	I	I	I	I
载波2	V	I	I	I	I	I	I	I

图 4-51　案例 2 方案二

载波 1 还要配置 6 个业务组合，本例没有特殊要求，给它们都配置组合一，全速率业务组合 10。

4.7 逻辑信道的相关技术

4.7.1 复帧大小探索

复帧大小揭秘

按照长度划分复帧，可以分为下列两种：

(1) 业务复帧的长度为 26 帧，将复帧中的帧标号，表示为 0～25，业务信道中除了包含用户数据外，也要包含保证通信质量的信令消息，业务复帧一个复帧的传输时间约为 120 ms。

(2) 控制复帧的长度为 51 帧，将复帧中的帧标号，表示为 0～50，控制复帧中可以包含所有的共路信令信道，控制复帧一个复帧的传输时间约为 235 ms。

那么复帧的长度为什么设计成 51 和 26 这两个数值呢？图 4-52 中是四个相邻的基站，每个基站覆盖一个小区范围。一个移动台 MS 在浅色基站里面打电话。在通话的过程中，移动台是不需要听本小区的广播的。但是在通话的过程中移动台是可以移动的，随着移动台的移动，MS 到了小区的边界，当 MS 要进入其他小区时，移动台可能需要切换到其他小区。切换的前提是能够收听到邻近小区的广播，包括频率校正、同步以及广播信号。

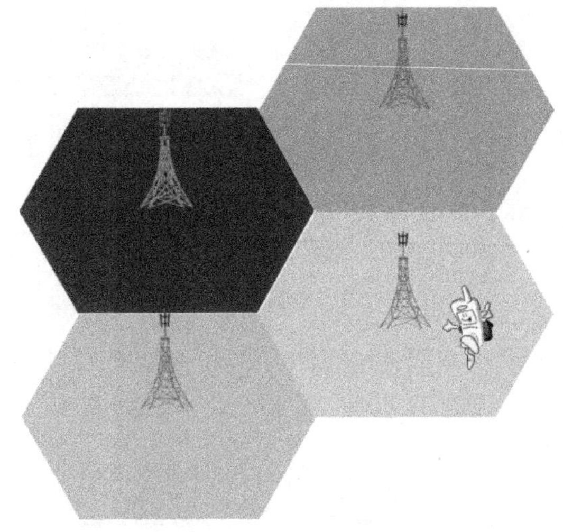

图 4-52　移动台移动示意图

移动台怎么能收听到邻近基站的广播呢？图 4-53 中包含一个移动台的业务信道，它是由 26 帧的业务复帧组成，其中 T 指 TCH 信道，用来收发用户的业务信息。空白的 25 号帧位是空闲帧。

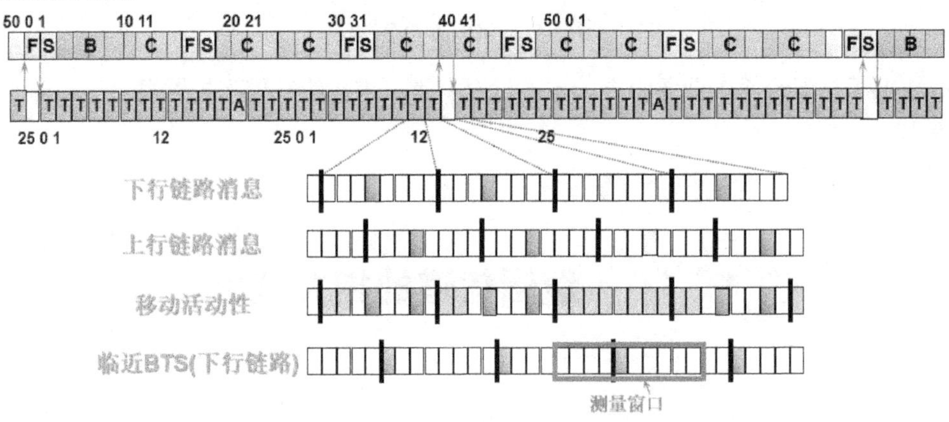

图 4-53　临近基站监听示意图

对于这个移动台来说，下行链路的一个帧中，只有 3 号时隙需要接收信号，其他时间都是闲置的。空闲帧所在的帧，整个都没有信号。GSM 网络规定，上行链路要滞后下行 3 个时隙，下行链路对应的上行链路消息如图 4-53 所示，也是只有 3 号时隙需要发送信号，其他时间闲置，空闲帧所在的整个帧没有信号。

需要收发信号的时隙为移动台活动时隙，那么这个移动台的活动性是什么样的呢？这个移动台活动的下行的接收信号时隙和活动的上行发送信号时隙被涂上深颜色，可以看到移动台在每个帧中只有两个时隙是有信号的，是活动的。由于定时提前和传输时延的影响，活动的时隙前后两个时隙也不允许占用，需要留白，还剩余一些可以使用的时隙，把它们标成浅色，这些时隙可以用来收听邻区广播。

临近 BTS 的一个频点的下行链路如图 4-53 所示，将它分成一个个的帧，每帧 8 个时隙。第 0 时隙用来传输 BCCH 信道组合，那么浅色时隙收听广播时，可以收听到这个时隙的信号，假设这个时隙传输的是 FCCH 信号。画出这个 FCCH 所在的物理信道，假设它是主 BCCH 信道组合，那么复帧的长度是 51 帧。FCCH 和 SCH 以及空闲帧的帧位是固定的，在图中标识了出来。假设空闲帧搜索到图中这个 FCCH，可以看到第三个空闲帧就可以锁定 SCH。后续可以继续接收到 BCCH 信号。

当然图 4-53 中只是一种对应情况，但是无论如何对应，采取 26 和 51 帧的结构，系统可以确保 11 个连续的空闲帧(1.32 s 以内)，获得与邻近基站预同步(FCCH+SCH 译码)。

需要 11 个空闲帧是最特殊的情况，空闲帧与控制帧的第 6、32、7、33、8、34、9、35、10、36、11 帧对应 10。

4.7.2　TCH 信道的功率控制过程

MS 通过 RACH 信道接入网络时，是以空闲状态下 BCCH 下发的系统消息“MS 最大发射功率”来发射功率的，在专用信道上所发出的第一个消息也是以“MS 最大发射功率”来发射的。直到收到 SDCCH 或 TCH 上 SACCH 携带的功控命令，才开始接受系统的控制。具体实现过程如下：

(1) BSC 根据 BTS 上报的上行链路的接收电平和接收质量，同时考虑移动台的最大传输功率来计算移动台所需的发射功率。

(2) 改变 MS 发射功率和时间提前量的值，将在每一个下行的 SACCH 信息块所带的第一层的报头传送给 MS。

(3) MS 在每一个 SACCH 报告周期结束时收到 SACCH 报头上携带的功控命令，将在下一个报告周期开始执行新的功控命令。移动台的功率最大变化速度是每 13 帧(60 ms)以 2 dB 变化(这就意味着一个较大的功率跳跃，比如说 20 dB，在下一条 SACCH 所携带的功率控制命令到来之前还没有完成)。

(4) MS 执行了功控命令之后，将在下一个上行 SACCH 第一层报头设置当前的功率电平并随测量报告发送给基站。

因此，从 BSS 发送功控命令到得到证实，需要 3 个测量报告周期。其过程如图 4-54 所示。

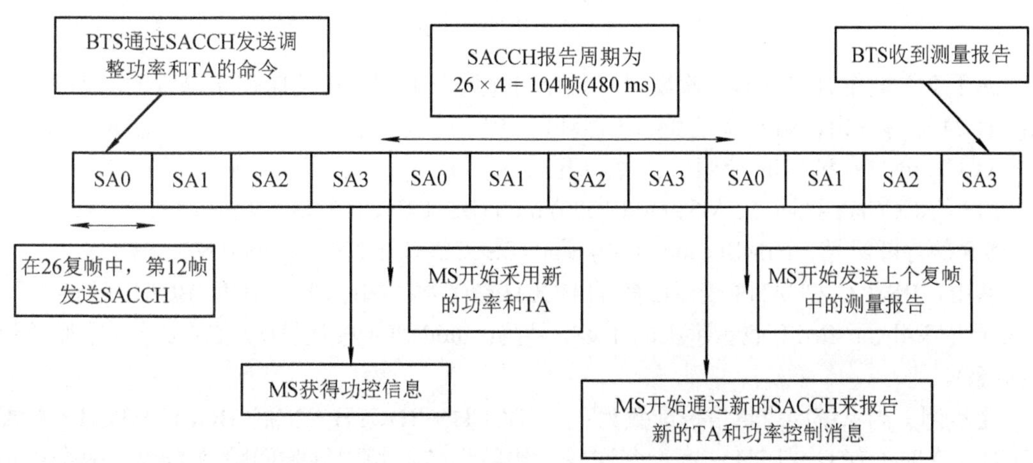

图 4-54　GSM 系统 TCH 信道功率控制过程示意图

每一个完整的 SACCH 消息块(测量报告)由 4 个突发脉冲组成，一个完整的功率执行过程需要 3 个测量报告时间。GSM 中有两种测量方法：一种被称为是全局测量，该测量是对整个测量周期的 104 个时隙的电平和质量的平均(4 个 TCH 的 26 复帧)；一种被称为是局部测量，它是对 12 个时隙的电平和质量进行测量平均，包括 8 个连续的 TCH 突发脉冲以及 4 个携带着测量报告的 SACCH 的突发脉冲。

4.7.3　CCCH 分组和寻呼分组

GSM 系统支持多种信道组合，其中非组合 BCCH、组合 BCCH、扩展 BCCH 中都存在 CCCH，也就是说都允许 MS 接入。系统据此对 MS 进行 CCCH 分组，不同的 MS 可以使用不同的 BCCH 所在时隙的 RACH 信道。所有的 MS 都在 0 时隙与基站取得同步，然后在不同的 CCCH 登录网络。

GSM 系统最多支持 9×9 共 81 个寻呼组，也就是说 MS 从寻呼组角度最多被分成 81 个子组。由于无论哪种组合方式，每 51 复帧可用于寻呼的块不超过 9 个，系统对 51 复帧进行了再一轮循环，对后一个 51 复帧中的寻呼块进行继续编号。寻呼组号以“相同寻呼间帧数”(相同寻呼块间复帧数)为周期循环往复。将任何一个 51 复帧中的寻呼块称之为一个寻呼超组，因此系统寻呼超组的数目也就是“相同寻呼间帧数”(相同寻呼组间有多少复帧数)。

每个超组中的寻呼组数目就是 9 或 3 减去“接入允许保留块数”。假设寻呼超组数为 7，每 51 复帧用于寻呼的块为 4，那么寻呼组号就是 0～27 循环。

对于 1 个非组合 BCCH，假设相同寻呼间帧数为 4，每 51 复帧用于寻呼的块为 3，那么寻呼组号就是 0～11 循环。GSM 系统寻呼分组如图 4-55 所示。

第1个寻呼超组:	F	S	B	P0	F	S	B	P1	F	S	B	P2	F	S	B	C	F	S	C	C	I
第2个寻呼超组:	F	S	B	P3	F	S	B	P4	F	S	B	P5	F	S	B	C	F	S	C	C	I
第3个寻呼超组:	F	S	B	P6	F	S	B	P7	F	S	B	P8	F	S	B	C	F	S	C	C	I
第4个寻呼超组:	F	S	B	P9	F	S	B	P10	F	S	B	P11	F	S	B	C	F	S	C	C	I

图 4-55　GSM 系统寻呼分组示意图

对于 2 个非组合 BCCH，假设相同寻呼间帧数为 4，每 51 复帧用于寻呼的块为 3，那么共有 24 个寻呼组，组号就是 0～23 循环。

CCCH 分组号和 PCH 分组号计算如下：

MS 的 CCCH 组号 = ((IMSI mod 1000) mod (BS_CC_CHANS×N))div N

MS 的寻呼组号 = ((IMSI mod 1000) mod (BS_CC_CHANS×N))mod N

其中，BS_CC_CHANS 表示配置的 BCCH 信道数(主 BCCH 和扩展 BCCH 数量之和)；N 表示寻呼组数；IMSI 表示手机的 IMSI 号码；mod 表示模运算(取余)；div 表示整除运算(取整)。

【实例】当系统中逻辑信道配置为：主 BCCH + SDCCH + 扩展 BCCH + TCH + 扩展 BCCH + TCH + TCH + TCH，接入允许保留块数为 7，相同寻呼间帧数为 2。两个用户 IMSI 分别为 460042709000034，460042709000037。那么，

BS_CC_CHANS＝3

寻呼组数 $N=(9-7)\times 2=4$

用户 1CCCH 组号：

$((460042709000034 \bmod 1000) \bmod (3\times 4)) \operatorname{div} 4 = 2$

用户 1 寻呼组号：

$((460042709000034 \bmod 1000) \bmod (3\times 4)) \bmod 4 = 2$

用户 2CCCH 组号：

$((460042709000037 \bmod 1000) \bmod (3\times 4)) \operatorname{div} 4 = 0$

用户 2 寻呼组号：

$((460042709000037 \bmod 1000) \bmod (3\times 4)) \bmod 4 = 1$

用户 1 在 4 时隙的扩展 BCCH(CCCH 组号为 2)上随机接入，在 2 号寻呼组接收寻呼，用户 2 在 0 时隙的主 BCCH(CCCH 组号为 0)上随机接入，在 1 号寻呼组接受寻呼。

本章小结

本章介绍了 GSM 使用的无线接口及接口频率的规划，GSM 网络的帧结构及突发脉冲序列，以及在 GSM 中使用的无线逻辑信道。

通过本章的学习，读者应掌握 DCS1800 的频率规划计算和帧结构组成，理解各逻辑信道的作用及使用情景，了解信道组合的方法。

帧结构及突发脉冲串讲

逻辑信道及组合串讲

思政

我国移动通信用户月均支出 5.94 美元低于全球平均水平

工信部副部长刘烈宏于 2021 年 5 月 17 日在 2021 世界电信和信息社会日大会上表示，截至目前，我国行政村通光纤和 4G 的比例均超过了 99%，农村和城市“同网同速”，城乡“数字鸿沟”明显缩小；据全球移动通信协会监测，我国移动通信用户月均支出为 5.94 美元，低于全球 11.36 美元的平均水平；根据国际测速机构 3 月份数据，我国移动网络速率在全球排名第 4 位，固定宽带速率在全球排名第 16 位。

第 5 章　移动通信网组网

学习目标

1. 了解信令网基本概念；
2. 理解 7 号信令网基本术语；
3. 了解 7 号信令协议分层结构；
4. 掌握 GSM 信令网编号计划；
5. 了解 GSM 通信网结构。

内容解读

本章介绍通信网中信令点、信令转接点和信令链路的基本概念；介绍 7 号信令网中信令点编码、信令链路编码和 7 号信令网的分层结构；还介绍了 GSM 网络的区域划分和编号计划，从话路网和信令网两个方面，对 GSM 本地网进行了分析。本章讲述 GSM 网络结构与 PSTN 网络通过多级汇接中心 TMSC 进行网络互连的网络架构，并对 GSM 移动业务本地网的地区划分原则及网络结构进行了详细介绍，在此基础上引入 GSM 省内移动通信网组网方式及网络结构，要求学生重点掌握信令网的三级信令转接点(HSTP/LSTP/SP)的地域规划，理解信令网通过三级信令转接点间的路由选择方式及信令编码方式的概念。

5.1　信　令　网

通信网是一种使用交换设备、传输设备，将地理上分散用户的终端设备互连起来实现通信和信息交换的系统。通信最基本的形式是在点与点之间建立通信系统，但这不能称为通信网，只有将许多的通信系统(传输系统)通过交换系统按一定拓扑结构组合在一起才能称为通信。也就是说，有了交换系统才能使某一地区内任意两个终端用户相互接续，才能组成通信网。通信网由用户终端设备、交换设备和传输设备组成。交换设备间的传输设备称为中继线路(简称中继线)，用户终端设备至交换设备的传输设备称为用户路线(简称用户线)。

5.1.1　信令

信令

在通信网中，除了传递业务信息(用户的声音、图像或文字)外，还有相当一部分通信设备之间传递的控制信号，如占用、释放、设备忙闲状态、被叫用户号码等。信令就是通信设备(包括用户终端、交换设备等)之间传递的除用户信息以外的控制信号。

信令是终端和交换机之间以及交换机和交换机之间传递的一种信息。信令是各个交换局在完成呼叫接续中的一种通信语言。信令系统指导通信系统各部分相互配合、协同运行，共同完成某项任务。

【案例】手机用户间通话中的信令使用。如图 5-1 所示。

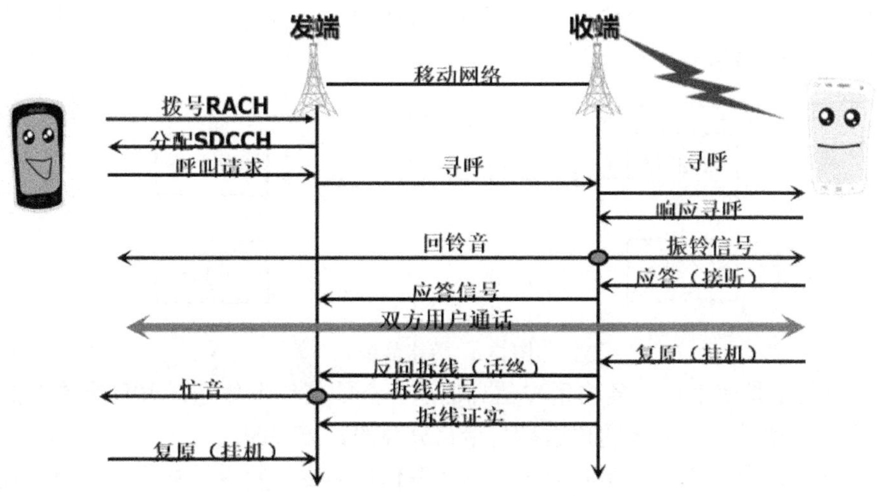

图 5-1　通话中的信令使用

左侧手机要给右侧手机打电话。左侧的手机通过无线信道连通发端基站，发端基站通过移动网络连通收端基站，收端基站再通过无线信道连通右侧手机。

呼叫过程使用的信令包括：

(1) 左侧手机拨号通过 RACH 发出呼叫申请；

(2) 发端基站通过 AGCH 给左侧手机分配 SDCCH；

(3) 左侧手机和发端基站通过 SDCCH 信道进行鉴权，并向网络发送呼叫请求；

(4) 网络通过询问 HLR 和 MSC 找到右侧手机的位置区；

(5) 右侧手机位置区中的基站通过 PCH 向覆盖范围内寻呼；

(6) 右侧手机通过 RACH 响应寻呼；

(7) 收端基站通过 AGCH 给右侧手机分配 SDCCH，并通过该信道发振铃信号，右侧手机开始振铃；

(8) 左侧手机收到回铃音；

(9) 右侧手机应答、接听，应答信号反馈给发端，双方用户开始通话；

(10) 通话结束后，假设右侧手机先挂机，收端向发端发拆线信号，此时左侧手机收到忙音，网络发拆线信号。最后左侧手机挂机，复原。

1. 按照信令的工作区分类

可以分为用户线信令和局间信令。

(1) 在移动台和基站之间的用户线上传输的信令称作用户线信令。用户线信令的主要作用是利用无线接口实现无线资源和无线连接管理。

(2) 在基站之间、基站和网络控制节点之间传递的信令称为局间信令。局间信令主要用来控制连接的建立、维持、释放，网络的监控、测试等功能。

2. 按信令信道与用户信息传送信道的关系分类

可以分为随路信令(channel associated signaling)和共路信令(common channel signaling)。

(1) 随路信令是指信令与用户信息在同一条信道上传送，或信令信道与对应的用户信息传送信道一一对应。随路信令是通过电信业务信道本身或始终与其相关联的信令信道进行传送的一种信令方式，一般情况下信令和话音在同一条话路中传送，如图 5-2 所示。中国一号信令就是随路信令。

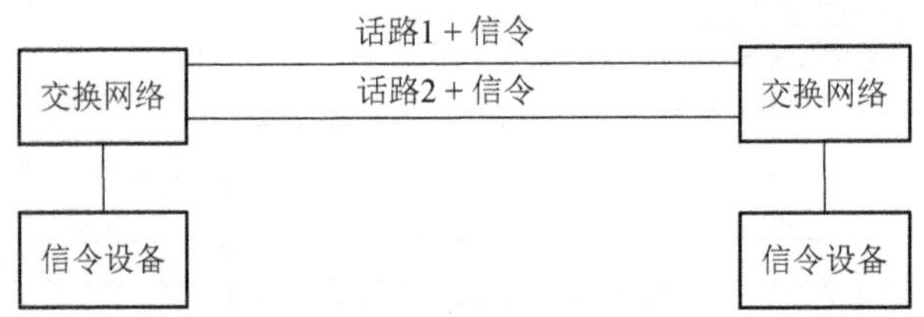

图 5-2　随路信令

(2) 共路信令是信令在一条与用户信息信道分开的信道上传送，并且该信令信道为一群用户信息信道所共享。信令的传送是与话路分开的、无关的。

共路信令是信令信息在一条独立于电信业务信道的高速数据链路上以分组方式同时传输多个话路信令的一种信令方式，这条信令链路是被多个业务信道共享的，如图 5-3 所示。7 号信令就是共路信令。

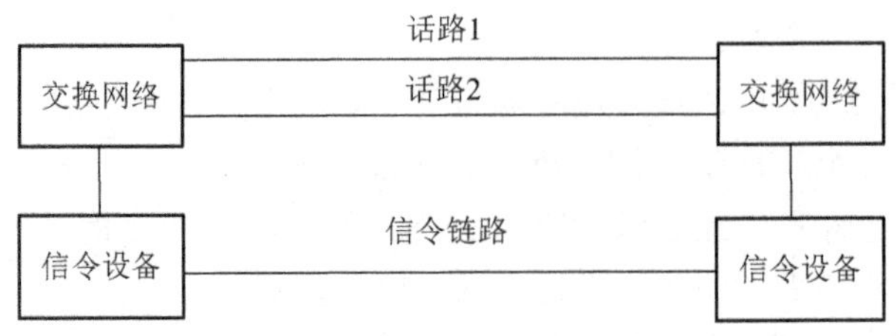

图 5-3　共路信令

5.1.2　信令网

信令是通信设备间沟通的通信语言，专门用于传递信令的网络称为信令网，还定义负责传输话音等业务的网络为通信网。并没有在物理上单独为信令架设网络，而是根据网络实现的具体功能架设网络，在逻辑上，信令网独立于通信网；在物理上，信令网和通信网是融为一体的。

信令网

1. 信令网三要素

要想实现信令网的信令通信功能，信令网要具备哪些要素呢？

(1) 信令点(SP，signaling point)。要有能够产生和接收处理信令消息的要素，称其为信令点。信令点是指在信令网中用于交换和处理消息的节点，产生和接收信令消息，包括源点和目的点，如图 5-4 所示。

图 5-4　信令点及信令链路

源点指信令的产生节点，是信令的源头。目的点指接收处理信令消息的节点，是信令的归宿。

(2) 信令链路(signaling link)。要有用来传递信令消息的物理链路，称其为信令链路。信令链路是指连接各个信令点，传送信令消息的物理链路。

(3) 信令转接点(STP，signaling transfer point)。根据通信需求，大型通信网中需要大量的信令点，给每两个信令点之间都建立信令链路，耗费的资源就太多了，而且管理起来也不方便，如图 5-5 所示。

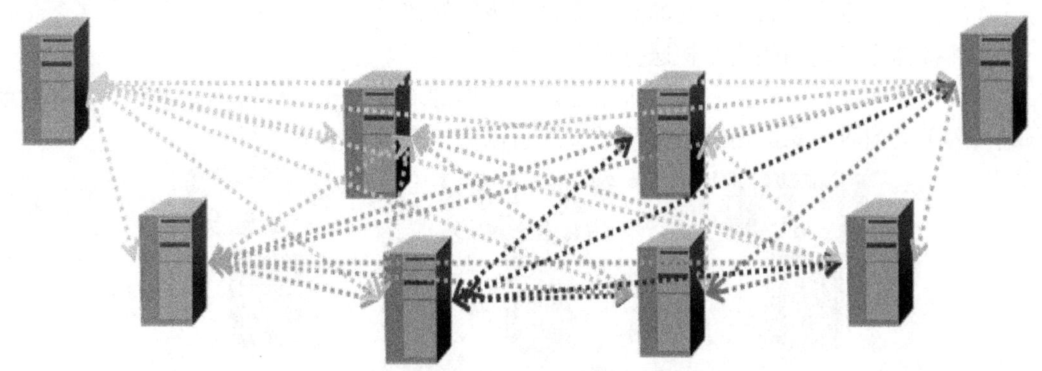

图 5-5　信令点两两链接示意图(错误示范)

需要建立一些用于汇接，转发的节点，称其为信令转接点。信令转接点是指将从某一信令链路上接收的消息转发至另一信令链路的节点。它是特殊的信令点。信令转接点使信令网条理层次更加分明，更便于管理，也可以降低链路成本，如图 5-6 所示。

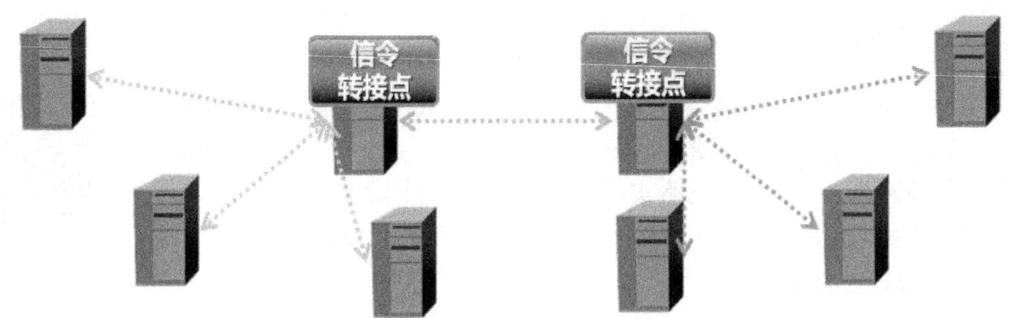

图 5-6　信令转接点示意图

将信令点(SP)、信令转接点(STP)和链接它们的信令链路并称为信令网的三要素。

2. 相关概念

如果两个信令点之间传输的信令较多，就需要多条链路传输，这些链路就组成了信令链路组。信令链路组指直接互连 2 个信令点的一束平行的信令链路，如图 5-7 所示。

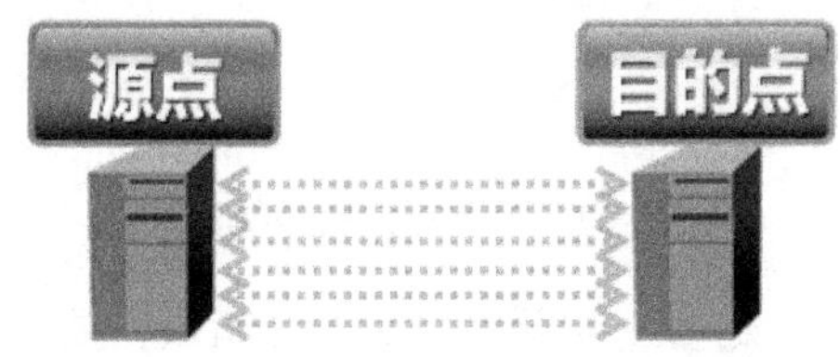

图 5-7　信令链路组

相邻接的 2 个信令点，称它们为邻接信令点。邻接信令点指有信令链路组直接互连的 2 个信令点。

邻接信令点间的信令传送方式为直连方式。直连方式指属于两个邻接信令点之间某信令关系的消息沿着直接互连这 2 个信令点的信令链路组传送。

相对的没有邻接关系的信令点称为非邻接信令点。非邻接信令点指没有信令链路组直接互连的 2 个信令点。它们之间的通信需要信令转接点。

非邻接信令点之间的信令传送方式有两种。

一种是像图 5-8 中这样有很多条路径能够互通的连接方式，称为非直连方式。非直连方式指属于某信令关系的消息沿着两条或两条以上串接的信令链路组传送。

图 5-8　非直连方式

另一种是只有一条路径允许互通，比如规定只有某一条链路可以互通的信令传送方式，称为准直连方式。准直连方式指消息从源点到目的点所走的路线是预先确定的，在给定时刻是固定不变的。

直连方式、非直连方式和准直连方式构成了信令传送方式。

5.1.3　信令分级

信令分级

无论是信令点还是信令转接点，在信令网中都有很多个，那么这些信令节点之间采用什么样的连接方式呢？

1. 无级信令网

可以让所有的信令节点都是同级别的，不分主次，此时信令网称为无级信令网。无级信令网是未引入信令转接点的信令网。在无级信令网中信令点间都采用直连或准直连方式，也就是说，每两个信令节点之间都有直连或准直连链路，如图 5-9 所示。

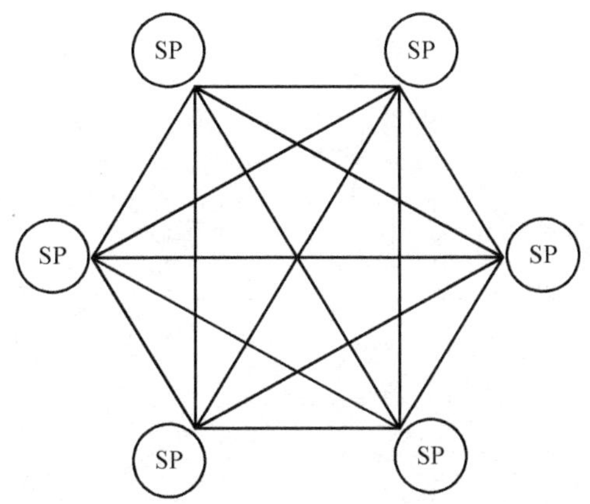

图 5-9　无级信令网

无级信令网的拓扑结构有直线型、环状、格状、蜂窝状、网状网等，图 5-9 即为网状网。

无级信令网结构比较简单，但有明显的缺点，信令路由都比较少，当信令的数量较大时，局间连接的信令链路数量明显增加。每两个信令节点间都有直连链路就决定了信令节点不能太多，否则建网的负担就太大了，所以无级信令网的适用范围是地理覆盖范围小、交换局少的国家或地区。

2. 分级信令网

当需要的信令节点比较多时，无级信令网就不能满足需求了，此时采用分级信令网。分级信令网也叫水平分级信令网，是引入信令转接点的信令网。

我国信令网采用三级结构。

第一级是信令网的最高级，称为高级信令转接点(HSTP)。HSTP 负责转接它所汇接的 LSTP 和 SP 的信令消息。HSTP 之间都有直连链路。

第二级为低级信令转接点(LSTP)。LSTP 负责转接它所汇接的 SP 的信令消息。

第三级为信令点(SP)。SP 是信令网传送各种信令消息的源点或目的点。由各种交换局和特种服务中心(业务控制点、网管中心等)组成。信令点 SP 之间是没有直连链路的，它们之间的通信都需要上级信令节点转接。

分级信令网如图 5-10 所示，信令点 SP1 和 SP2 之间互通，需要经过它们的上级低级信令转接点 LSTP1 转接。如果是信令点 SP2 和 SP3 之间互通，信令点 SP2 发出的信令需要经过低级信令转接点 LSTP1，高级信令转接点 HSTP1，再经过高级信令转接点 HSTP2，再传给低级信令转接点 LSTP2，最终才能传给 SP3。

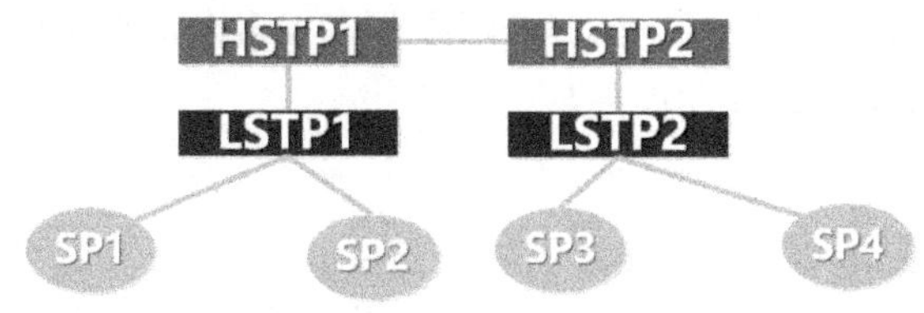

图 5-10　分级信令网示意图

分级信令网具体是怎么应用的呢？浙江省的信令网网络拓扑如图 5-11 所示。

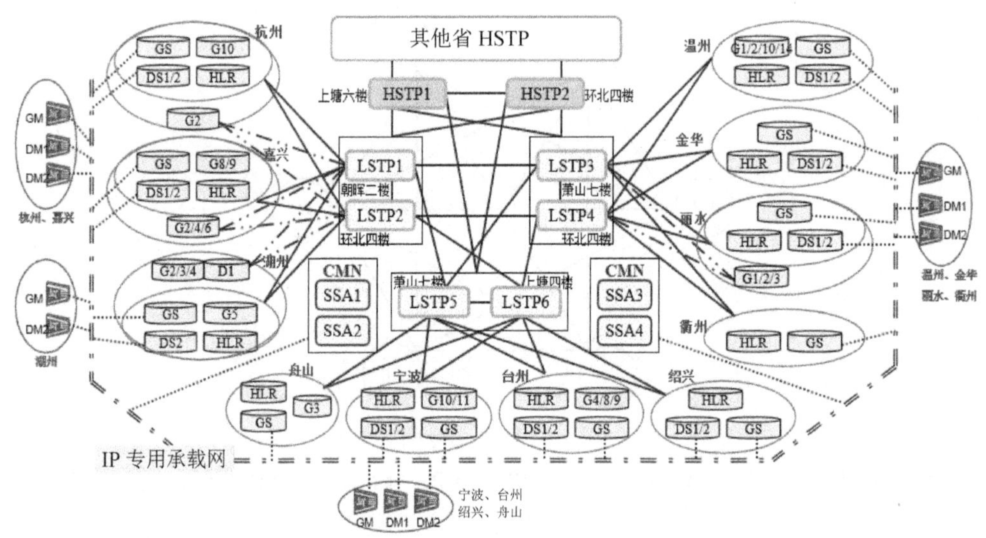

图 5-11　浙江省信令网网络拓扑图(2010 年)

下面以浙江省信令网网络为例说明分级信令网的具体应用。

第一级有一对高级信令转接点 HSTP，高级信令转接点 HSTP 是成对出现的，两个节点互为备份，防止节点瘫痪。这对高级信令转接点 HSTP 用来和其他省的 HSTP 互通，各省之间的高级信令转接点 HSTP 之间是无级信令结构，即两两之间有直连链路。

第二级有三对低级信令转接点 LSTP，低级信令转接点 LSTP 也是成对出现的，两个节点互为备份，防止节点瘫痪。这三对低级信令转接点 LSTP 之间有两两链接的链路。并且每对低级信令转接点 LSTP 都和上级的那对高级信令转接点 HSTP 相连。

第三级有若干信令点，它们之间是没有直连链路的，每个信令点都和上级的一对低级信令转接点 LSTP 分别相连。

5.2　7 号 信 令

7 号信令网是独立于电信网的支撑网，是电信网中用于传输 7 号信令消息的专用数据网。七号信令是国际化、标准化的共路信令系统，具有共路信令系统的特点，不但可以传送传统的中继线路接续信令，还可以传送各种与电路无关的管理、维护、信息查询等消息，而且任何消息都可以在业务通信过程中传送。

7 号信令可支持 ISDN、移动通信、智能网等业务的需求。其信令网与通信网分离，便于运行维护和管理，可方便地扩充新的信令规范，适应未来信息技术和各种业务发展的需要。

5.2.1　7 号信令术语

7 号信令系统

下面介绍 7 号(No.7，SS7)信令网中涉及的共路信令、信令网、信令链路、路由/路由组等基本术语。

1. 共路信令

7 号信令是公共信道信令，信令传送采用独立于话音的全数据化通道，数据包的传送速度在毫秒级以内。传统一号信令是随路信令，信令传送通过话音通道内的双音频信号携带，发送每一位号码大约需要 0.25 秒，若以主被叫号码 7 位计算，建立呼叫需要 4 至 5 秒。所以在建立呼叫方面 7 号信令要比一号信令快得多。

共路信令的主要特点：

(1) 容量大。容纳信号类别几十种到数百种，能满足电信业务中所有呼叫控制信令的要求。

(2) 速度快。使呼叫接续时间缩短。

(3) 经济合理。一条信令链路最多可提供近 3000 路话路的信令业务，降低相对成本。

(4) 信令话音分开传送。在通话期间仍可传送信令，改变、增加信令不影响通话。

(5) 提供网络集中服务信令。如网络管理、维护、集中计费等信令，有利于网络集中管理和维护。

2. 7 号信令网

信令网是用来专门传输信令的网络，只有共路信令采用信令网的概念。7 号信令网包含的三要素：

(1) 信令端接点(SEP)是信令消息的起源点和目的点，通常信令端接点就是通信网中的交换或处理接点，例如 MSC/VLR、HLR/AUC、SC 等。

(2) 信令转接点(STP)具有转接信令的功能，它可以将一条信令链路的信令消息转发至另一条信令链路。

(3) 信令链路(Signaling Link)连接各个信令点、信令转接点，传送信令消息的物理链路成为信令链路。

如果一个网元同时实现信令端接点和信令转接点的功能，则被称为信令转/端接点或综合信令点(STEP，Signaling Transfer and End Point)。

3. 信令链路(Signaling Link)

7 号信令网的信令点通过信令链路集(signaling linkset)和信令链路编码(signaling link code)来区分不同的信令链路，其逻辑关系如图 5-12 所示。

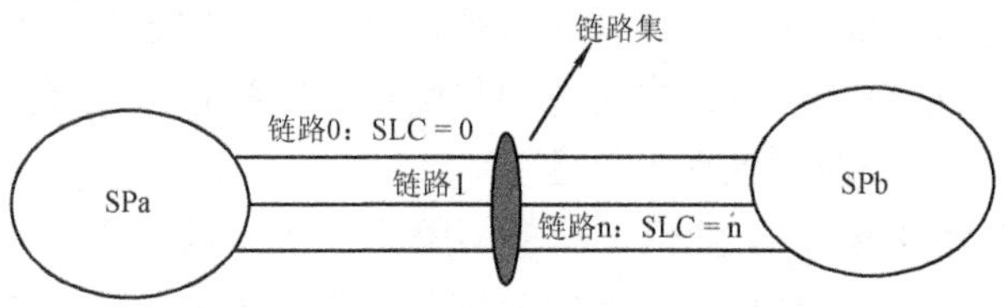

图 5-12　信令链路集及信令链路编码

链路集是具有相同属性的一组信令链路，指本地信令点与一个相邻的信令点之间的链路的集合，并且两个相邻信令点之间只有一个链路集。

对于一个链路集中的所有链路要进行统一编号，即信令链路编码(SLC)，SLC 的编码范围是 0～15，支持 16 条链路。

4. 路由/路由组

信令路由(Signaling Route)指从起源信令点到达目的信令点所经过的预先确定的信令消息传送路径。通常两个信令点间若干信令链路群组成路由，分正常路由和迂回路由。信令路由的结构如图 5-13 所示。

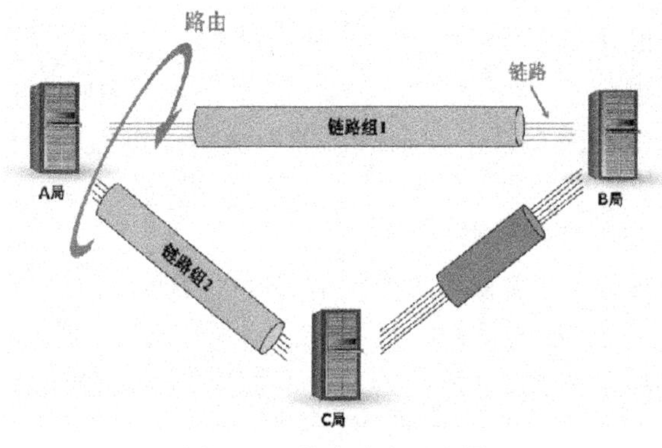

图 5-13　信令路由示意图

信令路由组(Signaling Rout Set)指到达特定目的的全部信令路由的集合，如图 5-14 所示。

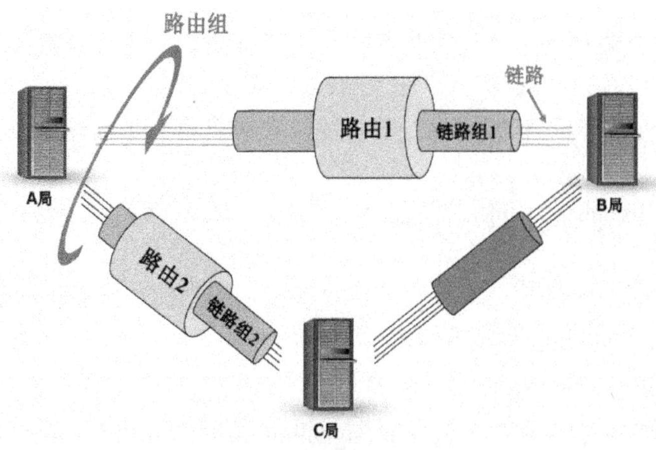

图 5-14　信令路由组示意图

5.2.2　信令单元

一条完整的信令，称为信令消息。一个具体的信令消息由很多信令单元按照协议中定义的编码和格式组成。

信令单元是信令点之间传递信令消息的最小单位，以数字编码的形式构成。信令单元的长度是可变的，由多个 8 比特组成，其具体的长度和取值在协议中有具体的定义。

例如 7 号信令 ISUP 消息的组成如图 5-15 所示。

路由标记
电路识别码
消息类型编码
必备固定部分
必备可变部分
任选部分

图 5-15　7 号信令 ISUP 消息的组成

其中的电路识别码(CIC，circuit identity code)就是一个具体的信令单元，其格式如图 5-16 所示。

1	电路识别码(最低有效位)	
2	备用	电路识别码 (最高有效位)

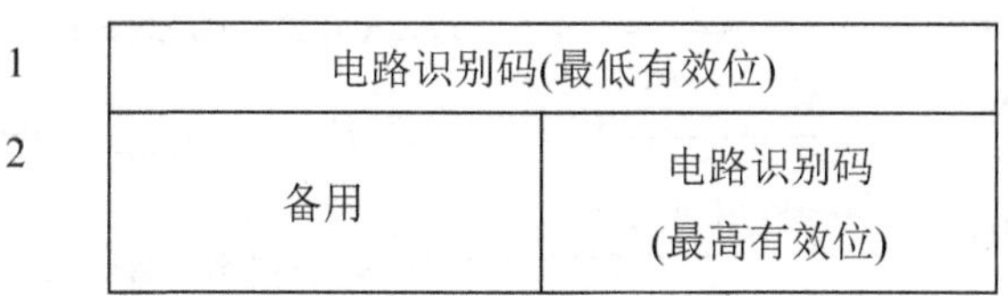

图 5-16　电路识别码字段

对于 2048 kb/s 数字通道，CIC 最低的 5 比特是通信通道所分配的时隙号码，其余的 7 比特表示目的地点和起源点之间 PCM 系统的号码。按照这个编码规则，在两个信令点之间最多可以配置 $2^{12} = 4096$ 条电路。

1. 信令单元的基本格式

信令单元的基本格式如图 5-17 所示。

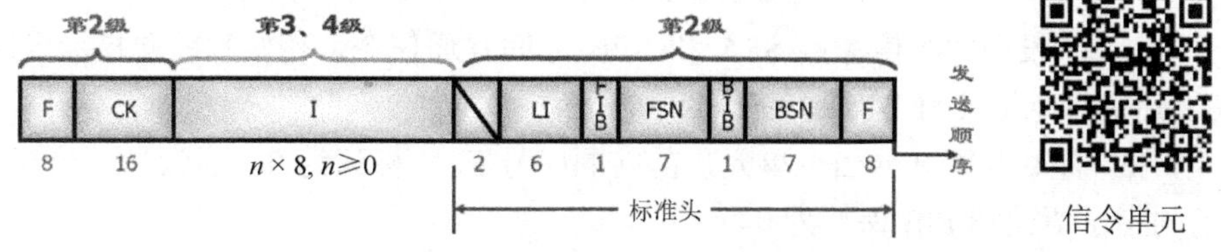

信令单元

图 5-17　信令单元的基本格式

(1) 标志位标志信令单元的开始和结束，表示为 F，七号信令中使用的是 01111110，8 比特。

(2) 16 比特的校验码位置，表示为 CK。

(3) 信息传输位置，表示为 I，包含的信息量是 8 的整数倍。这些信息是通信网的第 3、4 级信息。

(4) 需要一组数据表示信息的长度，安排了 6 比特，表示为 LI，为了满足信令单元的 8 比特整数倍要求，前面补了 2 比特的空信息。

(5) 需要标明当前正在发送的信令单元处在整个信令中的位置，也就是序号，使用 7 比特的前向顺序号 FSN 表示。

(6) FSN 前面的 1 比特用作前向指示语比特，表示为 FIB。标识所发信令单元是新的还是重发的，为新的时 FIB 保持不变；为重发的时 FIB 翻转。

(7) 接收方确认收到信令单元时也要说明收到的是哪个序号，用后向顺序号 BSN 表示，标识从对方收到的最后一个信令单元的序号。

(8) BSN 前面的 1 比特用作后向指示语比特，表示为 BIB。对编号为 BSN 的后向信令单元的认可或否定(ACK/NACK)，ACK 时 BIB 不变；NACK 时 BIB 翻转。

这些蓝色的字符块都是第二级的信息，组成标准头，发送顺序为从左到右。

2. 信令单元的差错控制

信令单元的基本格式里面包含了前向顺序号 FSN，前向指示语比特 FIB，后向顺序号 BSN 和后向指示语比特 BIB，这几个参数具体怎么用呢？

信令单元的差错控制方法流程如图 5-18 所示。

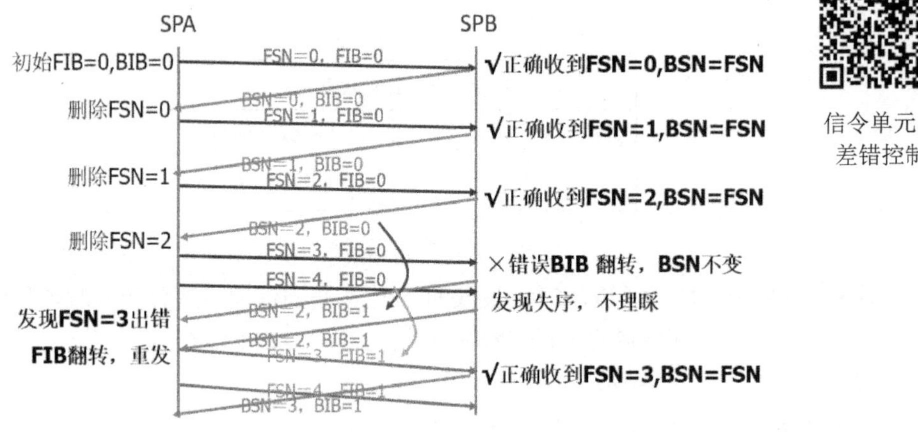

信令单元的差错控制

图 5-18 信令单元的差错控制方法流程示意图

下面介绍信令单元的差错控制方法的具体流程。

(1) 假设有两个信令点 SPA 和 SPB 之间互通信令，初始时前向指示语比特 FIB 等于 0，后向指示语比特 BIB 也等于 0。

(2) 开始发第 0 号信令单元，前向顺序号 FSN 标识为 0，因为是一个新的信令单元，前向指示语比特 FIB 保持为 0。

(3) 如果信令点 SPB 收到正确的消息，后向顺序号 BSN 就和前向顺序号 FSN 一致也赋值为 0。

(4) SPB 向 SPA 发确认消息，BSN 等于 0 表示收到第 0 个信令单元并且确认正确，由于是 ACK 确认消息，BIB 保持 0 值。

(5) SPA 收到这个确认消息后删除前向顺序号 0。

(6) 开始发下一个信令单元，前向顺序号为 1，这是一个新的信令单元，前向指示语比特 FIB 保持为 0。

(7) 此时信令点 SPB 收到正确的消息，后向顺序号 BSN 就和前向顺序号 FSN 一致也赋值为 1。

(8) SPB 向 SPA 发确认消息，BSN 等于 1 表示收到第 1 个信令单元并且确认正确，由于是 ACK 确认消息，BIB 保持 0 值。

(9) SPA 收到这个确认消息后删除前向顺序号 1。

(10) 开始发下一个信令单元，前向顺序号为 2，这是一个新的信令单元，前向指示语比特 FIB 保持为 0。

(11) 此时信令点 SPB 收到正确的消息，后向顺序号 BSN 就和前向顺序号 FSN 一致也赋值为 2。

(12) SPB 向 SPA 发确认消息，BSN 等于 2 表示收到第 2 个信令单元并且确认正确，由于是 ACK 确认消息，BIB 保持 0 值。

(13) SPA 收到这个确认消息后删除前向顺序号 2。

(14) 开始发下一个信令单元，前向顺序号为 3，这是一个新的信令单元，前向指示语比特 FIB 保持为 0。

(15) 此时 SPB 收到的是错误消息，BIB 就要翻转，从原来的 0 值翻转为 1 值，由于不能确定序号为 3 的信令单元，BSN 保持不变，还是等于 2。

(16) SPB 回复的消息表示，现在还只能确认序号为 2 的信令消息，BIB 翻转表示之前收到的消息错误。

(17) 同一时间 SPA 可能已经发出第 4 个信令单元了。

(18) SPB 发现 3 还没确认，就收到 4，序号不对，就当没有收到，不予理睬。

(19) 但是会重复发只确认到 2 号的回复消息。

(20) 直到 SPA 发现之前的序号 3 的消息是错误的。

(21) 它会重新发送序号为 3 的信令单元，并且 FIB 会翻转。

(22) FIB 从 0 变为 1 表示，本次发送的是重复的信令单元。

(23) 这次信令点 SPB 收到正确的消息，后向顺序号 BSN 就和前向顺序号 FSN 一致也赋值为 3。

(24) SPB 向 SPA 发确认消息，BSN 等于 3 表示收到第 3 个信令单元并且确认正确，由于是 ACK 确认消息，BIB 保持 1 值。

(25) SPA 又可以继续发下一个信令单元了。

(26) 这时 BIB 发生了一次翻转，由 0 变为了 1，用来表示收到了错误消息。

(27) FIB 也翻转了一次，原因是重发了一次消息。

5.2.3 信令点编码

国际信令网信令点编码

信令点编码(signaling point coding)是每个信令点都有的、唯一的地址编号。在 7 号信令网中，为了便于管理，国际信令网和国内信令网采

用独立的编号计划。

1. 国际信令网信令点编码

国家之间需要进行通信，那么每个国家都要有国际化的信令点，被称为国际信令网信令点编码。全球有许多的国家和地区，每个国家或地区都需要有对外联系的信令点，即国际信令网信令点，它是各个国家或地区对外联系的信令点，国家和地区有很多，就需要有大量的这种国际信令网信令点。这些信令点之间如何区分呢？

国际信令点采用 14 位编码，对应的编码格式如图 5-19 所示。

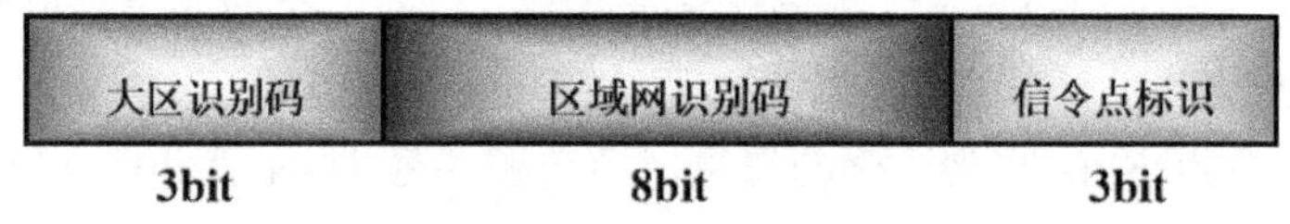

图 5-19　14 位信令点编码组成

按照地理位置，将全球的服务器区分为几个大区，用大区识别码表示，大区识别码是用于标识世界编号大区的。大区识别码的长度为 3 比特，这样最多可以有 8 个大区。如我国就被划分在了 4 号大区中。

每个大区的范围都很大，里面有很多的国家和地区，每个大区都需要一个区域网，用区域网识别码来区分。区域网识别码标识每个世界编号大区内的区域网。区域网识别码的长度为 8 比特，让每个大区最多支持 2^8 即 256 个区域网。如我国的区域网标识为 120～127。

每个区域网内部建立多个信令点，这些信令点用信令点标识来区分。信令点标识用于识别区域网中的某一个信令点。信令点标识用 3 比特的识别码来区分，最多支持 8 个信令点。

大区识别码、区域网识别码、信令点标识三个部分组成了国际信令网信令点编码。国际信令网信令点编码为 14 位，可以计算得到它的编码容量为 2^{14} 即 16 384 个。目前我国的国际信令点编码的范围就是 9152～9215。

2. 中国信令网信令点编码

中国信令网
信令点编码

中国有许多的省市和地区，每个省市或地区都需要有对外联系的信令点，这些信令点称为中国信令网信令点，它们是各个省市或地区对外联系的信令点。省市和地区有很多，就需要有大量的这种信令网信令点。这些信令点之间如何区分呢？

中国信令网采用三级结构：

第一级称为高级信令转接点(HSTP)。HSTP 负责转接它所汇接的 LSTP 和 SP 的信令消息。HSTP 之间都有直连链路，是两两相连的。中国信令网信令点编码是分配给每一个省市或地区的，用于对外交流的信令点编码，用主信令区编码表示。主信令区编码是用于标识各个省、直辖市和自治区的，对应于 HSTP。主信令区编码的长度为 8 比特，这样最多可以标识 256 个高级信令转接点。每个省级行政区的高级信令转接点都是成对出现的，即每个省级行政区都有一对高级信令转接点。

第二级为低级信令转接点(LSTP)。LSTP 负责转接它所汇接的 SP 的信令消息。每个主信令区的范围都很大，再把它们分成若干个分信令区，用分信令区编码来区分。一般这些分信令区是根据实际情况来划分的。分信令区编码标识每个分信令区，对应 LSTP。分信令区编码的长度为 8 比特，每个主信令区最多支持 256 个分信令区。

第三级为信令点(SP)。SP 是信令网传送各种信令消息的源点或目的点。信令点(SP)之间是没有直连链路的，它们之间的通信都需要上级信令节点转接。每个分信令区内部可以建立若干个信令点，这些信令点用信令点编码来区分。比如浙江省(图 5-11)，就有很多的信令点。信令点编码用 8 比特的识别码来区分。

主信令区编码、分信令区编码、信令点编码三个部分组成了中国信令网信令点编码。如图 5-20 所示。主信令区编码、分信令区编码、信令点编码均为 8 比特。中国信令网信令点编码为 24 位。

图 5-20　24 位信令点编码组成

主信令分区按照不同的运营商由国家主管部门统一分配。分信令区和信令点标识再由各运营商各自分配(部分分信令区也由主管部门分配)。例如目前中国联通分配的主信令区码为 1～8，10，16，41，254，255。

中国的 GSM 信令网划分为 34 个分信令区，分信令区按中央直辖市、省和自治区设置。一个分信令区内一般只设置一对 STP。中国联通江苏分信令区的编码是 9 和 49。

在分信令区下，再按照网元类型分配信令点标识，例如中国联通的信令点标识 210～255 段是分配给 MSC 的。

对于 MSC 和 BSC 之间的信令点编码，由于是点对点通信，目前使用 14 位信令点编码，格式由运营商自己定义。

5.2.4　7 号信令基本分层结构

各个移动台即用户部分之间交互，需要用到信令的公共传递功能，传递需要使用若干的信令链路。将用户部分之间传递消息的部分定义为消息传递部分，根据这种定义划分 7 号信令系统的功能结构。它可以分为消息传递部分(缩写为 MTP)和用户部分(缩写为 UP)。消息传递部分结构如图 5-21 所示。

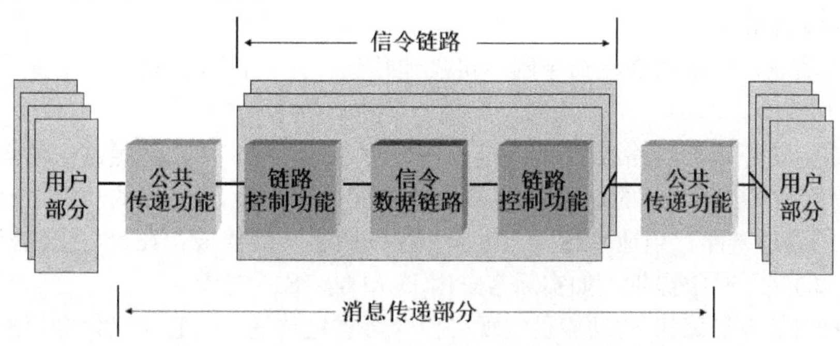

图 5-21　消息传递部分结构示意图

1. 7 号信令分层结构

消息传递部分分为三个功能层：第一层为信令数据链路功能，它是功能结构的第一级；第二层为信令链路功能，它是功能结构的第二级；第三层为信令网功能，它是功能结构的第三级；用户部分是第四级。这四级就是 7 号信令的四层，两个信令点之间通信，每个信令点都涵盖这四层的功能。7 号信令分层结构如图 5-22 所示。

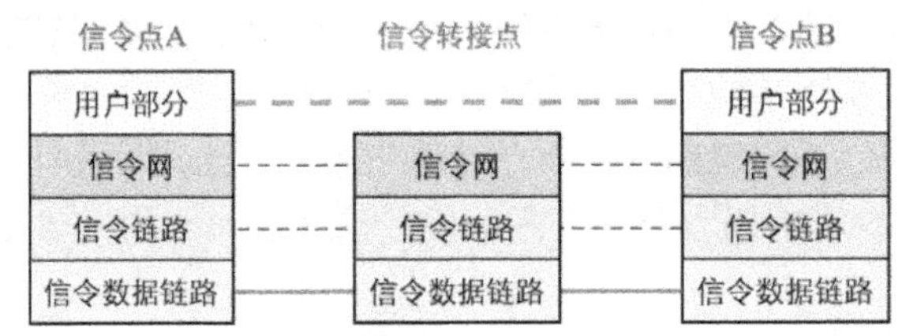

图 5-22　7 号信令分层结构

各层之间互通会经过信令转接点，信令转接点只包含下三层的功能。那么信令转接点只参与下三层的功能，第四层用户部分的数据是透明传输的。

2. 7 号信令系统和 OSI 七层结构的对应关系

7 号信令系统和 OSI 七层结构的对应关系如图 5-23 所示。

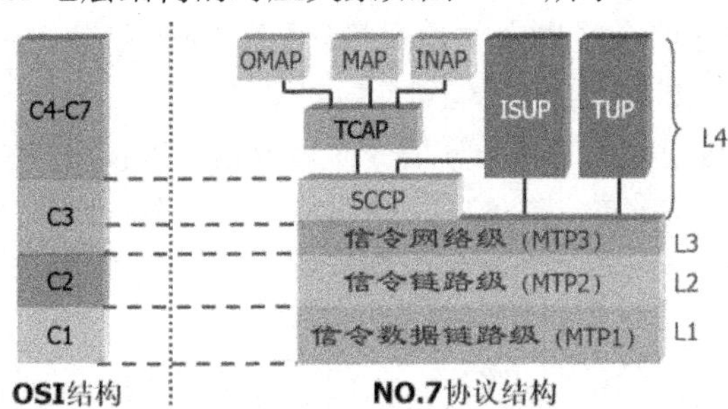

图 5-23　7 号信令系统和 OSI 七层结构的对应关系

7 号信令系统和 OSI 七层结构的对应关系如下：

(1) 7 号信令系统的第一级，信令数据链路级，对应于 OSI 的层一。

(2) 7 号信令系统的第二级，信令链路级，对应于 OSI 的层二。

(3) 7 号信令系统的第三级，信令网络级，只对应于 OSI 的层三的一部分。另一部分层三的功能，是由 7 号信令系统的第四级，用户部分中的 SCCP 完成的。

(4) 7 号信令系统的第四级，用户部分的剩余功能对应于 OSI 结构的层四到层七。

3. 各层的功能

MTP 的功能是确保信令在信令网中可靠地传递。用户部分的功能是根据不同用户来定义不同的功能的。

(1) MTP1(信令数据链路级)实现的是“信令传递”，定义了信令链路的物理、电气、功能特性，以及与数据链路的连接方法(数字交换网、接口设备)。它的功能是提供一条全双工的透明的物理链路，由速率相同、方向相反的数据信道组成。在目前交换机上，一般由 PCM 系统的某一时隙提供，如实际常采用 PCM 的 TS16 时隙。

(2) MTP2(信令链路级)的功能是实现“信令可靠地传递”，它定义信令消息沿信令数据链路传送的功能和过程。它的功能主要包括信令单元的定界(F)，差错检测(CRC)，差错校正(重发方法)，信令链路差错率监视，流量控制等。

(3) MTP3(信令网络级)的功能是实现信令网通信。它定义信令网操作和管理的功能和信令过程，完成 No.7 信令的网络层功能，如目的地寻址，同时保证信令能正确传送到目的点。当信令网中某些点或传输链路发生故障时，它能保证信令消息在信令网中仍能可靠地传递。

MTP3 按照功能划分为信令消息处理和信令网管理两部分。信令消息处理功能如图 5-24 所示。

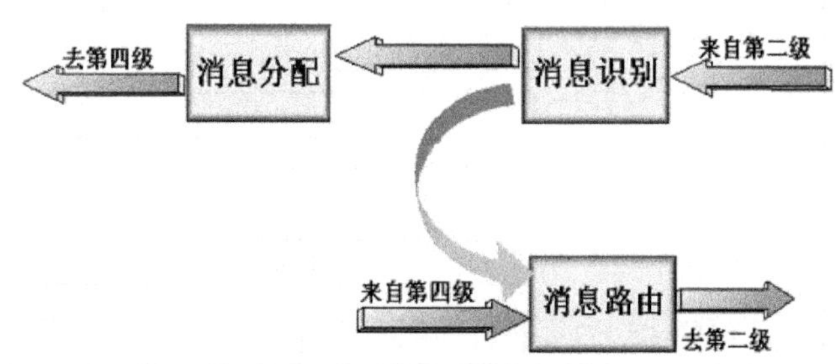

图 5-24　信令消息处理功能

信令消息处理功能具体包括消息识别，根据 DPC 判断本节点是否为消息目的地点；消息路由，根据 DPC 和 SLS 选择路由；消息分配，将消息送往不同的用户部分。

MTP3 实现 No.7 信令的网络层功能，在具体的网元上通过配置的路由表来实现路由消息的转发，路由表主要包含目的信令点、链路集名称和优先级或负荷分担比例。MTP3 路由配置实例如图 5-25 所示。图 5-25 中网元 MSC1 上的路由表如表 5-1 所示。

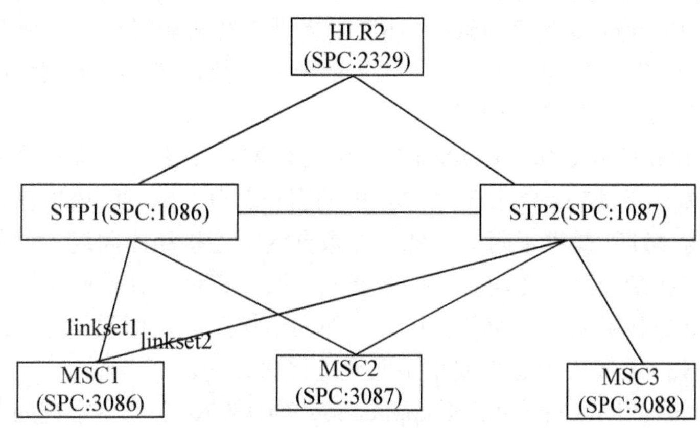

图 5-25　MTP3 路由配置实例

表 5-1　路由配置实例路由表

目的信令点	链路集名称	优先级
2329	linkset1	0
2329	linkset2	0
3087	linkset1	0
3087	linkset2	0
3088	linkset1	1
3088	linkset2	0

(4) 用户部分 UP 负责信令消息的生成、语法检查和信令过程控制。UP 部分包含了 GSM 网络的高层应用部分，其结构如图 5-26 所示。

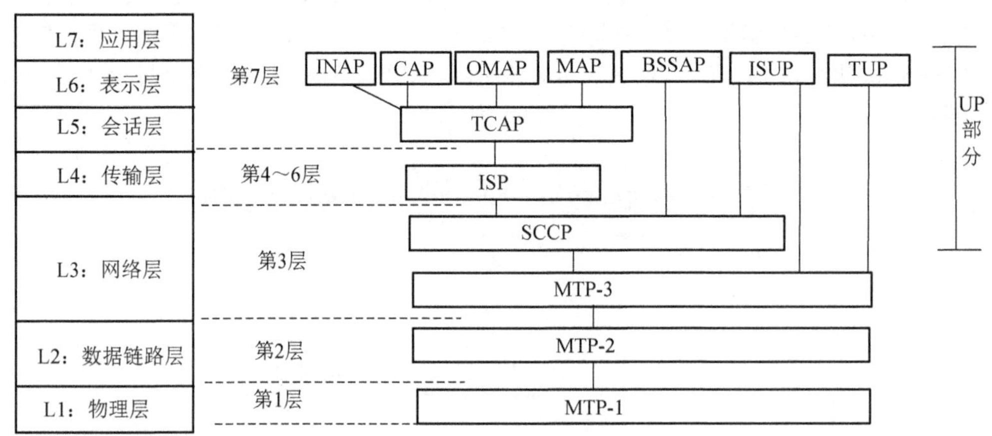

图 5-26　7 号信令 MTP 部分分层结构

应用部分的具体作用和功能如下：

(1) TUP 支持电话业务，控制电话网的接续和运行，如呼叫的建立、监视、释放等，继承固定电话网的业务，在移动网中使用较少。在移动网中使用时有一些特别的要求，也称 MTUP。

(2) ISUP(ISDN user part)在 ISDN 环境中提供话音和非对话业务所需的功能，支持 ISDN 基本业务及补充业务，ISUP 具有 TUP 的所有功能，在 GSM 网络中使用较多，用于支持 GSM 的语音、数据及补充业务。

(3) SCCP(Signal Connection Control Protocol)和 MTP-3 结合，提供增强的寻址功能，如增加了按 GT 方式寻址功能，扩充了 MTP 的用户部分。SCCP 内部支持不同的子业务系统。SCCP 也为 MTP 提供了附加功能，即数据的无连接和面向连接业务。无连接业务是指不需预先建立连接就可传递消息。如智能网中账号查询、移动网中用户鉴权等许多适时性很强的消息就是利用无连接业务传送的。面向连接业务是指预先建立连接，再大量传送消息。如移动网的 A 接口消息主要采用面向连接来传送。

(4) TCAP(Transaction Capabilities Application Part)是 No.7 信令系统为各种通信网络业务提供的接口，如移动业务、智能业务等。TCAP 为这些网络业务的应用提供信息请求、响应等对话能力；TCAP 是一种公共的规范，与具体应用无关。具体应用部分通过 TCAP 提供的接口实现消息传递。如移动通信应用部分 MAP 通过 TCAP 完成漫游用户的定位等业务；TCAP 在于提供了一个标准的消息封装机制。MAP、CAP 等不同的应用对应 TCAP 消息中不同的成分。目前 TCAP 协议只建立在无连接业务上。

(5) MAP(Mobile Application Part)是公用陆地移动网(PLMN)在网内以及与其他网间进行互连而设计的移动网特有的信令协议规范。MAP 使 GSM 网络实体可以实现移动用户的位置更新、鉴权、加密、切换等功能，使移动用户可以正确地接入网络、发起和接收呼叫。

(6) INAP(Intelligent Network Application Protocol)智能网应用部分，应用于有线智能

网。INAP 规定了有线智能网 SCF(Service Control Function，服务控制功能)与 SSF(Service Switch Function，服务开关功能)互连的接口规程。

(7) CAP(CAMEL application Part)是 CAMEL(Customised Applications for Mobile network Enhanced Logic，移动网络增强逻辑的定制应用程序)的应用部分，它基于智能网的 INAP 协议，应用于移动智能网。CAP 规定了 gsmSSF、gsmSRF(Specialized Resource Functions，专用资源功能)与 gsmSCF 互连的接口规程。

(8) BSSAP(Base Station System Application)基站系统应用部分，为 GSM 中 A 接口上的应用层协议。BSSAP 层被分为两部分：BSS 管理应用部分(BSSMAP)和数据直传应用部分(DTAP)。其中，BSSMAP 部分负责 MSC 与 BSS 之间的通讯，DTAP 部分负责 MSC 与 MS 上的 MM 层和 CM 层之间的消息传递。DTAP 消息将会在 CM 和 MM 部分进行处理。对于 BSSMAP 消息，由于大多数消息仅仅用于 MSC 与 BSC 之间的通信，或在传递至 BTS 或 MS 之前已经被 BSC 改变了消息格式，因此，这部分消息将不会在 Abis 接口上看到。

5.3　GSM 系统区域和编号计划

GSM 是当前应用最为广泛的移动电话标准。全球超过 200 个国家和地区在使用 GSM 网络。GSM 标准的广泛使用使在移动电话运营商之间签署“漫游协定”后用户的国际漫游成为可能，这进一步扩展了移动业务的覆盖范围。

5.3.1　GSM 移动通信网区域定义

在小区制移动通信网中，基站数量很多，移动台又没有固定的位置，移动用户只要在服务区域内，无论移动到何处，移动通信网必须具有交换控制功能，以实现位置更新、越区切换和自动漫游等性能。

区域划分

为了更好地管理网络，GSM 网络也对覆盖范围进行了区域划分。在由 GSM 系统组成的移动通信网络结构中，区域的定义如图 5-27 所示。

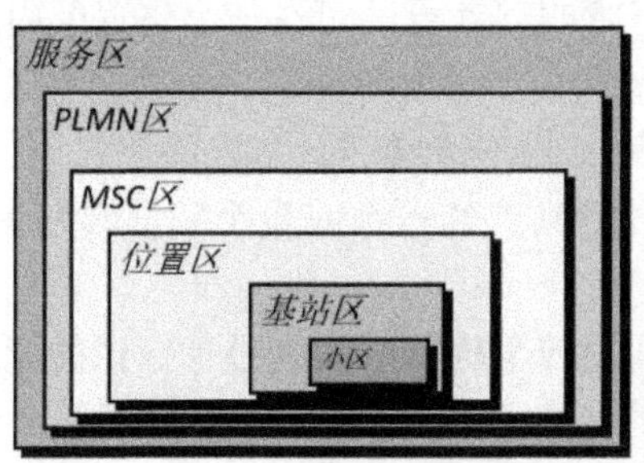

图 5-27　GSM 区域定义

每个基站信号会覆盖一个区域，这个区域就称为基站区。如果基站使用的是定向天线，三个方向上所用的频点不同，那么基站的一个扇型天线(BTS)覆盖的区域称为一个小区。

在基站采用全向天线结构时，小区即为基站覆盖区域。小区是采用基站识别码或全球小区识别码进行标识的无线覆盖区域。

移动台需要定期向移动网络报告自己的位置，什么情况下报告才合理呢？大多数的小区和基站区覆盖范围都不大，如果移动台每变换一个覆盖范围小的小区或者基站区都上报系统，通信系统需要处理的数据量就太大了。为了方便管理，将一个或若干个小区(或基站区)组成位置区，那么移动台在位置区内部移动时就不需要向系统上报位置更新消息了。位置区的定义就是移动台可任意移动不需要进行位置更新的区域。当系统进行寻呼时，也可在一个位置区内向所有基站同时发寻呼信号。

一个 MSC 可以处理很多个基站的数据，将一个移动业务交换中心所控制的所有小区共同覆盖的区域定义为 MSC 区。一个 MSC 区可以由一个或若干个位置区组成。

一个公用陆地移动通信网 PLMN 可由一个或若干个移动业务交换中心(MSC)组成。一个 PLMN 网络提供通信业务的地理区域称为 PLMN 区。该区内具有共同的编号制度，比如相同的国内地区号，还有共同的路由计划。

所有移动台可以获得服务的区域称为服务区。一个服务区可由一个或若干个公用陆地移动通信网(PLMN)组成，可以是一个国家或是一个国家的一部分，也可以是若干个国家。

从 GSM 网络角度区分，最大的区域是服务区，里面包含若干个 PLMN 区，一个 PLMN 区里面包含若干个 MSC 区，一个 MSC 区里面包含若干个位置区，一个位置区里面包含若干个基站区，一个基站区里面可以包含若干个小区。

各个区域的具体功能如下：

(1) 服务区指移动台可获得服务的区域，即不同通信网(如 PLMN、PSTN 或 ISDN)用户无需知道移动台的实际位置而可与之通信的区域。

(2) PLMN 区指由一个公用陆地移动通信网(PLMN)提供通信业务的地理区域。PLMN 区可以认为是网络(如 ISDN 网或 PSTN 网)的扩展，一个 PLMN 区可由一个或若干个移动业务交换中心(MSC)组成。在该区内具有共同的编号制度(比如相同的国内地区号)和共同的路由计划。MSC 构成固定网与 PLMN 区之间的功能接口，用于呼叫接续等。

(3) MSC 区指由一个移动业务交换中心所控制的所有小区共同覆盖的区域，是构成 PLMN 网的一部分。一个 MSC 区可以由一个或若干个位置区组成。

(4) 位置区指移动台可任意移动不需要进行位置更新的区域。位置区可由一个或若干个小区(或基站区)组成。为了呼叫移动台，可在一个位置区内所有基站同时发寻呼信号。位置区的设置要考虑物理覆盖和人口环境等因素。如果位置区太小，手机将频繁发起位置更新；位置区太大又会加大 BSC 寻呼负荷。

(5) 基站区指由置于同一基站点的一个或数个基站收发信台(BTS)包括的所有小区所覆盖的区域。

(6) 小区指采用基站识别码或全球小区识别进行标识的无线覆盖区域。在采用全向天线结构时，小区即为基站区。

编号计划综述

5.3.2　GSM 移动通信网编号计划

在 GSM 系统中，出于识别的目的，定义了许多编号，这些编号分为六类：确定 GSM 移动用户的编号，识别 NSS 网络组件的编号，识别位置区的编号，识别 BSS 网络组件的编号，识别移动设备的编号，识别移动用户的漫游区的编号。

1. 确定 GSM 移动用户的编号

为了确定 GSM 移动用户，我们给用户编了两类号码，永久性编码和临时性编码。永久性编码是指用户从开卡到销户都固定不变的编码；临时性编码是指根据网络需求临时赋予用户的编码。

永久性编码主要有两种，一种是国际移动用户识别码(IMSI)，另一种是移动台 ISDN 号码(MSISDN)。IMSI 是全球唯一地标识一个用户的号码，它相当于身份证号码，是不能重复的。MSISDN 就是日常使用的手机号码，我国的手机号码是 11 位的。它相当于我们日常使用的名字，当然同一个网络中在规划时也会避免重复。

临时性编码有 4 个，分别是临时识别码(TMSI)，移动台漫游号码(MSRN)，切换号码(HON)，本地移动用户识别码(LMSI)。TMSI 是用户所在的 MSC 分配给用户的识别码，它比 IMSI 要短，便于使用，但是仅在当前 MSC 中有效。它相当于学生的学号，仅在当前学校内部使用，出了校园就无效了；MSRN 是为了实现呼叫时的路由选择，由被叫局切换目的局 VLR 分配的临时标示一个用户的号码，在呼叫接续完成以后释放；HON 是为了实现跨 MSC 切换时的路由选择，切换目的局 VLR 分配的临时标示一个用户的号码，在呼叫接续完成以后释放；LMSI 是为了加快 VLR 用户数据的查询速度而由 VLR 在位置更新时分配，然后与 IMSI 一起发送往 HLR 保存。

2. 识别 NSS 网络组件的编号

为了识别 NSS 网络组件，需要给几个主要网元编号。给移动业务交换中心 MSC 的编码称为 MSC 号码；给访问位置寄存器 VLR 的编码称为 VLR 号码；给归属位置寄存器 HLR 的编码称为 HLR 号码。

3. 识别位置区的编号

为了识别位置区，定义了位置区识别码(LAI)。位置区是移动台可任意移动不需要进行位置更新的区域。网络将一个 MSC 区划分为若干个位置区，给每一个位置区都分配了一个 LAI。LAI 主要用于用户的寻呼，寻呼时会向用户所在的 LAI 区域广播寻呼信号。

4. 识别 BSS 网络组件的编号

为了识别 BSS 网络组件，设计了两个编码：全球小区识别码(CGI)，相当于各个小区的名字；基站识别码(BSIC)，用来区分邻近的同频小区。

5. 识别移动设备的编号

为了识别移动设备，设计了全球移动设备识别码(IMEI)，就是我们常说的串号，它唯一地识别一个移动台设备。

6. 识别移动用户的漫游区的编号

为了识别移动用户的漫游区，设计了漫游区域识别码(RSZI)，它是用来识别允许漫游的区域的。

5.3.3 IMSI

IMSI

IMSI 是国际移动用户识别码的缩写，是 GSM 系统分配给移动用户(MS)的唯一的识别号，采取 E.212 编码方式。

用户的 IMSI 值是 SIM 卡出售之前，通过专用设备和软件，写入用户 SIM 卡中的，一旦写入，用户不得更改。IMSI 存储在 SIM 卡、HLR 和 VLR 中，在无线接口及 MAP 接口上传送。IMSI 的组成如图 5-28 所示。

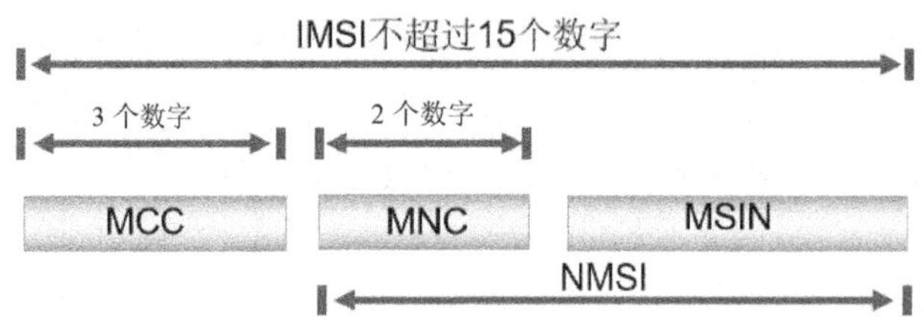

图 5-28　IMSI 的组成

IMSI 的组成部分编码含义如下：

(1) 移动国家代码(MCC，Mobile Country Code)，长度为三个数字。它的作用是区分全球各个国家和地区。MCC 在世界范围内统一分配，中国的 MCC 为 460。

(2) 移动网号(MNC，Mobile Network Code)，也称为网络号，两个数字。如果在一个国家有不止一个 GSM PLMN，则每一个 PLMN 都要分配唯一的 MNC。比如中国移动运营的网络的网络号为 00 和 02，中国联通运营的网络的网络号为 01。

(3) 用户标识(MSIN，Mobile Subscriber Identification Number)，是在某一 PLMN 内 MS 唯一的识别码。在中国，其组成可以为 H1H2H3 S 加六位用户号码，其中 H1H2H3 S 代表用户开户所在地，H1H2 由邮电管理部门给各省分配，同一个省份可能不止一个 H1H2，H3 S 由各省、市根据管理情况自行分配。

(4) 国内移动台识别号码(NMSI，National Mobile Subscriber Identification)，是在某一国家内 MS 唯一的识别码。它是网络号 MNC 和用户标识 MSIN 的统称。

中国联通在 2G 时使用的 IMSI 格式为 460 01 H1H2H3H0 AXXXXX，其中 A 值为 130 号段时，A=0、1；131 号段时 A=9；132 号段时 A=2；156 号段时 A=3；155 号段时 A=4；186 号段时 A=6。

系统为什么选择使用 IMSI 呢？

假定有三位来自三个国家(美国、芬兰和意大利)的用户在同一地方，他们的移动台试图在同一 VLR 中登记。假定他们用电话号码登记，当然实际情况并非如此。他们的电话号码如表 5-2 所示。

表 5-2　三个用户的电话号码

姓　名	国　家	可能的 MSISDN
John	美国	+ 1 XYZ 1234567
Ilkka	芬兰	+ 358 AB 6543210
Claudio	意大利	+ 39 GHI 1256890

注意其中每一部分的长度，例如每个号的国家代码就不相同。如果手机号码 MSISDN 用于用户登记，为了防止号中的不同部分相互混淆，还需要为每一字段加上长度指示，这必将更为复杂。

采用 IMSI 的另一原因是手机号码 MSISDN 用于识别话音、数据、传真等业务。因此一个用户根据所使用的业务类型可能需要若干 MSISDN，而他却只拥有唯一的 IMSI。

出于安全性考虑，IMSI 是不对外的，减少了泄漏的风险。

IMSI 分配原则：

(1) 最多包含 15 个数字(0～9)。

(2) MCC 在世界范围内统一分配，而 NMSI 的分配则是各国运营者自己的事。

(3) 如果在一个国家有不止一个 GSM PLMN，则每一个 PLMN 都要分配唯一的 MNC。

(4) IMSI 分配时，要遵循在国外 PLMN 最多分析 MCC + MNC 就可寻址的原则。

(5) UpdateLocation、PurgeMS、SendAuthenticationInfo 必须用 IMSI 寻址。

(6) RestoreData 一般用 IMSI 寻址，目前所有到 HLR 的补充业务的操作都是用 IMSI 寻址。

5.3.4 MSISDN

MSISDN(Mobile Subscriber International ISDN/PSTN number，移动台国际 ISDN 号码)指主叫用户为呼叫 GSM PLMN 中的一个移动用户所需拨的号码，作用同于固定网 PSTN 号码，采取 E.164 编码方式。用户购买 SIM 卡时，由商家将一个 MSISDN 号码和用户所购买的 SIM 卡中的 IMSI 绑定。同时在网络中存储在归属用户位置寄存器 HLR 和来访用户位置寄存器 VLR 中，在 MAP 接口上传送。对长度没有明确规定，中国使用 13 个十进制数字。

MSISDN

MSISDN 的组成如图 5-29 所示。

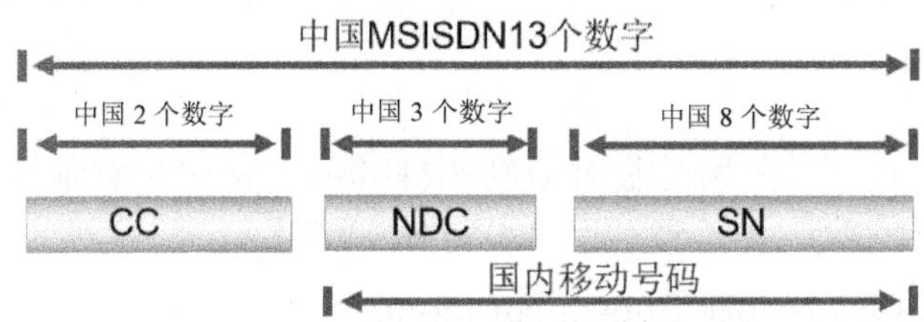

图 5-29 MSISDN 的组成

MSISDN 的组成部分编码含义如下：

(1) CC(Country Code，国家码)，如中国长度为 2 个数字 86。CC 的作用是区分全球各个国家和地区。CC 在世界范围内统一分配。

(2) NDC(National Destination Code，国内接入号)，如中国长度为 3 个数字。NDC 识别不同的移动系统 ，比如移动网号为 135～139，158，159；联通网为 130～133 等。如果在一个国家有不止一个 GSM PLMN，则每一个 PLMN 都要分配 NDC。

(3) SN(Subscriber Number，用户号码)，在中国，其组成可以为 H0H1H2H3 ABCD。其中 H0H1H2H3 用于识别该移动系统中的交换局，这些交换局可能位于不同的地区。ABCD 为用户号码，由各地管理分配。

国内接入号 NDC 和用户号码 SN 统称为国内移动号码，它是国内移动台识别号码，就是我们日常使用的 11 位手机号码。中国 MSISDN 的总长度为 13 个数字。

SendRoutingInfo 与 SendIMSI 都是用 MSISDN 寻址的。

中国移动使用的 MSISDN 以及它和 IMSI 的对应关系如表 5-3 所示。

表 5-3　中国移动编号

MSISDN	IMSI	说　明
13S0H1H2H3ABCD	46000H1H2H3SXXXXXX	S=5、6、7、8、9：XXXXXX 为 MSISDN 号码中 ABCD 扰码得到
13SH0H1H2H3ABCD	46000H1H2H3TH0XXXXX	S=5、6、7、8、9：T=9-S：XXXXX 为 MSISDN 号码中 ABCD 扰码得到
134H0H1H2H3ABCD	460020H0H1H2H3XXXXX	H0=0-8：XXXXX 为 MSISDN 号码中 ABCD 扰码得到
158H0H1H2H3ABCD	460028H0H1H2H3XXXXX	XXXXX 为 MSISDN 号码中 ABCD 扰码得到
159H0H1H2H3ABCD	460029H0H1H2H3XXXXX	XXXXX 为 MSISDN 号码中 ABCD 扰码得到
150H0H1H2H3ABCD	460023H0H1H2H3XXXXX	XXXXXX 为 MSISDN 号码中 ABCD 扰码得到
151H0H1H2H3ABCD	460021H0H1H2H3XXXXX	XXXXX 为 MSISDN 号码中 ABCD 扰码得到
152H0H1H2H3ABCD	460022H0H1H2H3XXXXX	XXXXXX 为 MSISDN 号码中 ABCD 扰码得到
157H0H1H2H3ABCD	460077H0H1H2H3XXXXX	XXXXX 为 MSISDN 号码中 ABCD 扰码得到
188H0H1H2H3ABCD	460078H0H1H2H3XXXXX	XXXXX 为 MSISDN 号码中 ABCD 扰码得到
147H0H1H2H3ABCD	460079H0H1H2H3XXXXX	XXXXX 为 MSISDN 号码中 ABCD 扰码得到
187H0H1H2H3ABCD	460027H0H1H2H3XXXXX	XXXXXX 为 MSISDN 号码中 ABCD 扰码得到

5.3.5　临时性编码

临时性编码有 4 个，分别是临时识别码(TMSI)，移动台漫游号(MSRN)，切换号码(HON)，本地移动用户识别码(LMSI)。

移动台临时性编码

1. TMSI(Temporary Mobile Subscriber Identity)

TMSI 是为了加强系统的保密性而在 VLR 内分配的临时用户识别，它在某一 VLR 区域内与 IMSI 唯一对应。只在本地 VLR 内有效。它相当于学生的学号，仅在当前学校内部使用，出了校园就无效了。

TMSI 分配原则：

(1) TMSI 包含四个字节，可以由八个十六进制数组成，其结构可由各运营部门根据当地情况而定。

(2) TMSI 的 32 比特不能全部为 1，因为在 SIM 卡中比特全为 1 的 TMSI 表示无效的 TMSI。

(3) 要避免在 VLR 重新启动后 TMSI 重复分配，可以采取 TMSI 的某一部分表示时间的方法或采取在 VLR 重启后某一特定位改变的方法。

TMSI 的使用案例如图 5-30 所示。

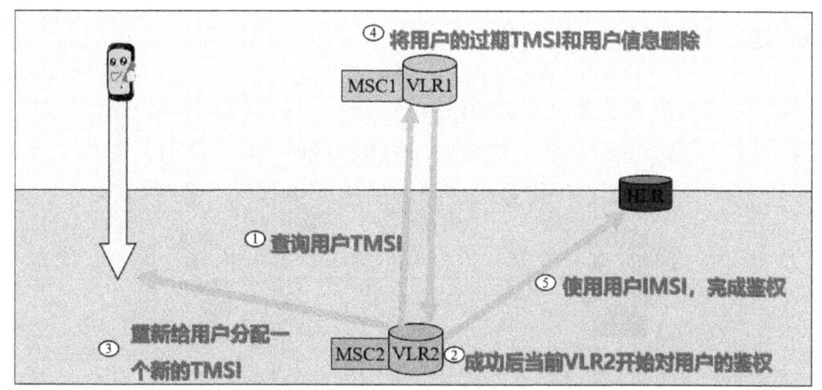

图 5-30　TMSI 使用案例

当用户从 VLR1 漫游至 VLR2 时，当前 VLR2 向前一 VLR1 查询用户 TMSI，查询成功后当前 VLR2 完成对用户的鉴权，并重新给用户分配一个新的 TMSI，VLR1 将用户的过期 TMSI 和用户信息删除；如果查询失败，则当前 VLR2 向用户归属 HLR 查询用户 IMSI，完成鉴权。

2. LMSI

LMSI 是为了加快 VLR 用户数据的查询速度而由 VLR 在位置更新时分配的，然后与 IMSI 一起发送往 HLR 保存，HLR 不会对它做任何处理，但是会在任何包含 IMSI 的消息中发送往 VLR。LMSI 的长度是四个字节，没有具体的分配原则要求，其结构由各运营部门自定。

3. HON

HON(Handover-Number，切换号码)是为了实现跨 MSC 切换时的路由选择切换目的局 VLR 分配的临时标示一个用户的号码，在呼叫接续完成以后释放。它采取 E.164 编码方式，其构成和 MSRN 一样，在 ISUP/Sigtran/SIP 协议上传送。

HON 在移动被叫或切换过程中临时分配，用于 GMSC 寻址 VMSC 或 MSCA 寻址 MSCB 所用，在接续完成后立即释放。它对用户而言是不可见的。

4. MSRN

MSRN(Roaming-Number，漫游号码)，是为了实现呼叫时的路由选择由被叫局切换目的局 VLR 分配的临时标示一个用户的号码。通过 HLR 查询送给 GMSC，使得 GMSC 可建立起一条至目标用户现访 VLR 的通路，从而把呼叫送达。MSRN 必须和 MSISDN 一样符合国家通信网统一编号方式，并且带有 VLR 地址信息。MSRN 采取 E.164 编码方式，典型的 MSRN 号码为 86-139-00477ABC。

MSRN

对于 MSRN 的分配有两种：

(1) 在起始登记或位置更新时，由 VLR 分配 MSRN 后传送给 HLR。当移动台离开该地后，在 VLR 和 HLR 中都要删除 MSRN，使此号码能再分配给其他漫游用户使用。

(2) 在每次移动台有来话呼叫时，根据 HLR 的请求，临时由 VLR 分配一个 MSRN，此号码只能在某一时间范围(比如 90 秒)内有效。

识别码应用实例

5.3.6 GSM 移动用户的编号应用

确定 GSM 移动用户有三个比较常用的识别码：国际移动用户识别码(IMSI)，相当于用户的身份证号码；移动台 ISDN 号码(MSISDN)，相当于用户的名字；移动台漫游号(MSRN)。它们的应用实例如图 5-31 所示。

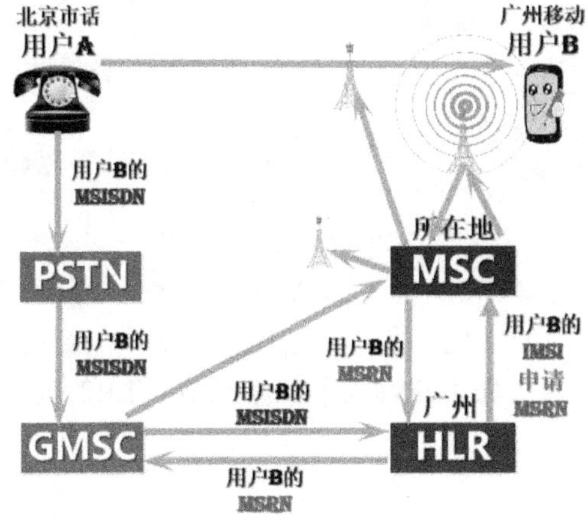

图 5-31 GSM 移动用户的编号应用

假设现在有一个北京的固定电话用户拨打广州的一个移动用户，下面分析呼叫接续过程中各种识别码的应用过程。

(1) 主叫拨号。北京市话用户 A 拨打广州 GSM 用户 B 的 MSISDN 号码，送入 PSTN 网络。PSTN 网络的交换机分析 MSISDN 号码，得知 B 用户为移动用户，它把呼叫转到 GSM 网络上距它最近的一个具有入口功能的移动业务交换中心(GMSC)。

(2) GMSC 分析被叫号码。GMSC 分析该号码为广州位置归属寄存器 HLR 的用户，将 MSISDN 号码送至广州 HLR，要求该 HLR 查询有关该被叫用户目前所在的位置信息。

(3) HLR 申请漫游号码(MSRN)。HLR 把 MSISDN 号码转换成 IMSI 后查出用户目前处于哪个 MSC，并将该 IMSI 发至该 MSC，并向该 MSC 申请分配一个漫游号码。

(4) 选定漫游号码(MSRN)。MSC 收到 IMSI 后会临时给被叫用户 B 分配一个漫游号码。这个漫游号码是属于这个 MSC 的，里面包含了 MSC 的地址信息。MSC 将此漫游号码送回 HLR，再由 HLR 发给 GMSC 使用。

(5) 链接呼叫至被叫所在的 MSC。GMSC 收到 MSRN 后，根据里面的地址信息，选择出一条中继路由至 MSC。这个用户所在地的 MSC 将负责本次呼叫的建立和计费功能。

(6) MSC 令被叫所在位置区内所有基站发寻呼信息。MSC 发出寻呼命令到用户 B 所在的位置区内所有的无线基站，再由基站向被叫用户 B 发呼叫信号。

(7) 基站寻呼被叫用户 B。基站收到寻呼命令后，将该寻呼消息(含有 MS 的 IMSI)通过 PCH 信道发射。MS 接收到寻呼后用 RACH 向基站发响应信号。

(8) 呼叫链接。MS 响应信号被送回 MSC，经鉴权、设备识别等步骤后认为合法，则令 BSC 给该 MS 分配一条 TCH，接通 MSC 至 BSC 的路由，向主叫送回铃音，向被叫振铃。当被叫摘机应答后，系统开始计费。

5.3.7　识别 NSS 网络组件的编号

MSC-Number(MSC 号码)/VLR-Number(VLR 号码)，采取 E.164 编码方式，编码格式为 CC + NDC + LSP。其中 CC、NDC 含义同 MSISDN 的规定，LSP(lacally significant part)由运营者自己决定。典型的 MSC-Number 为 86-139-0477。

PerformHandover 与 PrepareHandover 都是用 MSC-Number 寻址的。

目前在网上 MSC 与 VLR 都是合一的，所以 MSC-Number 与 VLR-Number 基本上都是一样的。

在中国，MSC 号码和 VLR 号码均已升位，在 $H_1H_2H_3$ 前面加了一个 H_0，典型的号码举例：8613900477。

SendIdentification、CancelLocation、InsertSubscriberData、DeleteSubscriber Data、Reset、ProvideRoamingNumber 等操作都必须用 VLR-Number 寻址，而 SendParameters 操作则可以用 VLR-Number 寻址。

HLR-Number(HLR 号码)采取 E.164 编码方式，编码格式为 CC + NDC + H1 H2 H3 0000；升位后变为 CC + NDC + H0H1H2H3000。其中 CC、NDC 含义同 MSISDN 的规定。典型的 HLR-Number 为 86-139-4770000，升位后为 861390477000。用 IMSI 寻址的操作，除了必须用的之外，都可转换为用 HLR-Number 寻址。

5.3.8　IMEI

IMEI

在手机拨号页面输入*#06#时，多数手机都会跳出一个窗口，上面显示的是 IMEI 号码，它的中文名称为移动通信国际识别码，是该手机在厂家的“档案”和“身份证号”。

IMEI 具有全球唯一性，即正品手机不会出现两个手机用相同的 IMEI 的情况。IMEI 贴在手机背面的标志上，并且读写于手机内存中。

IMEI 的主要作用是监控被窃或无效的移动设备。IMEI 的结构如图 5-32 所示。

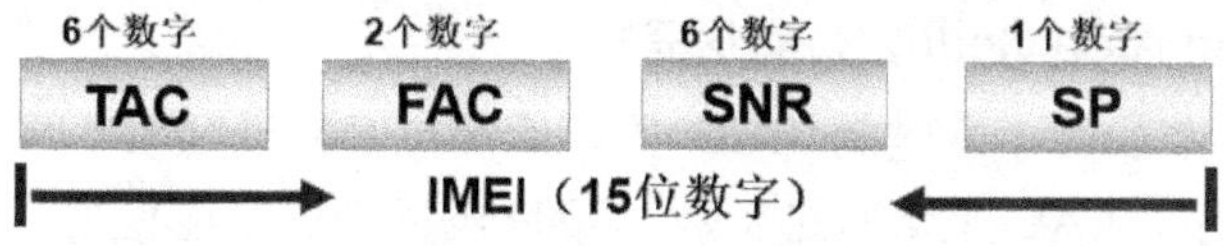

图 5-32　IMEI 的结构

IMEI 由 15 位数字组成，前 6 位数为 TAC，是“型号批准号码”，一般代表机型，由欧洲型号批准中心分配；接着的 2 位数为 FAC，是“最后装配号”，一般代表产地，表示生产厂家或最后装配所在地，由厂家进行编码；之后的 6 位数 SNR 是“序号码”，一般代表生产顺序号。这个数字的独立序号码唯一地识别每个 TAC 和 FAC 的每个移动设备；最后 1 位数(SP)为检验码，通常值是“0”，目前暂备用。

移动台的 IMEI 会被写入网元 EIR 的三个名单中。

IMEI 的查询流程如图 5-33 所示。

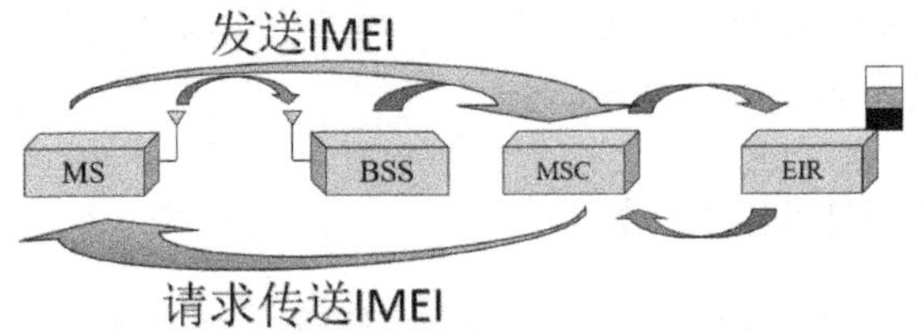

图 5-33　IMEI 的查询流程

IMEI 的查询流程具体如下：

(1) 移动台建立呼叫，发送呼叫请求，经过 BSS，送达 MSC。

(2) MSC 会请求移动台传送 IMEI。

(3) 移动台发送 IMEI 给 MSC。

(4) MSC 在 EIR 中查询 IMEI 所在名单。

(5) 将查询结果反馈给 MSC，MSC 就可以确定移动台的合法性。

5.3.9　LAI 及 CGI

1. LAI(Location Area Identification，位置区识别码)

LAI 及 CGI

位置区是指移动台可任意移动不需要进行位置更新的区域。给每个位置区编号，称为位置区识别码(LAI)。

在检测位置更新时，要使用位置区识别(LAI)，当前位置区与移动台记录的位置区不一致时，会发起位置更新请求。寻呼某个移动台时，LAI 会向移动台所在的位置区的所有范围进行寻呼。寻呼移动台是以 LAI 为单位进行的。一个位置区中可能包含若干个小区。

位置区识别 LAI 的编码格式如图 5-34 所示。

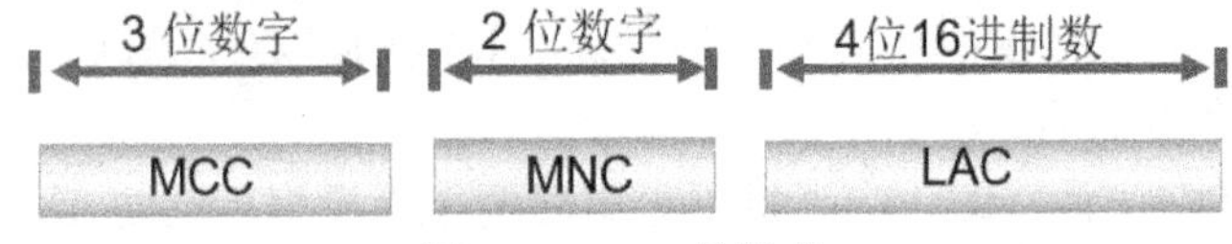

图 5-34　LAI 的组成

LAI 中的 MCC 和 MNC 与 IMSI 中的含义相同。

2. LAC(Location Area Code，位置区号)

LAC 是 2 个字节长的十六进制 BCD 码，即四位 16 进制数。注意前面的 MCC 和 MNC 都是十进制数字，LAC 是十六进制数。0000 与 FFFE 不能使用。小区广播时通告的位置区号码实际上仅有 LAC。在多数情况下，前面的移动国家代码 MCC 和网络号 MNC 都是不广播的。

3. CGI(Cell Global Identification，全球小区识别)

每个位置区中都会有若干个小区，用全球小区识别(CGI)为每个小区编号。

CGI 是所有 GSM PLMN 中小区的唯一标识。CGI 是在位置区识别(LAI)的基础上再加上小区识别(CI)构成的。编码格式为 LAI+CI，如图 5-35 所示。

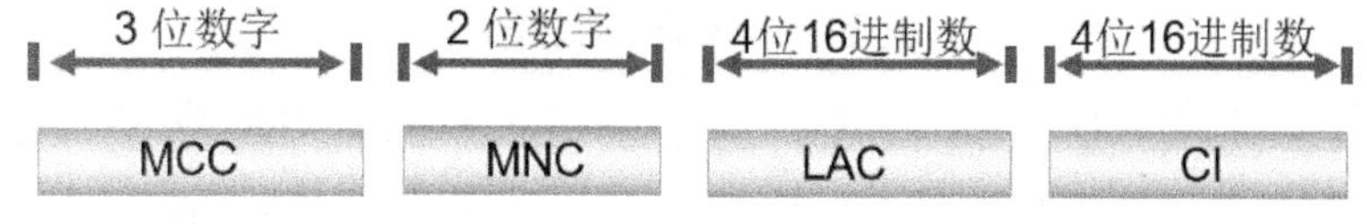

图 5-35　CGI 的构成

也就是说，小区所在的位置区的位置区识别码 LAI 的后面加上小区识别 CI 就构成了全球小区识别 CGI。

CI(Cell Identity，小区识别)，是 2 个字节长的十六进制 BCD 码，可由运营部门自定。

5.3.10　RSZI

RSZI (Regional Subscription Zone Identity，区域标识)，明确地定义了用户可以漫游的区域，编码格式如图 5-36 所示。

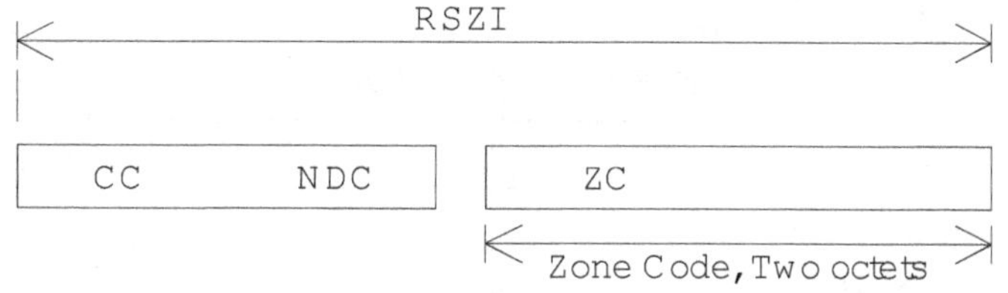

图 5-36　RSZI 的组成

RSZI 中的 CC 和 NDC 与 MSISDN 中的含义相同。

ZC(Zone Code)在某一 PLMN 内唯一地识别允许漫游的区域，它是由运营者设定的，在 VLR 内存储。

RSZI 并不在 HLR 与 VLR 之间传送，只有 ZC 在位置更新时，才从 HLR 传送到 VLR，用于 VLR 判断某用户是否允许在该 VLR 区域内漫游。

5.3.11　编号小结

在编号时常用到移动国家代码 MCC 和国家码 CC，这两个码都是区分不同国家的，那么什么时候使用 MCC，什么时候使用 CC 呢？

编号小结

在 GSM 编号体系中，当系统对内时，即在系统内部使用时，为了安全等方面考虑，使用移动国家代码 MCC，我国的 MCC 是 460。当系统对外时，即在用户或者第三方可见的情况下，编码使用国家码 CC，我国的 CC 是 86。

使用 MCC 最典型的编码是 IMSI，还有 LAI 和 CGI 都是用的 MCC。这三个编码都是对内的，仅在网络内部使用。配合 MCC 使用的是网络号 MNC，是两位的。

使用 CC 最典型的编码就是 MSISDN，还有 MSRN 也使用 CC，MSC 和 VLR 编号也使用 CC，HLR 编号中使用的也是 CC。这些编号都是对外可见的。使用 CC 后面就会跟随用于识别网络的国内接入号 NDC。

【编号应用实例】一个深圳用户，现在漫游到广州的 VLR1 下的位置区 1。

(1) 该用户的数据存储在哪个 HLR 和 VLR 里？分别是什么内容，包含哪些号码？

具体包含的号码如表 5-4 所示。

表 5-4　数据存储表一

深圳的 HLR	广州的 VLR1
用户基本信息 MSISDN IMSI VLR1 的号码	IMSI TMSI—当前 VLR 分配 LAI1—当前所在位置区

用户的基本信息要存储在归属地也就是深圳的 HLR 中。里面包括用户的 MSISDN，IMSI，还有当前所在地的 VLR 号码，也就是广州的 VLR1。

当前所在的广州的 VLR1 中也要存储用户信息，包括用户的 IMSI，当前 VLR 分配给用户的 TMSI，还有用户当前所在的位置区号码 LAI1。

(2) 若该用户从 VLR1 里的位置区 1 移动到位置区 2，他的数据有何改变？

具体包含的号码如表 5-5 所示。

表 5-5　数据存储表二

深圳的 HLR	广州的 VLR1
用户基本信息 MSISDN IMSI VLR1 的号码	IMSI TMSI—当前 VLR 分配 LAI2—当前所在位置区

深圳的 HLR 中数据无变化。广州的 VLR1 中的位置区 LAI1 变为 LAI2。

(3) 若他现在移动到广州的另一个 VLR2 里，他的数据又有何改变？

具体包含的号码如表 5-6 所示。

表 5-6　数据存储表三

深圳的 HLR	广州的 VLR1	广州的 VLR2
用户基本信息 MSISDN IMSI VLR2—当前所在 VLR	数据清除	IMSI 新 TMSI—当前 VLR 分配 LAI3—当前所在位置区

深圳 HLR 中登记的当前 VLR 要变为 VLR2，广州的 VLR1 中的数据要清除，用户的 IMSI 要写入用户当前所在的 VLR2 中，VLR2 给用户重新分配 TMSI，登记用户当前所在的位置区 LAI3。

5.4　GSM 系统的网络结构

5.4.1　移动通信网络结构

GSM 网逻辑上可以分为信令网和通信网两个子网，其中信令网完成 MAP 信令、TUP

信令的路由选择和传输，通信网完成话路的接续和传输。GSM 网络结构如图 5-37 所示。

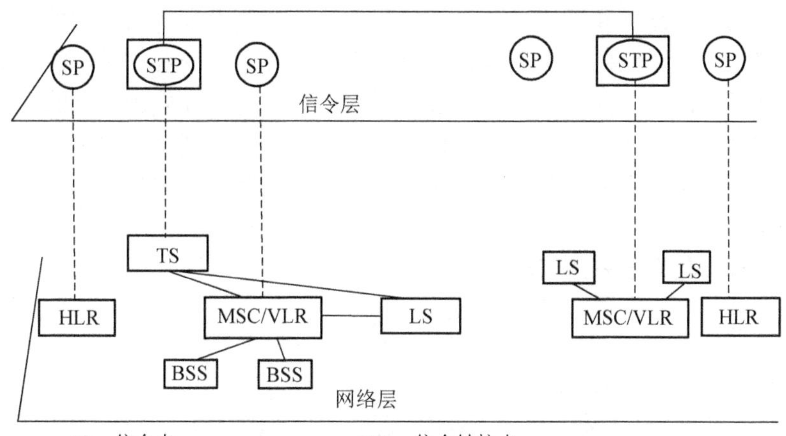

图 5-37　GSM 网络结构示意图

GSM 网地域上依照网络规模可以使用不同的层级结构。一般情况下，大国家可分为三级：大区汇接局、省级汇接局、基本业务区；中小国家可分为两级(汇接局、基本业务区)或无级。

1. GSM 信令网结构

我国 GSM 数字移动信令网采用移动专用 No.7 信令网三级结构：

第一级为高级信令转接点 HSTP，设在大区一级移动业务汇接中心。各大区可只建一个独立的 HSTP，也可建 A、B 两个平面，一对 HSTP；

第二级为低级信令转接点 LSTP，设在省内二级移动业务汇接中心。一般省内建 2～4 个 LSTP，仅与其归属的 HSTP 相连；

第三级为信令 SP，设在每个 MSC/VLR，EIR，HLR/AUC，SMC，BSC 等处，与相应的 LSTP 互通。HSTP 之间、LSTP 之间、LSTP 与 SP 之间应设置双路由双链路，当条件不具备时，可设置单路由双链路。GSM 信令网结构如图 5-38 所示。

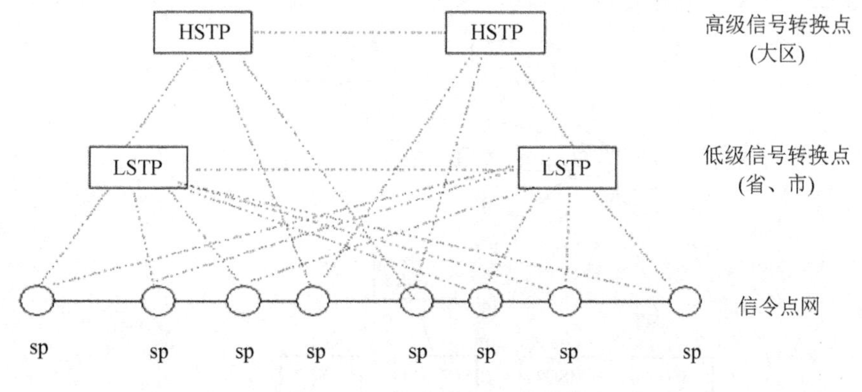

图 5-38　GSM 信令网结构示意图

2. GSM 信令网路由选择

信令路由分为正常路由和迂回路由。正常路由可采用直连方式的直达信令路由和准直连方式的信令路由，迂回路由是因正常路由故障而不能传送信令业务时，经过信令转接点转接的准直连方式路由。选择路由时应先选择正常路由，再选优先级较高的迂回路由，若有同一优先级的多个路由 N，且它们之间采用负荷分担方式，则每个路由承担整个信令负荷的 1/N。若其中一个信令链路故障时，应将信令业务切换到采用负荷分担方式的其他信令链路上去。

信令网路由选择如图 5-39 所示。

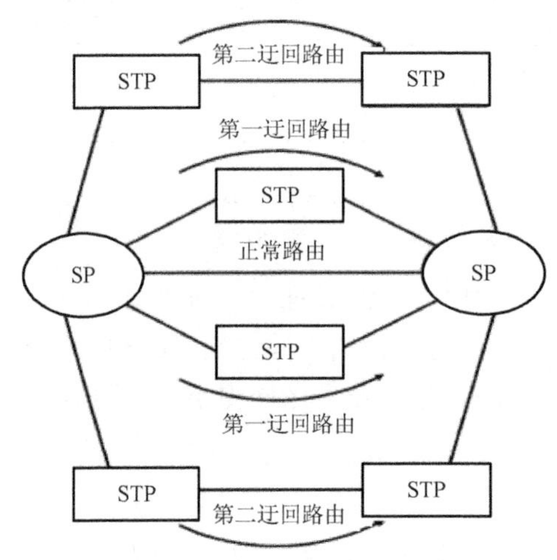

图 5-39　信令网路由选择示意图

3. GSM 移动通信网

我国 GSM 数字移动通信网采用三级结构，如图 5-40 所示。

第一级为省级、大区级话务汇接局 TMSC1，设在省、大区一级移动业务汇接中心，一般设置两个实现业务的负荷分担和容灾。

第二级为区域汇接中心，设在省内二级移动业务汇接中心 TMSC2。一般省内建 2～4 个 TMSC2，省内、大区内的 TMSC2 之间去互联，并且向上连接到所属大区的 TMSC1。

第三级为移动端局 MSC，按每个地市设置，向上连接到所属区域的 TMSC2。

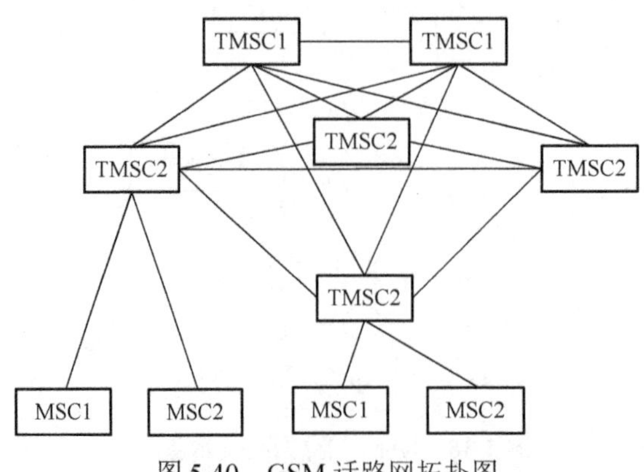

图 5-40　GSM 话路网拓扑图

5.4.2　GSM 移动业务本地网

全国可划分为若干个移动业务本地网，原则上按长途区号为 2 位或 3 位的地区划分。一个移动业务本地网一般只设一个移动交换中心(局)(MSC)，用户多达相当数量时可设多个 MSC，每个本地网至少设一个归属位置寄存器(HLR)，必要时可多设。

每个 MSC 应与当地长途交换中心和市话汇接局 Tm 以低呼损中继线相连；在长途局多局制的市，MSC 应与最高级别的长途局连接；在无市话汇接局或话务量足够大的情况下，MSC 也可与市话端局相连；省内设多个 TMSC2 时，各 TMSC2 之间为网状网，每个 MSC 应与两个 TMSC2 相连；各 MSC 之间以高效直达路由相连，形成网状网。GSM 移动业务本地网如图 5-41 所示。移动本地网方式——中小规模组网如图 5-42 所示。移动本地网方式——大规模组网如图 5-43 所示。

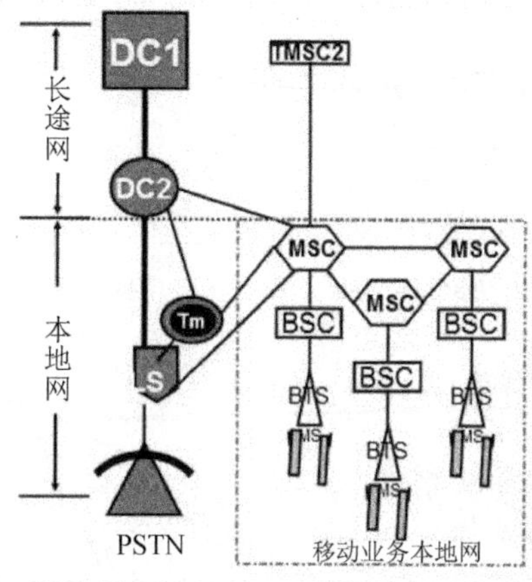

图 5-41　GSM 移动业务本地网示意图(设有 3 个 MSC)

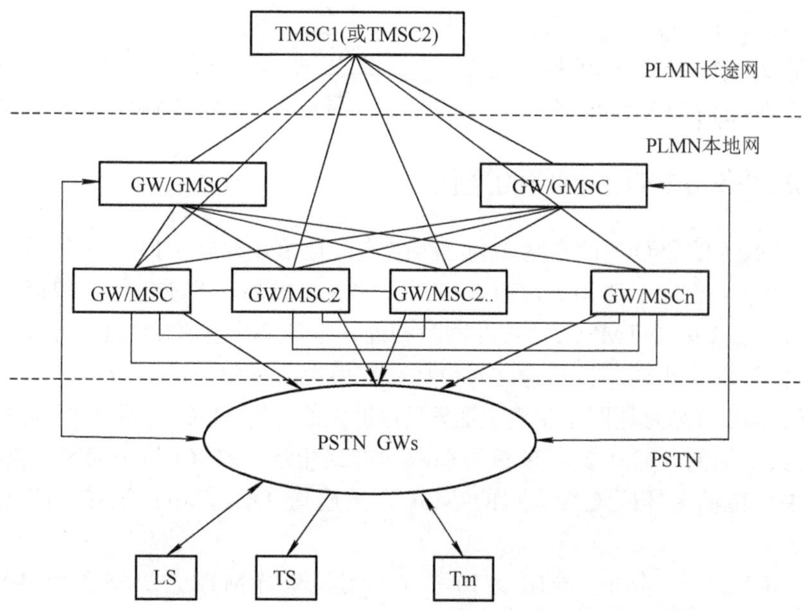

图 5-42　移动本地网方式——中小规模组网示意图

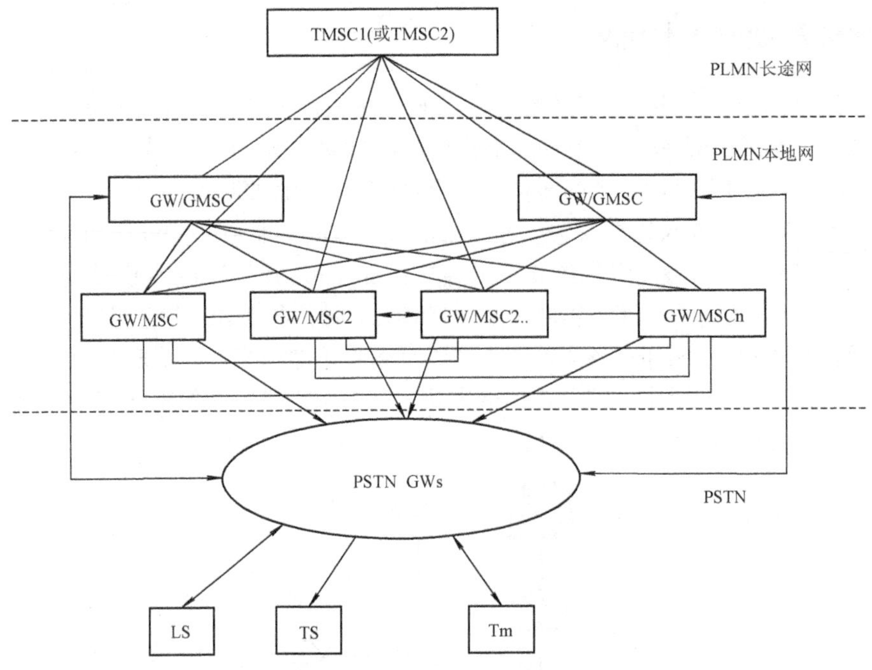

图 5-43　移动本地网方式——大规模组网示意图

5.4.3　GSM 省内移动通信网

省内 GSM 通信网由省内若干移动本地网组成，设若干移动业务汇接中心(即二级汇接中心 TMSC2)。TMSC2 之间为网状网结构，TMSC2 与 MSC 之间为星型网结构。TMSC2 可以只作汇接中心，也可以既作端局又作汇接中心。GSM 省内移动通信网如图 5-44 所示。

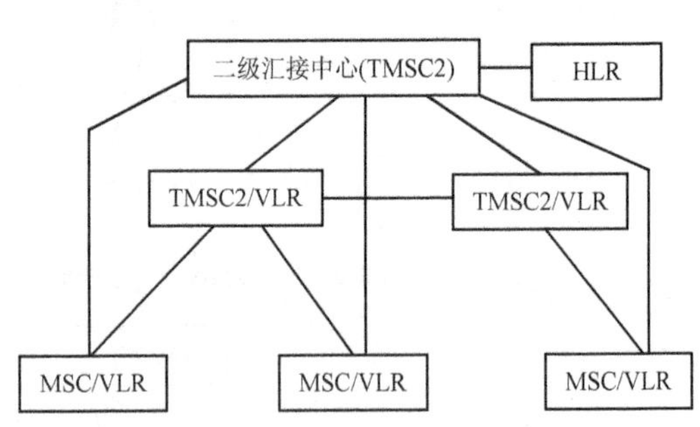

图 5-44　GSM 省内移动通信网示意图

5.4.4　GSM 网络与 PSTN 网络的连接

PSTN 和 GSM 的 NO.7 信令网均为三级结构，且相互独立。13 个大区设一级汇接中心 TMSC1：北京、上海、沈阳、南京、广州、武汉、成都、西安等地，彼此网状相连；各省设若干二级汇接中心 TMSC2，彼此网状相连，上连本大区 TMSC1，并在可能和必要时与邻大区的 TMSC1 相连；按长途区号设移动交换中心 MSC 作为移动端局。

本地 MSC 间以高效直达路由相连，话务量足够大的任何 MSC 之间可建低呼损直达路由。

MSC 对其归属的 TMSC2 尽量按端局双归方式相连。MSC 与 PSTN 在本地网级相连，本地网中继传输主环应连接本地的 MSC、长途局 DC2、市话汇接局(Tm)和主要市话端局(LS)。

将来 TMSC1/2 趋于合并，全国设 70 多个移动长途局 MTS。GSM 网络结构与 PSTN 的连接如图 5-45 所示。

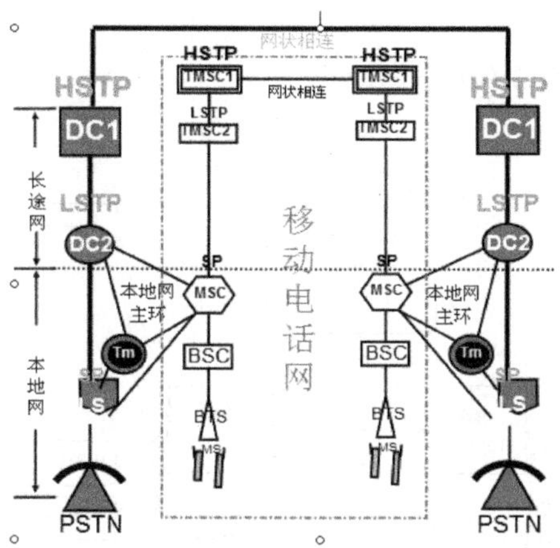

图 5-45　GSM 网络结构与 PSTN 的连接示意图

5.4.5　GSM 移动通网信组网实例

1. 信令网络举例

辽宁省 GSM 信令网组织如图 5-46 所示。

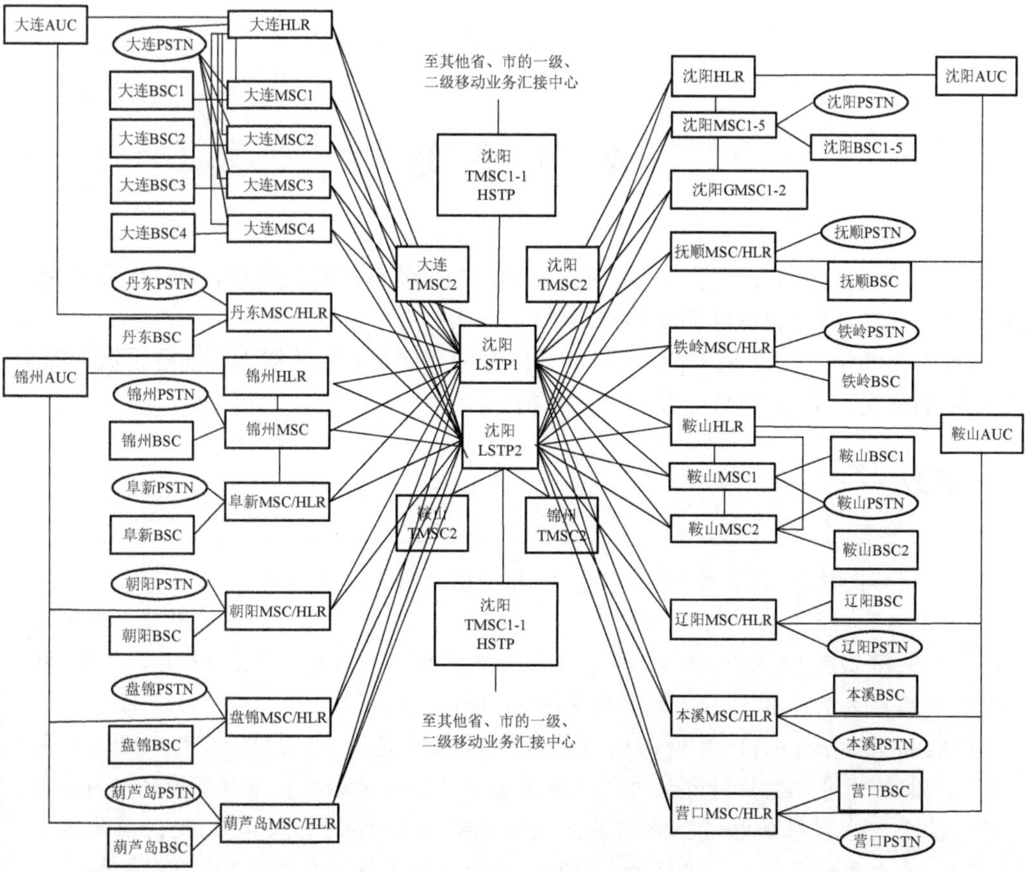

图 5-46　辽宁省 GSM 信令网组织图

2. 通信网组网实例

辽宁省 GSM 通信网络组织如图 5-47 所示。

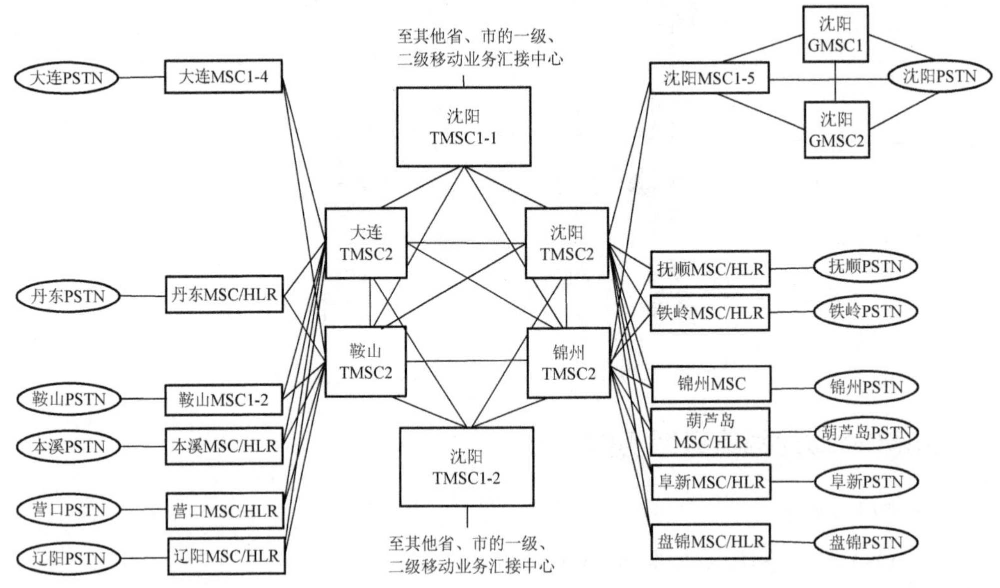

图 5-47　辽宁省 GSM 通信网络组织图

本 章 小 结

本章介绍了信令的分类、信令网的三要素，7 号信令的相关知识，GSM 系统的区域划分及编号计划，以及 GSM 系统的网络结构。

通过本章的学习，读者应掌握信令网和信令网三要素的相关知识，理解区域的概念和各个编号的意义，了解 GSM 系统的网络结构。

思政

工信部：截至 2023 年 11 月末，5G 移动电话用户达 7.71 亿户

来源：人民网

人民网北京 12 月 20 日电　据工业和信息化部官网消息，截至 11 月末，5G 移动电话用户达 7.71 亿户，比上年末净增 21 040 万户。

数据显示，1～11 月份，电信业务收入累计完成 15 548 亿元，同比增长 6.9%，按照上年不变价计算的电信业务总量同比增长 16.6%，量收增速均与 1～10 月份持平。三家基础电信企业完成互联网宽带业务收入为 2404 亿元，同比增长 8.5%，在电信业务收入中占比为 15.5%，拉动电信业务收入增长 1.3 个百分点。

同时，三家基础电信企业积极发展 IPTV(网络电视)、互联网数据中心、大数据、云计算、物联网等新兴业务，1～11 月份共完成业务收入 3326 亿元，同比增长 20.1%，在电信业务收入中占比为 21.4%，拉动电信业务收入增长 3.8 个百分点。其中云计算和大数据收入同比增速分别达 39.7%和 43.3%，物联网业务收入同比增长 22.7%。

截至 11 月末，三家基础电信企业的移动电话用户总数达 17.26 亿户，比上年末净增 4269 万户。其中，5G 移动电话用户达 7.71 亿户，比上年末净增 21 040 万户，占移动电话用户的 44.7%，占比较上年末提高 11.4 个百分点。

此外，截至 11 月末，5G 基站总数达 328.2 万个，占移动基站总数的 28.5%。

第 6 章　移动通信流程

学习目标

1. 了解位置更新涉及的网元和参数，了解各网元间参数交互的流程；
2. 掌握鉴权的过程和相关参数的作用，掌握在鉴权过程中各网元的作用和相关动作；
3. 掌握主叫流程中主叫话路和信令的建立过程；
4. 掌握被叫流程中被叫话路和信令的建立过程以及被叫寻呼流程中寻呼的发起和响应；
5. 理解短信始发和终结流程；
6. 熟悉切换流程中 MS/BSC/MSC 的各自动作和功能。

本章描述了移动用户在各种专用模式下各网元之间信令的交互过程，通过信道请求、立即指配、鉴权加密、指配、建立语音或数据交互直至释放等信令流，详细介绍了主被叫呼叫过程、位置更新、切换、释放、短消息及呼叫重建等行为的阶段进程。当出现诸如漫游类业务时，有网内和网间差异的时候，HLR 和 MSC/VLR 之间也会出现不同的信令交互情形。本章还详细介绍了在各种业务下接入、鉴权加密、TCH 指配及释放的流程信息，通过对这些信令的学习，理解移动用户进行业务接入的具体过程，掌握主叫呼叫流程和被叫流程的差异与联系。

6.1 立即指配流程

立即指配流程

立即指配流程是手机在接入网络时发起的第一个流程，即建立无线链路，为后续的业务建立信令和业务通道。

手机开机要做的第一件事情就是和基站建立联系，那么这个过程是什么样的呢？以 GSM 一阶段的手机为例，手机开机建联过程如图 6-1 所示。

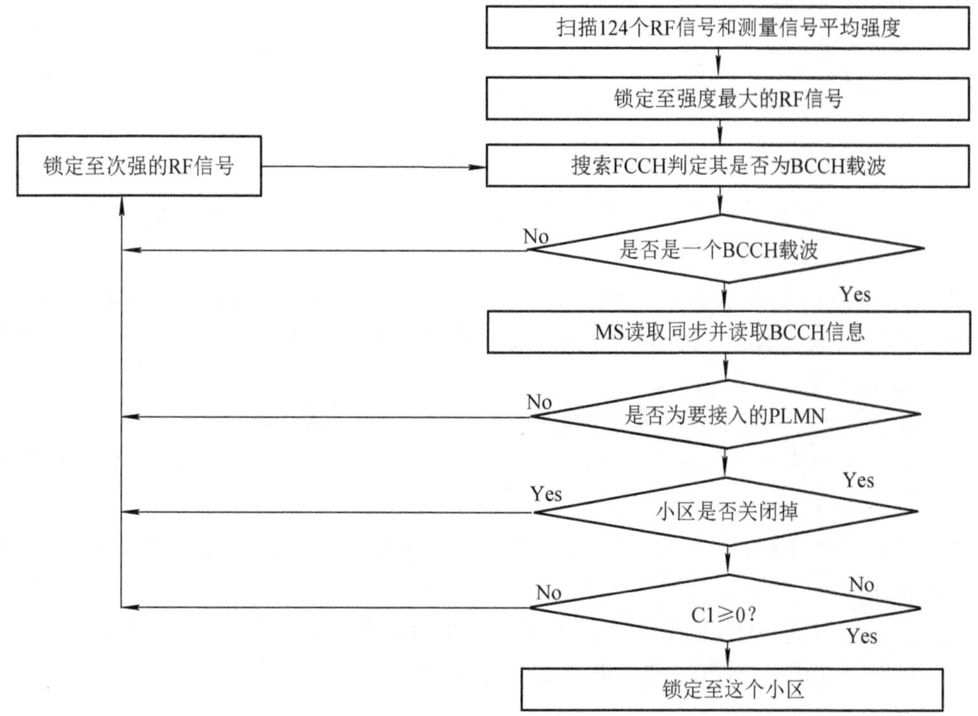

图 6-1　手机开机建联过程示意图

手机开机后首先要扫描 1～124 号的频点信号，也称射频 RF 信号，并且要对扫描到的信号测量平均值，这样可以锁定最强大的 RF 信号；之后要判定这个信号中是否有 FCCH 的频率校正信号，从而确定是不是一个 BCCH 载波；如果不是 BCCH 载波，那么就要锁定次强信号，继续搜索 FCCH 判定 BCCH 载波，直至确定收到 BCCH 载波；之后手机就可以读取同步信号，并且进一步读取 BCCH 信息；从 BCCH 的信息中了解接入的 PLMN 是不是自己的运营商的。比如你是一个移动用户，应该接入频点 1～94 号，结果读取的是 102 号频点的信号，说明选择的 PLMN 不正确，这时就要再次返回，锁定再次一级强度的 RF 信号，重复前面的过程，直至收到正确的 PLMN 信号。之后要判断小区是否关闭掉，如果关闭要再次返回，锁定再次一级强度的 RF 信号，重复前面的过程，如果小区没有关闭掉，就要判断 C1 是否大于等于 0；如果小于 0，就要再次返回，锁定再次一级强度的 RF 信号，重复前面的过程，如果 C1 大于等于 0，就可以锁定至这个小区，准备好可以和这个小区通信了，手机这时就会显示有信号了。

立即指配流程就是从手机锁定小区开始的，如图 6-2 所示。

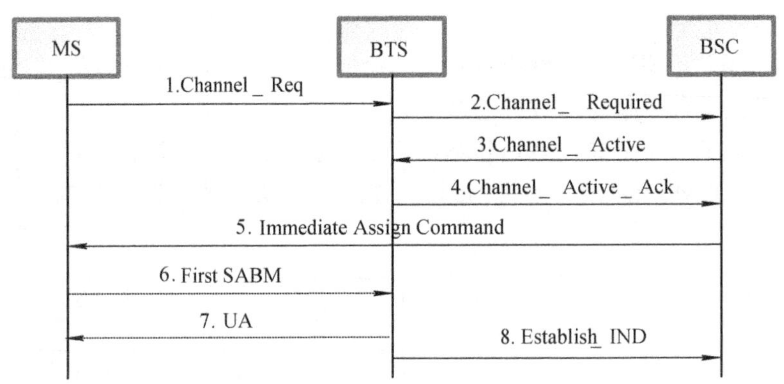

图 6-2　立即指配信令流程

(1) 当手机需要接入网络时，MS 向 BTS 发出申请消息(Channel_Req)，使用 RACH 信道，发送 AB 突发脉冲序列。

(2) BTS 收到 MS 的申请后，向 BSC 发送入网申请请求消息(Channel_Required)。

(3) BSC 受理请求后，向 BTS 发送信道准备消息(Channel_Active)，通过 BTS 确认要分配的信道是可用的。

(4) 如信道可用，BTS 回复信道准备确认消息(Channel_Active_Ack)。

(5) BSC 收到信道准备确认消息后，通过 AGCH 将信道分配给 MS，分配信令消息为 Immediate Assign Command，使用 NB 突发脉冲序列。

(6) MS 得到分配的信道后，先进行试用，向 BTS 发送首次设置异步平衡模式消息(First SABM)。

(7) 如信道可用，BTS 向 MS 回复无编号证实消息(UA)。

(8) BTS 向 BSC 发送指配成功消息(Establish_IND)。

6.2　无线链路建立流程

在 GSM 网络中，当手机需要与网络发生联系时，必须先建立无线链路和 A 接口的信令连接，即手机与网络之间建立一个无线链路，用于信令传送。

6.2.1　无线链路建立流程

无线链路建立流程主要包括以下五个流程：

(1) 随机接入流程(Random Access Procedure)；

(2) 信道分配流程(Channel Activation Procedure)；

(3) 立即指配流程(Immediate Assignment Procedure)；

(4) SCCP 连接建立流程(SCCP Connection Establishment Procedure)；

(5) Paging 流程(Paging Procedure)。

在上述五个流程中，其中 Paging 流程仅用于被叫流程中，用户主动发起无线链路的建立流程仅包括前四个流程，图 6-3 为用户主动发起无线链路建立的一般流程。

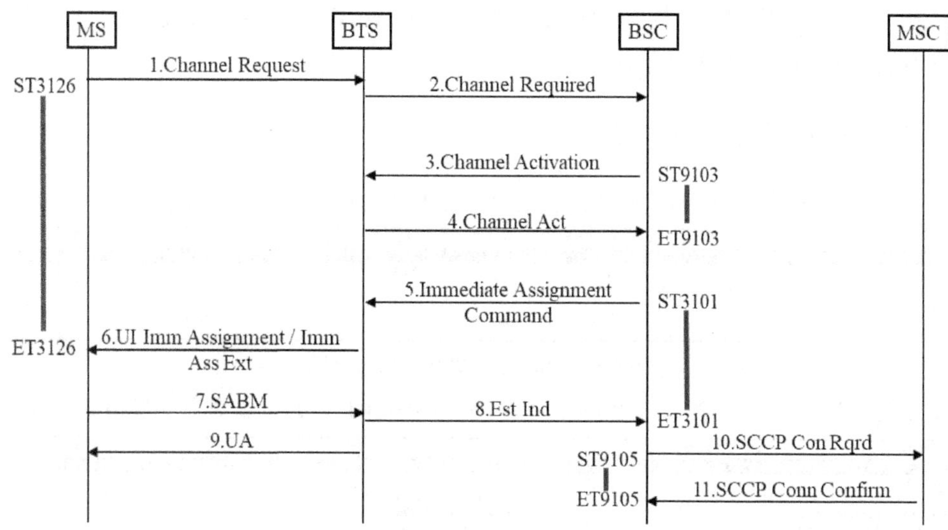

图 6-3　无线链路建立流程

图 6-3 中包含四个流程，每个流程以 T 加数字命名，S(Start)表示流程开始，同序号的 E(End)表示该流程结束。T3126 表示随机接入流程，T9103 表示信道分配流程，T3101 表示立即指配流程，T9105 表示 SCCP 联接建立流程。

用户主动发起无线链路建立的一般流程主要分为以下几个信令步骤：

(1) MS 发起 T3126 流程，向 BTS 发送信道请求消息(Channel Request)，使用 RACH 信道，发送 AB 突发脉冲序列。消息中包括请求建立原因(Est Cause)和参考随机数(Rnd Nbr)。

(2) BTS 收到信道请求消息，通过 RACH_TA_Filtering 计算出 TA 值，并将请求建立原因、参考随机数和 TA 值打包为新的信道请求消息(Channel Required)，发送给 BSC。

(3) BSC 发起 T9103 流程，信道分配(Channel Activation)信令中包含 TA 值、TS 和 MS 最大静态功控信息(BS/MS_TxPwr -->Max)和信道描述信息(Chann)。

(4) BTS 收到后发送确认消息(Channel Act)，确保信道处于空闲状态，T9103 流程结束。

(5) BSC 发起 T3101 流程，发送立即指配命令(Immediate Assignment Command)，其中包含参考随机数(Rnd Nbr)、TDMA 帧号参考(TDMA Frame Nbr)、道信息(Chann)和 TA 值。

(6) BTS 通过 AGCH 信道发送 SDCCH 信道分配命令(UI Imm Assignment /Imm Ass Ext)，其中包含两个 MS 分配的 SDCCH，到此 T3126 流程结束。

(7) MS 通过 SDCCH 信道发送 SABM(Set Asynchronous Balance Mode，设置异步平衡模式)，在任何新信道登陆时均会有 SABM 过程。

(8) BTS 发送确认消息(Est Ind)，表示信道已经分配成功，至此 T3101 流程结束。

(9) BTS 以 UA(Unnumbered Ack，无编号包)回应 SABM 信令。

(10) BSC 发起 T9105 流程，BSC 向 MSC 发起 SCCP 连接建立请求(SCCP Con Rqrd)，同时 BSC 开始对 MS 发出的上行 DTAP 消息排队(如 CM Serv Abort 消息)。

(11) MSC 向 BSC 发起 SCCP 连接建立请求确认消息(SCCP Conn Confirm)，至此 T9105 流程结束。如果 BSC 收到 MS 发出的 Classmark Change 消息，BSC 会在 SCCP 连接完成后发 Classmark Update 消息给交换机。

6.2.2　Abis 接口信令

Abis 接口为私有化接口，下面展示某公司 Abis 接口信令的信令截图，如图 6-4 所示。

Long Time	From	TEI	TSNO	2. Prot	2. MSG	3. Prot	3. MSG	4. Prot	4. MSG
10:57:08,656,101	2:A (Rx):18	2	0	LAPD	INFO	RSL	CHNRD		
10:57:08,666,447	2:B (Rx):18	2	1	LAPD	INFO	RSL	CHNAV		
10:57:08,677,976	2:A (Rx):18	2	1	LAPD	INFO	RSL	CHNAK		
10:57:08,687,441	2:B (Rx):18	2	0	LAPD	INFO	RSL	IACMD	DTAP	IMASS
10:57:09,005,342	2:A (Rx):18	2	1	LAPD	INFO	RSL	ESTIN	DTAP	CMSREQ

图 6-4　Abis 接口信令的信令截图

展开信令后可以看到各个步骤的信令详情。Channel Required 信令如图 6-5 所示。

BITMASK	ID Name	Comment or Value
E-GSM 08.58 (RSL) Rev 5.5.0 (RSL)　CHNRD (= CHANnel ReQuireD)		
CHANnel ReQuireD		
-------0	Transparency bit	not transparent to BTS
0000110-	Message Group	Common Channel Management messages
00010011	Message Type	19
Channel Number		
00000001	IE Name	Channel Number
-----000	time slot number	0
10001---	channel	Uplink CCCH (RACH)
Request Reference		
00010011	IE Name	Request Reference
11100010	Random Access Information	226
01111---	T1' FN mod 32	15
b6	T3　FN mod 51	18
---00010	T2　FN mod 26	2
Access Delay		
00010001	IE Name	Access delay
00000000	Access Delay	0

图 6-5　Channel Required 信令

Immediately Assignment 信令如图 6-6 所示。

BITMASK	ID Name	Comment or Value
E-GSM 04.08 (DTAP) 5.6.3) (DTAP)　IMASS (= Immediate assignment)		
Immediate assignment		
001100--	L2 Pseudo Length	12
----0110	Protocol Discriminator	radio resources management msg
0000----	Skip Indicator	0
-0111111	Message Type	63
0-------	Extension bit	0
------11	Page mode	Same as before
----00--	Spare	0
0000----	Spare	0
CHannel Description		
-----001	Timeslot number	1
01110---	Channel type & TDMA OFFSET	SDCCH/8+C8 or CBCH CH6
111-----	Training Sequence Code	7
---1----	Hopping channel	RF hopping channel
b6	MAIO	0
--100100	HSN	36
ReQuest Reference		
11100010	Random Access Information	226
01111---	T1' FN mod 32	15
b6	T3 FN mod 51	18
---00010	T2 FN mod 26	2
Timing Advance		
--000000	Timing advance value	0
00------	Spare	0
Mobile Allocation		
00000001	IE Length	1
00111111	MA contents	3f
Rest octets		
B10*	Rest Octets	2b 2b 2b 2b 2b 2b 2b 2b 2b 2b

图 6-6　Immediately Assignment 信令

Channel Activation 信令如图 6-7 所示。

BITMASK	ID Name	Comment or Value
E-GSM 08.58 (RSL) Rev 5.5.0 (RSL)	CHNAV (= CHANnel ACTIVation)	
CHANnel ACTIVation		
-------0	Transparency bit	not transparent to BTS
0000100-	Message Group	Dedicated Channel Management message
00100001	Message Type	33
Channel Number		
00000001	IE Name	Channel Number
-----001	time slot number	1
01110---	channel	SDCCH/8 + ACCH subchannel 6
Activation Type		
00000011	IE Name	Activation Type
-----000	type of activation	related to immediate assignment proc
-0000---	Spare	0
0-------	type of procedure	Initial activation
Channel Mode		
00000110	IE Name	Channel Mode
00000100	IE Length	4
-------0	DTX in uplink direction	not applied
------0-	DTX in downlink direction	not applied
000000--	Spare	0
00000011	Speech/Data Indicator	Signalling
00000001	Channel Rate/Type	SDCCH
00000000	Signalling / Octet 6	No resources required
Channel Identification		
00000101	IE Name	Channel Identification
00000111	IE Length	7
01100100	04.08 Element	Channel description
-----001	Timeslot number	1
01110---	Channel type & TDMA OFFSET	SDCCH/8+C8 or CBCH CH6
111-----	Training Sequence Code	7
---1----	Hopping channel	RF hopping channel
b6	MAIO	0
--100100	HSN	36
01110010	04.08 Element	Mobile allocation
00000001	IE Length	1
00111111	MA contents	3f
BS Power		
00000100	IE Name	BS Power
---00000	Power Level	Pn
000-----	Spare	0
MS Power		
00001101	IE Name	MS Power
---00101	MS Power Level	33 dBm
000-----	Spare	0
Timing Advance		
00011000	IE Name	Timing Advance
--000000	Timing Advance	0
00------	Spare	0

图 6-7　Channel Activation 信令

6.2.3　无线链路建立流程异常情况

无线链路建立流程异常情况具体如下：

(1) SDCCH 拥塞：如果 BSC 在收到 Channel Required 时，相应小区没有空闲的 SDCCH，BSC 将会这样处理，如果小区参数 En_Imm_Ass_Rej=“True”，则发 Immediately Assignment Reject；否则忽略 Channel Required 消息。对不同的呼叫类型有不同的等待时间。

(2) T9103 超时(BSC 准备好分配信道，即信道激活)：BSC 发 RF Channel Release 消息到 BTS，当信道激活不成功时触发的 BTS RF Chan Rel 不包含 Phys Cont Req 过程。

(3) BSC 收到 Channel Activation NAck 消息：BSC 内部释放 BTS 的相应无线信道(没有任何消息在 Abis 接口上传送)。仅在 BSC 内部资源表中释放，在 Abis 上没有信令传送。

(4) T3101 超时(信道正式分配)：Layer 3 无法建立，SC 发 RF Channel Release 到 BTS。

(5) T9105 超时(SCCP 上报)：BSC 通过呼叫释放过程(Call Release Procedure)释放原先建立的 SDCCH 连接，在 A 接口，BSC 向 MSC 发 SCCP 释放请求；RF 部分，BSC 向手机和 BTS 发信道释放消息。

(6) BSC 收到 Establish Indication 消息，但消息中不含 Layer 3 Information，则 BSC 向手机和 BTS 发信道释放消息。

(7) Abis 上的其他异常中断消息的处理：BSC 收到 Error Indication，此时发送释放，具体操作为在 A 接口上，BSC 发断开请求“Radio Interface Failure”到交换机；BSC 向手机和 BTS 发信道释放消息。

收到 Error Indication 的原因可能为：“T200 Expiry”即监视 SABM 和 UA 过程异常；“Unsolicited DM Response”即不请自来的信息回复，这种情况发生在 Disconnect 过程中；“Sequence Error”即序列错误。

(8) BSC 收到 Connection Failure indication (Cause : Radio Link Failure)：在 A 接口上，BSC 发 Clear Request “Radio Interface Failure”到交换机；BSC 向 BTS 发 RF Channel Release 消息。

(9) BSC 收到 Release Indication：当收到手机发出的 DISC(拆除键路帧)消息时，在 A 接口上，BSC 发 Clear Request“Radio Interface Failure”到交换机；BSC 向手机和 BTS 发信道释放消息。

6.3 鉴权和寻呼流程

在 GSM 网络中，鉴权和寻呼流程为其他业务流程提供服务或是作为其一部分，本身不会独立发起或进行，这些流程可以称为辅助流程。

6.3.1 鉴权加密流程

1. 鉴权

鉴权

鉴权是通过比较 MS 提供的鉴权响应和 AUC 提供的鉴权三参数组之间是否一致进行判断的。通过鉴权，可以防止非法用户(比如盗用 IMSI 和 KI 复制而成的卡)使用网络提供的服务。

首先明确 MS 的 SIM 卡和 AUC 中存贮的信息及运算过程，如图 6-8 所示。

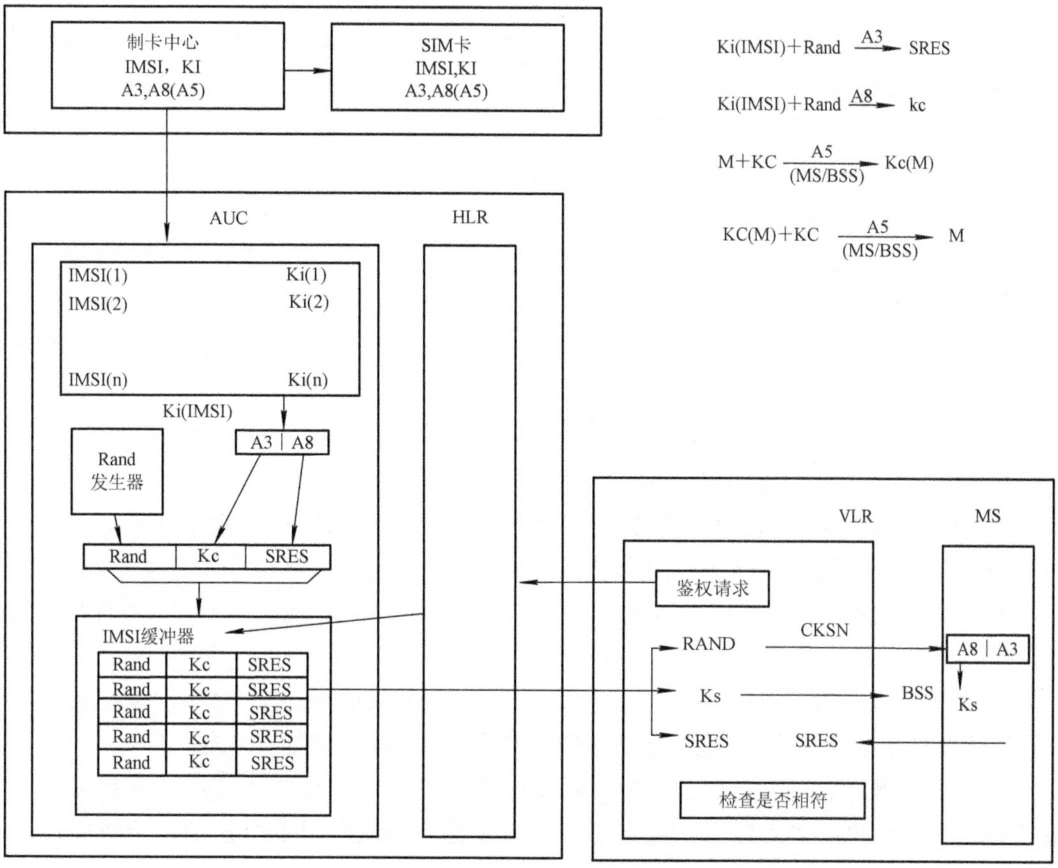

$Ki(IMSI)+Rand \xrightarrow{A3} SRES$

$Ki(IMSI)+Rand \xrightarrow{A8} kc$

$M+KC \xrightarrow[(MS/BSS)]{A5} Kc(M)$

$KC(M)+KC \xrightarrow[(MS/BSS)]{A5} M$

图 6-8　鉴权数据产生过程示意图

SIM 卡中包含固化数据：IMSI，Ki，A3，A8 安全算法(这些内容不会更改)；临时的网络数据 TMSI，LAI，Kc；被禁止的 PLMN；还有业务相关数据。

AUC 中包含用于生成随机数(RAND)的随机数发生器，鉴权键(Ki)，各种安全算法。这些安全算法和 SIM 卡中的算法一致。

鉴权流程如图 6-9 所示。

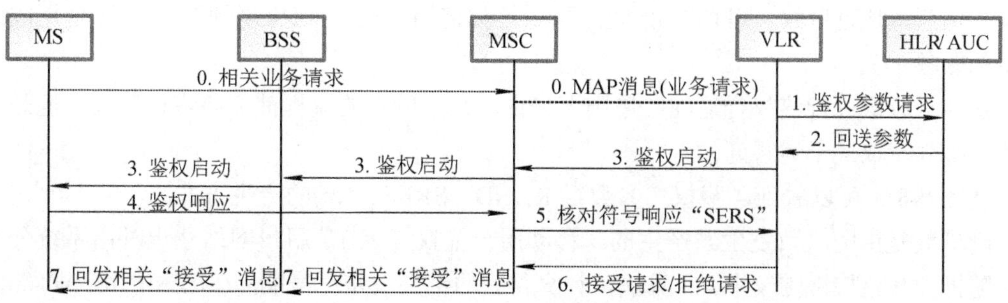

图 6-9　鉴权流程

鉴权流程主要分为以下几个步骤：

(0) 鉴权准备。当 MSC 收到相关业务请求时，向 VLR 发送 MAP 消息。相关业务请求包括呼叫建立请求、位置更新请求、补充业务请求等。MAP 消息中包括业务请求、用户的 IMSI 或 TMSI 信息、CKSN(检查序列号)等。

(1) VLR 向 HLR 中的 AUC 发起鉴权参数请求，消息中携带用户的 IMSI。

(2) AUC 回送 VLR 几组鉴权参数，每组包含三个鉴权参数，称之为鉴权三参数，分别为：随机数(RAND)，符号响应(SRES)，以及密钥(Kc)。VLR 将几组参数进行存储，后续鉴权过程中，如 VLR 中有未被使用的参数，则不需再向 AUC 请求参数。

(3) VLR 将一组鉴权参数中的随机数 RAND 发送给 MSC 启动鉴权流程，再通过 BSS 将随机数下发到 MS。

(4) MS 进行鉴权响应。使用该随机数 RAND 计算出符号响应(SRES)和密钥(Kc)，并将随机数(RAND)，符号响应(SRES)，以及密钥(Kc)逐层发送到 MSC。

(5) MSC 将符号响应(SRES)发送至 VLR 进行核对。如果核对正确则鉴权成功，用户为合法用户；如果最终核对错误则鉴权失败，用户为非法用户。至此鉴权流程结束。

(6) VLR 将接受请求或拒绝请求的鉴权结果发送给 MSC。此消息为鉴权流程结束后的反馈消息。

(7) MCS 向 MS 回发相关“接受”消息，如果为鉴权成功，对应发送“业务接受”“位置更新接受”等消息；如果为鉴权失败，对应发送“鉴权拒绝”消息。

鉴权的作用是什么呢？它的主要作用就是保护网络，防止非法盗用；保护用户，拒绝假冒合法用户的“入侵”。通俗点说，就是验证哪些用户是合法的，哪些用户是非法的。

它的原理是基于 GSM 系统定义的鉴权键(Ki)，当客户在网络上注册登记时，会被分配一个 MSISDN、一个 IMSI 及一个与 IMSI 对应的移动用户鉴权键(Ki)；Ki 被分别存放在网络端的鉴权中心 AUC 中和移动用户的 SIM 卡中，并且不允许传输；鉴权就是在 VLR 中验证网络端和用户端的 Ki 是否相同。

当用户鉴权键(Ki)在网络中传输时被人截获了怎么办？可以用鉴权算法 A3 产生加密的数据——这个加密数据就是符号响应(SRES，Signed Response)。

这样就可以通过比较 MS 提供的鉴权响应和鉴权中心提供的鉴权三参数组之间是否一致进行判断，通过鉴权，可以防止非法用户(比如盗用 IMSI 和 Ki 复制而成的卡)使用网络提供的服务。

那什么时候进行鉴权合适呢？原则上来说，几乎所有的流程都需要进行鉴权，但是是否执行鉴权，取决于运营商。

从图 6-8 中可以看到，鉴权三参数组(RAND、SRES、Kc)的产生方式：

随机数是由随机数发生器产生的，移动用户鉴权键(Ki)是用户网络登记时由系统分配的。随机数和鉴权键(Ki)用 A3 算法，计算得到的结果就是符号响应(SRES)，用 A8 算法得到的结果就是 Kc。这三个参数一起存储在 VLR 的鉴权中心中。

很显然，鉴权必须通过鉴权中心(AUC)完成。它不断地为每个用户提供一组参数(包括随机数 RAND、符号响应 SRES 和密钥 Kc 等三个参数)，MSC/VLR 在每次呼叫过程中通过检查系统所提供的和用户响应的三参数是否一致来鉴定用户身份的合法性。

鉴权中心提供的三参数组总是与每个用户相关联的，因此通常 AUC 与 HLR 是合在同一个实体(HLR/AUC)中，或者 AUC 直接与 HLR 相连。每个用户在 VLR 中至少有一个可用的新的三参数组，以保证在任何时候 MSC/VLR 可提供一个新的鉴权参数。当用户要进行呼叫、位置更新等操作时，先需对其鉴权。

完整的鉴权过程如图 6-10 所示。

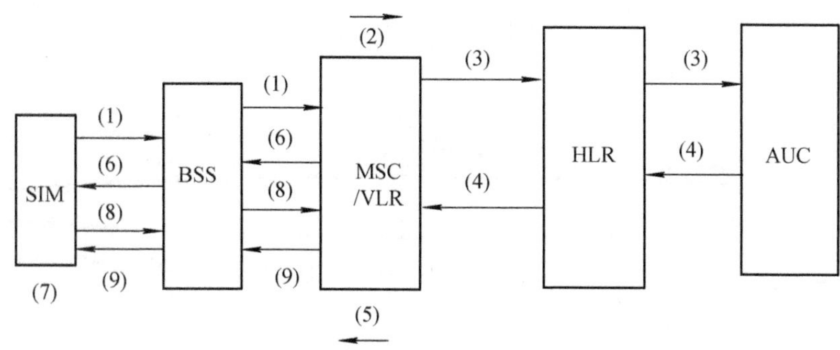

图 6-10　鉴权过程示意图

鉴权过程中各步骤具体说明如下：

(1) 主叫用户发出 IMSI 号到 VLR。

(2) MSC/VLR 判断该 IMSI 是否为新。如为新卡，则向 AUC 申请五个三参数组；如为旧卡，则调用 VLR 中的一个三参数组。

(3) VLR 发请求三参数组消息到 AUC。

(4) AUC 送回五个三参数组。

(5) VLR 只使用一个三参数组进行鉴权，其余四组待用。

(6) MSC/VLR 通过 BSS 向 MS 发 RAND。

(7) MS 在 SIM 卡上进行计算，得到 SRES 和 Kc 值。

(8) MS 将 SRES 和 Kc 送回 MSC/VLR 进行核对。

(9) 若两个 SRES 一致，则鉴权成功，向 MS 返回接受消息：TMSI、CKSN 等。

2. 加密

加密的过程如图 6-11 所示，具体流程如下：

(1) 当加密开始时，根据 MSC/VLR 发出的加密指令，BTS 侧和 MS 侧均开始使用 Kc；

(2) MS 侧，由 Kc、TDMA 帧号一起经 A5 算法，对用户信息数据流加密，在无线路径上传输；

(3) BTS 侧，把从无线信道上收到的加密信息流、TDMA 帧号和 Kc，在经过 A5 算法解密后，传送给 BSC 和 MSC；

(4) 反过来也是一样的。

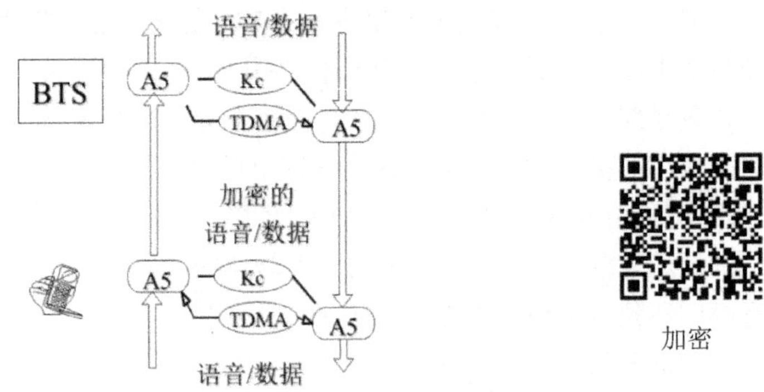

图 6-11　加密过程示意图

加密流程如图 6-12 所示。

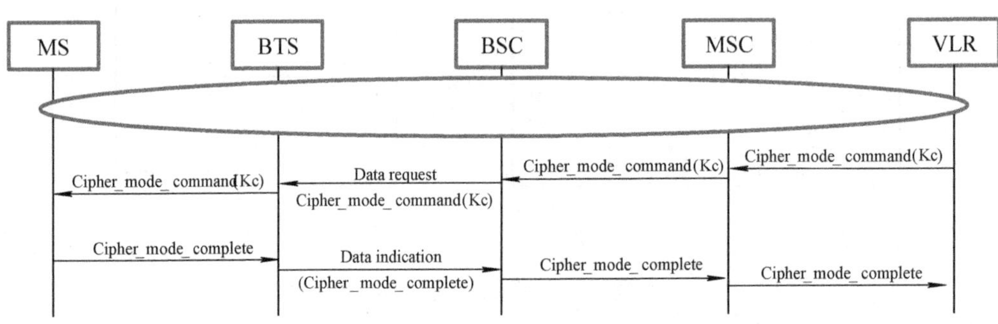

图 6-12　加密流程

加密流程如图 6-12 所示。当业务请求中需要使用加密时，发起加密流程。加密流程主要分为发起和回应两个步骤：

(1) 加密流程发起。VLR 向 MSC 发送加密模式命令(Cipher_mode_command)，其中包括鉴权三参数中的加密秘钥 Kc；MSC 将加密模式命令发送给 BSC；BSC 向 BTS 发送数据请求消息(Data request)，其中包括加密模式及 Kc；最终加密模式命令发送到 MS。

(2) 加密流程回应。MS 收到加密模式命令后，确认加密模式，向 BTS 回复置密模式完成命令(Cipher_mode_complete)；BTS 向 BSC 发送数据响应消息(Data indication)，其中包括置密模式完成及 Kc；BSC 向 MSC 发送置密模式完成命令；置密模式完成命令最终在 VLR 中进行存储。

需要注意的是，在移动通信系统中加密有以下三个特点：第一，加密仅用在 Um 接口，对信令和语音信息加密；第二，加密操作由 MS 和 BTS 完成，第三，密钥 Kc 分基站端和用户端。基站端的 Kc 由核心网下发，用户端的 Kc 由 SIM 卡算出。

3. GSM 中的安全措施

除了加密，GSM 还提供其他的安全措施来保证安全。

(1) 移动设备的识别。IMEI(国际移动台设备识别码)是用来确保系统中使用的移动设备不是盗用或非法的设备。

IMEI 工作过程如图 6-13 所示，首先 MSC/VLR 向移动用户请求 IMEI 并将 IMEI 发送给 EIR(设备识别寄存器)。

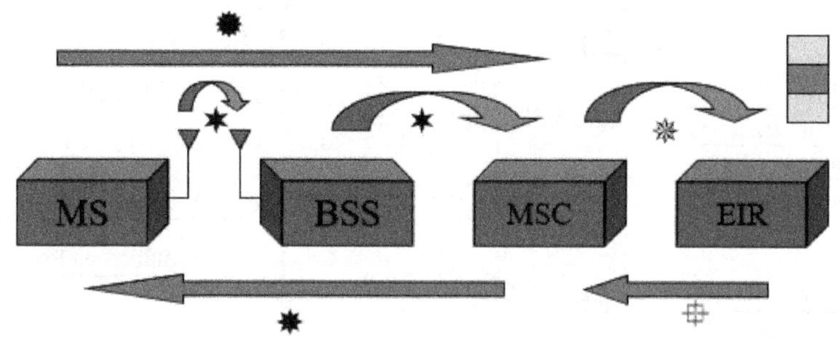

图 6-13　IMEI 工作过程示意图

EIR 收到 IMEI 后，使用所定义的三个清单，分别为白名单、黑名单、灰名单。EIR 将设备鉴定结果送给 MSC/VLR，用来决定是否允许入网。

当手机丢失后去运营商的营业厅挂失时，会将手机的 IMEI 号码从原来的白名单中改到黑名单中。这样，MSC/VLR 就能够确定被盗手机的位置并阻止它接入网络。因此，即便其他人捡到手机，换了 SIM 卡，他也不能再使用这个手机打电话了。对发生故障的手机，MSC/VLR 也能采取及时的防范措施。

(2) 移动用户的安全保密。给用户分配一个临时的号码，即用户的临时识别码 TMSI。它的作用是防止非法个人和团体通过监听无线路径上的信令交换而窃得移动用户的真实 IMSI 或跟踪移动用户的位置，从而提高系统的安全。TMSI 由 MSC/VLR 分配，这个时效性即更换周期由网络运营者决定。

每当 MS 用 IMSI 向系统请求位置更新、呼叫建立或业务激活时，MSC/VLR 都要对它进行鉴权。

允许入网后，MSC/VLR 产生一个新 TMSI，通过给 IMSI 分配 TMSI 的信令将其传送给 MS，把 TMSI 写入用户的 SIM 卡。

此后，MSC/VLR 和 MS 之间的信令交换就使用 TMSI，而用户的 IMSI 不在无线路径上传送。

(3) 移动用户的安全保密还可以使用用户的个人身份识别号即常说的 PIN 码。它是一串 4～8 位数字构成的通行码，用来认证使用者身份，授权他进入系统，从而控制对 SIM 卡的使用。

只有 PIN 码认证通过，移动设备才能对 SIM 卡进行存取，读出相关数据，并可以入网。

每次呼叫结束或移动设备正常关机时，所有的临时数据都会从移动设备传送到 SIM 卡中，再次打开移动设备时要重新进行 PIN 码校验。

如果输入错误，将按以下方式处理：

(1) 如果输入不正确的 PIN 码，用户可以再连续输入两次；

(2) 超过三次输入不正确的 PIN 码，SIM 卡被阻塞，须到运营商处消阻；

(3) 连续十次输入不正确的 PIN 码时，SIM 卡会被永久阻塞，即作废。

4. 鉴权加密总流程

图 6-14 为包含了鉴权、身份识别、加密和 TMSI 重新分配过程的完整流程。

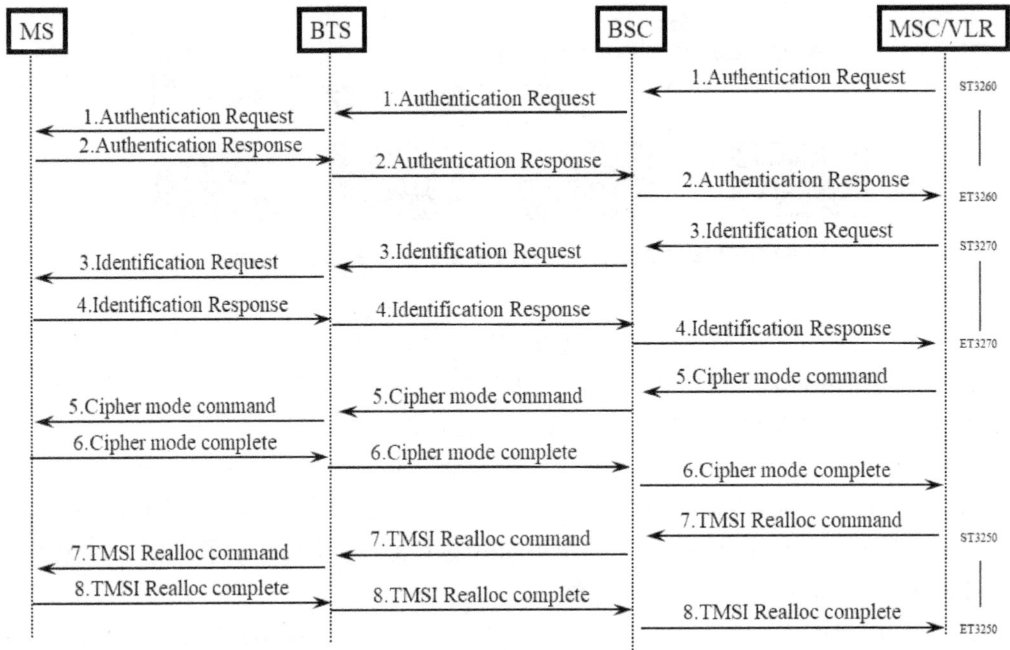

图 6-14　鉴权加密总流程

(1) VLR 从 HLR 处得到鉴权三参数，MSC/VLR 发起 T3260 流程，即鉴权流程，逐级向 MS 发送鉴权请求消息(Authentication Request)，消息中包含随机数 RAND。

(2) MS 收到鉴权请求消息后，RAND 与 Ki 经过 A3 算法得到 SRES，RAND 与 Ki 经过 A8 算法得到 Kc。逐级向 MSC/VLR 发送鉴权应答消息(Authentication Response)，消息中包含 SRES。MSC/VLR 核对 SRES，结束 T3260 流程。

(3) MSC/VLR 发起 T3270 流程，即身份识别流程，逐级向 MS 发送身份识别请求消息(Identification Request)。

(4) MS 收到鉴权请求消息后，逐级向 MSC/VLR 发送身份识别应答消息(Identification Response)，该消息中包含用户的 IMSI。MSC/VLR 收到消息后，进行身份识别，结束 T3270 流程。

(5) MSC/VLR 发起加密流程，向 BSC 发送加密请求消息(Cipher mode command)，该消息中包含加密允许的参数和 Kc。BSC 收到消息后选择加密算法，并逐级向 MS 发送包含加密算法的加密请求消息(Cipher mode command)。

(6) MS 收到加密请求消息后，向 BTS 发送一条使用该算法加密过的加密响应消息(Cipher mode complete)。BTS 收到消息后，如果能够正确解密接收，则下条消息开始 Um 口之间加密发射。逐级向 MSC/VLR 发送加密响应消息(Cipher mode complete)。

(7) MSC/VLR 发起 T3250 流程，即 TMSI 重新分配流程，逐级向 MS 发送 TMSI 重新分配请求消息(TMSI Realloc command)。

(8) MS 收到 TMSI 重新分配请求消息后，替换 TMSI 号码，并逐级向 MSC/VLR 发送 TMSI 重新分配响应消息(TMSI Realloc complete)，结束 T3250 流程。

6.3.2 寻呼流程

1. 寻呼流程

当 MSC 从 VLR 中获得移动台 MS 当前所处的位置区(LAC)后，将向这一位置区的所有 BSC 发出寻呼消息(Paging)。BSC 收到寻呼消息后，向该 BSC 下的属于此位置区的所有小区发出寻呼命令消息(Paging Command)。当基站收到寻呼命令后，将在无线信道的该 IMSI 所在寻呼组的寻呼子信道上发出寻呼请求消息(Paging Request)，该消息中携带有被寻呼用户的 IMSI 或者 TMSI 号码。MS 在接收到寻呼请求消息后，通过随机接入信道(RACH)请求分配独立控制信道(SDCCH)。BSC 则在确认基站激活了所需的 SDCCH 信道后，在接入许可信道(AGCH)通过立即指配消息(Immediate Assignment)将该 SDCCH 信道指配给 MS。MS 则使用该 SDCCH 信道发送寻呼响应消息(Paging Response)。BSC 将寻呼响应消息转发给 MSC，完成一次成功的无线寻呼。寻呼的流程如图 6-15 所示。

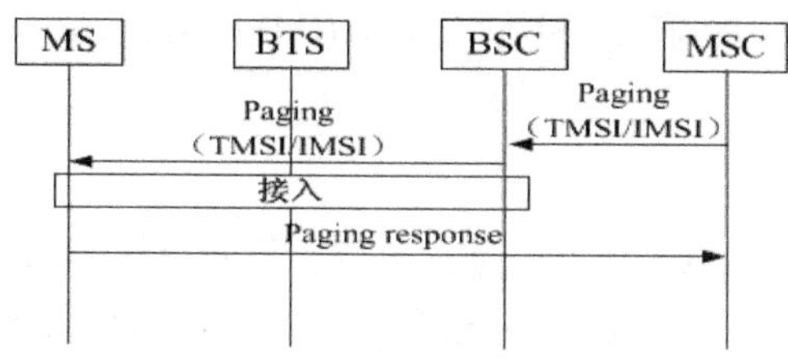

图 6-15　寻呼流程

2. 寻呼方式设置

现在 GSM 网络上交换机的寻呼方式一般为二次寻呼，寻呼间隔一般为 5 秒。当 MSC 从 VLR 中获得 MS 目前所处的位置区 LAC 后，第一次向 MS 所在的 LAC 下的所有 BSC 寻呼。如果 MSC 在发出寻呼消息后，5 秒内没有收到寻呼响应消息，MSC 则会再发送一次寻呼消息。第二次也是向 MS 所在的 LAC 下的所有 BSC 寻呼。如果 5 秒内仍没有收到寻呼响应消息，则此次无线寻呼失败，同时，MSC 将向主叫用户发送“您拨打的用户暂时无法接通”的录音通知。西门子交换机寻呼方式一般为二次寻呼，华为交换机一般采用三次寻呼，就是第二次寻呼失败后再发一次寻呼请求。

3. 寻呼成功率指标及影响因素

寻呼成功率的公式：$\dfrac{\text{寻呼响应次数}}{\text{寻呼总次数}\times 100\%}$

寻呼响应总次数：指本地区所有 MSC 收到的 Paging Response 消息的响应总和，包括二次寻呼响应。

寻呼总次数：指本地区所有 MSC 发出的第一次 Paging 消息的总和，不包括二次寻呼的消息。

影响寻呼成功率的因素有以下几个：

(1) 无线覆盖不好，盲区多。

(2) LAC 区规划不合理，跨位置区的位置更新频繁。

(3) A 接口信令负荷过高，空中信道资源紧张。

(4) 无线侧和 MSC 侧某些定时器设置不合理。

6.4 位置更新流程

当移动台由一个位置区移动到另一个位置区时，必须在新的位置区进行登记，也就是说，一旦移动台出于某种需要或发现其存储器中的 LAI 与接收到当前小区的 LAI 发生了变化，就必须通过网络来更改它所存储的移动台的位置信息。这个过程就是位置更新。相应地第一次接入系统时向系统报告位置称为位置登记。位置更新的作用是让网络始终知道 MS 所处的位置或状态。

位置更新

根据网络对位置更新的标识不同，位置更新可分为三种：正常位置更新(跨越位置区的位置更新)、周期性位置更新和 IMSI 附着分离(IMSI attach/detach)，对应用户开机/关机。

6.4.1 正常位置更新

根据位置更新是否跨越 VLR，可以将正常位置更新分为跨 VLR 位置更新和 VLR 内位置更新。VLR 内位置更新只需要 VLR 根据 MS 上报的新位置区信息更新用户位置信息即可；跨 VLR 的位置更新还要通知 HLR 修改该用户的 VLR 信息，并从原 VLR(PVLR)中删除用户信息，同时 HLR 向新 VLR 中插入用户业务数据。VLR 内的位置更新流程如图 6-16 所示。

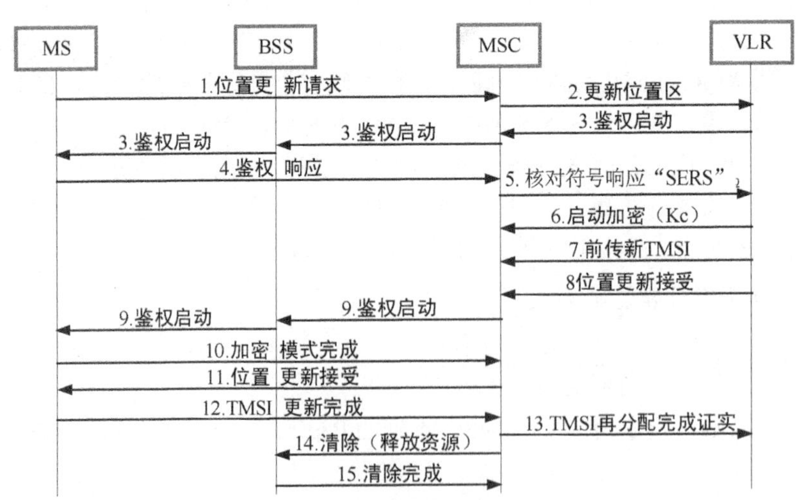

图 6-16　VLR 内的位置更新流程

(1) 当 MS 收听广播消息发现所在位置区发生变化时，MS 向 MSC 发送位置更新请求。这个请求为层三消息。

(2) MSC 收到请求后，向 VLR 申请更新位置区登记，信息包括 CKSN，IMSI，LAIo(旧位置区)，LAIn(更新后的位置区)。

(3) VLR 收到更新位置区申请后，不会当场登记新的位置区，而且首先验证用户是否合法，向 MS 逐层发起鉴权启动。

(4) MS 进行鉴权响应，向 MSC 发送计算后的符号响应 SERS。

(5) VLR 核对符号响应，鉴权成功后重新分配 TMSI，存储新位置 LAI 和 CKSN(Ciphering Key Sequence Number，密钥序列号)。

(6) 启动加密，使用 SRES 同组的 Kc 作为秘钥。

(7) 向 MSC 前传新 TMSI。

(8) 向 MSC 发送位置更新接受确认消息。

(9) MSC 收到上面三个消息后，向 MS 发送加密模式命令，确认使用的 Kc。

(10) 加密模式完成确认。

(11) MSC 向 MS 发送 TMSIn，和新的 LAI。

(12) TMSI 更新完成。

(13) TMSI 再分配完成证实，确认 TMSIn 已分配成功。

(14) 进行清除信道，释放相关资源。

(15) 清除完成。

位置更新被系统认可，MS、BTS 被通知释放所占用的信令信道。

如果手机从一个 MSC 区域移动到另一个 MSC 区域，位置更新就需要 HLR 参与，如图 6-17 所示。

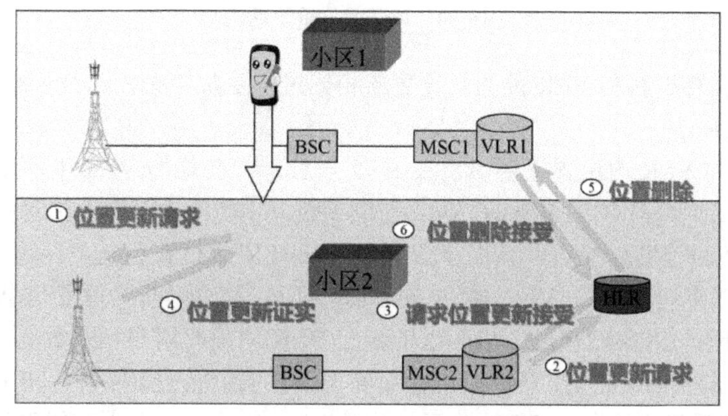

HLR 下的位置更新

图 6-17　HLR 下的位置更新

MS 在新的小区内读到其 BCCH 上的信息，找到该小区的 LAI，该 LAI 与 MS 内所存的 LAI 进行比较，当两者不一致时，需进行位置更新。HLR 下的位置更新具体流程如下：

(1) MS 经 SDCCH 向系统发出位置更新请示，新的 LAI 属于 MSC2， MSC2 发现 MS 为新来访者，VLR2 中无此 MS 的信息；

(2) MSC2 向 HLR 发出位置更新请求；

(3) 由 HLR 接收并修改用户的位置信息，通知 MSC2 在 VLR 中作记录；

(4) 位置更新证实消息会沿着信道传送给手机；

(5) HLR 通知原来的 MSC1 删除相关用户信息；

(6) 原来的 MSC 清除掉相关用户信息，并且反馈给 HLR。

HLR 下的位置更新流程如图 6-18 所示。

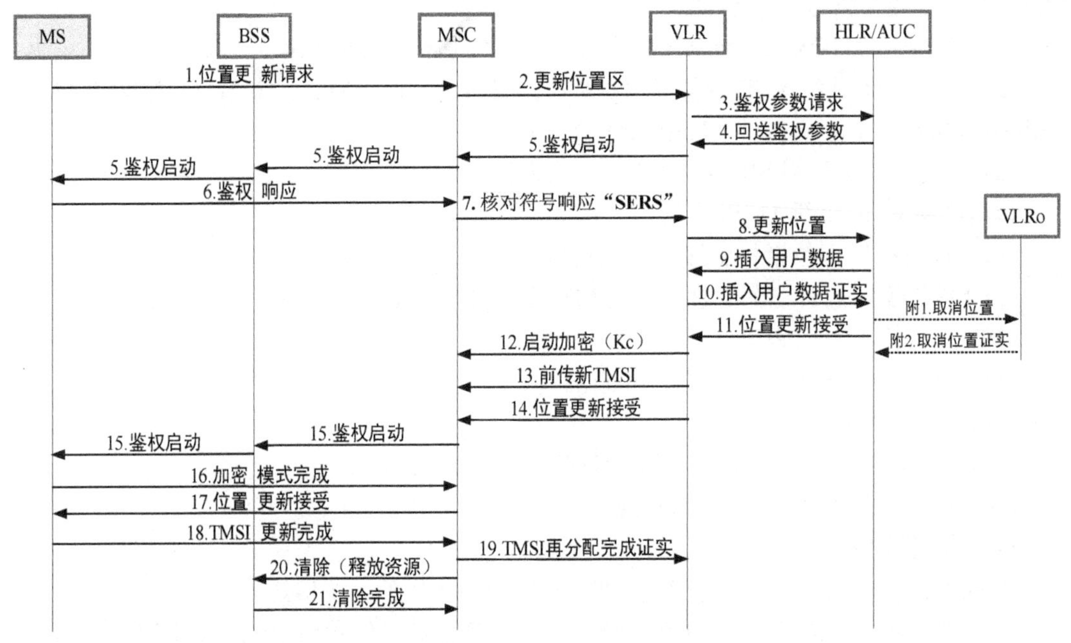

图 6-18 HLR 下的位置更新流程

HLR 下的位置更新和 VLR 内的位置更新相比过程更加复杂，涉及两个 VLR，将旧的 VLR 标记为 VLRo。

步骤 1～2 与 VLR 内位置更新中步骤 1～2 一致。但在新的 VLR 中，没有用户的相关信息，需要通过步骤 3 向 HLR/AUC 请求鉴权参数。步骤 4，用户所在地的 HLR/AUC 会回传鉴权三参数组等鉴权参数。鉴权步骤 5～7 与 VLR 内位置更新中步骤 3～5 一致。步骤 8，确认用户移动到新的 VLR 后，向 HLR/AUC 发送更新的位置信息，包括用户的 IMSI，VLR 号码，LMSI，新的 LAI。由于新的 VLR 中没有用户相关数据，通过步骤 9～10，HLR/AUC 向 VLR 插入用户数据，并收到 VLR 的确认。步骤 11，HLR/AUC 向 VLR 发送位置更新接受消息，包含 HLR 号码。步骤 12～21 与 VLR 内位置更新中步骤 6～15 一致。VLRo 中的用户位置信息通过步骤附 1、2 进行清除。

6.4.2 周期性位置更新

1. 用户假在网

周期性位置更新的引入主要是为了解决用户假在网的问题，即用户实际上已经和网络没有联系了，但是网络侧仍然认为用户在网，继续向该用户发起寻呼等消息。假在网问题主要有以下场景：

第一种情况，当移动台开着机移动到网络覆盖区以外的地方(即盲区)时，由于移动台无法向网络作出指示，而网络因无法知道移动台目前的状态，仍会认为该移动台还处于附着的状态；

第二种情况，当移动台向网络发送“IMSI 分离”消息时，如果此时无线路径的上行链路存在一定的干扰导致链路的质量很差，那么网络就有可能不能正确地译码该消息，这就意味着系统仍认为 MS 处于附着的状态；

第三种情况，当移动台掉电时，也无法将其状态通知给网络，从而导致两者失去联系。

当发生这几种情况后，若在此时该移动台被寻呼，则系统将在此前用户所登记的位置区内发出寻呼消息，其结果必然是网络以无法收到寻呼响应而告终，导致无效地占用系统的资源。

2. 周期性位置更新

为解决假在网问题，系统采取了强制登记措施，要求 MS 每过一定周期要登记一次，这叫周期性位置更新。若系统没有接收到某 MS 的周期性登记信息，那么它所处的 VLR 就以“分离”在此 MS 上做标记，称“隐分离”。

在 BSS 部分，通过小区的 BCCH 系统广播消息，向该小区内的所有用户发送一个应该做周期性位置更新的时间 T3212，来强制移动台在该定时器超时后自动地向网络发起位置更新的请求，请求原因注明是周期性位置更新；移动台在做小区选择或重选后，将从当前服务小区的系统消息中读取 T3212，并将该定时器置位且存储在它的 SIM 卡中，此后当移动台发现 T3212 超时后就会自动向网络发起位置更新请求。

与此相对应，在 NSS 部分，网络将定时地在其 VLR 中标识为 IMSI 附着的用户进行查询，网络会把在这一段时间内没有和网络做任何联系的用户的标识改为 IMSI 分离(IMSI detach)，该流程称为 IMSI 隐式分离流程，以防止对已与网络失去联系的移动台进行寻呼，导致浪费系统资源。一般情况下，IMSI 隐式分离定时器的值应该设置得比 T3212 的 2 倍稍微大一点。

周期性位置更新类似心跳命令，告诉网络此手机还活着，即为手机和网络保持联系的一种手段；T3212 以十进制数表示，取值范围为 0～255，单位为 6 分钟，设为 5 即代表半小时做一次位置更新；若 T3212 超时仍没有收到手机的位置更新请求，网络将该手机用户做隐含关机处理。

3. 周期性位置更新定时器设置

周期性位置更新越短，网络的总体性能就越好，但频繁的位置更新有两个负作用：一方面是会使网络的信令流量极大地增加，对无线资源的利用率降低，增加 MSC、BSC、BTS 的处理负荷；另一方面将使移动台的耗电量急剧增加，使该系统中移动台的待机时间极大地缩短。因而 T3212 的设置应综合考虑系统的实际情况。

一般来说，在城市等覆盖良好的地区，可以适当增加周期性位置更新定时器的值；在农村和郊区等存在覆盖空洞的地区要适当减小该定时器的值。

6.4.3　IMSI 附着分离

MSI 的附着和分离过程就是在 MSC/VLR 中用户记录上附加一个二进制标志，IMSI 的附着过程就是置标志为允许接入，而 IMSI 的分离过程就是置标志为不可接入。

若移动台开机后发现它所存储的 LAI 号与当前的 LAI 号一致，则进行 IMSI 附着过程，其程序过程同 VLR 内位置更新基本一样，唯一不同的是，在 LOCATION UPDATING REQUEST 的报文中注明位置更新的种类是 IMSI 附着，它的初始化报文含有移动台的 IMSI 号码；若移动台开机后发现它所存储的 LAI 号与当前的 LAI 号不一致，则执行正常位置更新过程。

当移动台要关机时，会触发 IMSI 分离过程，在此过程中，仅有一条指令从 MS 发送到 MSC/VLR，这是一条非证实的消息，当 MSC 收到 IMSI 的分离请求时，即通知 VLR 对该 IMSI 作上“分离”的标志。当该用户被寻呼时，HLR 将向该用户所在的 VLR 要漫游号码(MSRN)，此时就会通知该用户已脱离网络，便不会执行寻呼程序，而直接对该寻呼消息进行处理，如放“用户已关机”的录音等。附着和分离如图 6-19 所示。

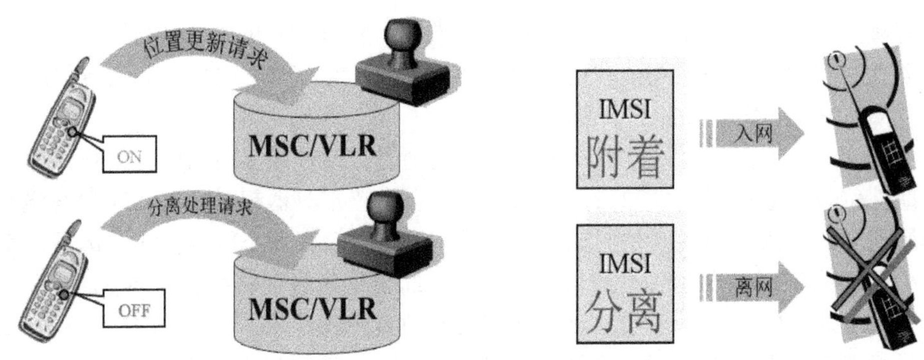

图 6-19　IMSI 附着和分离示意图

IMSI 附着流程如图 6-20 所示。

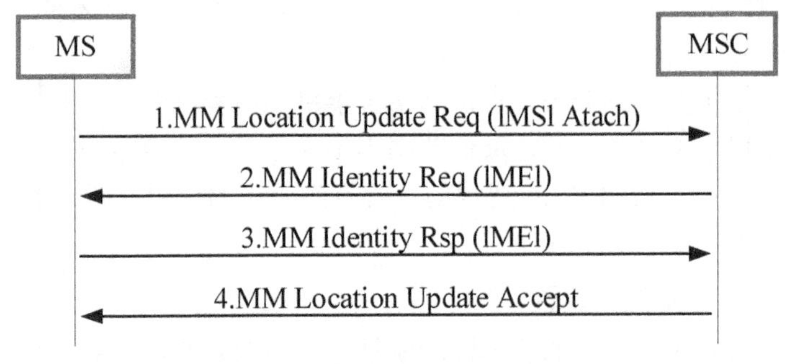

图 6-20　IMSI 附着流程

(1) 用户(MS)向 MSC 发送本地移动性管理更新请求(MM Location Update Req)，即用户的 IMSI 附着信息。

(2) MSC 发起移动性管理的身份认证请求(MM Identity Req)，该请求用来认证用户是否为合法用户。

(3) MS 发送身份认证证实消息(MM Identity Rsp)。步骤 2 和 3 的认证过程中会交互若干信令。

(4) 合法用户身份确认后，MSC 向 MS 发送本地移动性管理更新接收消息(MM Location Update Accept)。

IMSI 分离流程如图 6-21 所示。

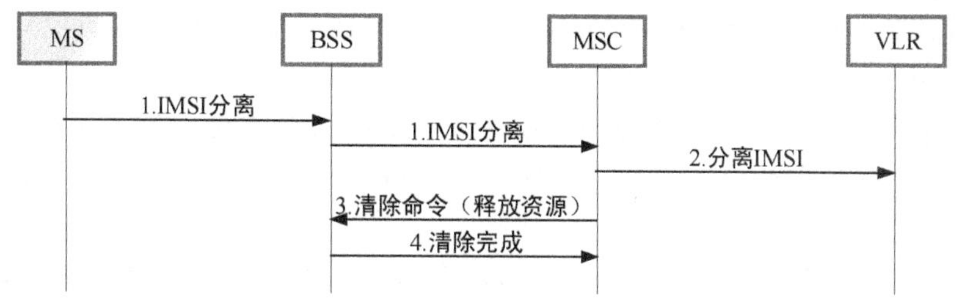

图 6-21　IMSI 分离流程

(1) IMSI 分离。MS 向 BSS 发送分离请求，即手机发起关机请求。BSS 通过 L3 层消息将 IMSI 分离请求消息发送给 MSC。

(2) MSC 收到分离请求后，向 VLR 发起分离该用户的信息，指定 VLR 对该 IMSI 用户分离进行登记。

(3) 分离完成后通过步骤 3、4 清除信道，释放占用的资源。

6.4.4　用户清除

在 MSC/VLR 上对每个用户还会启动一个 purge 定时器(在 VLR 上可以配置，一般可以设置为 24 小时)，当用户 detach 的时间超过 purge 定时器时，VLR 就会向 HLR 发送 purge 消息，同时删除 VLR 中该用户的信息。HLR 在收到 purge 消息后，会清空用户的 VLR 信息，同时置 purge 标志位。在后续的读取路由信息流程中，HLR 会直接给主叫局/关口局回复用户清除

6.5　语音呼叫流程

对一次发生在移动用户之间的呼叫来说，信令流程可以分为主叫信令流程、被叫信令流程、拆线部分流程三个相对独立的部分。

6.5.1　主叫信令流程

移动主叫流程

主叫信令流程包括接入阶段、鉴权加密阶段和 TCH 指配阶段。

1. 接入阶段

接入阶段主要包括信道请求、信道激活、信道激活响应、信道指配、业务请求等几个步骤，如图 6-22 所示。经过这个阶段，手机和 BTS(BSC)建立了暂时连接的关系。

(1) 信道请求：流程 1，MS 通过空中接口在 RACH(随机接入信道)向 BTS 发出信道申请(Channel Request)消息，请求分配一条 SDCCH(独立专用控制信道)用于信令传递；流程 2，BTS 收到申请后，通过 Abis 接口向 BSC 发送信道请求(Channel Required)，BTS 对传输时延的计算时间提前量参数 TA 也在此消息中。

(2) 信道激活：流程 3，BSC 经过综合考虑，选择空闲信道，并向 BTS 发送信道激活(Channel Activation)消息。

(3) 信道激活响应：流程 4，BTS 收到消息后准备相应的资源后返回信道激活确认(Channel Activation ACK)。

(4) 信道指配：流程 5，BSC 通过 BTS 在 AGCH(允许接入信道)中下发立即指配(Immediate Assignment Command)消息，通知 MS 分配专用信道。至此，已经建立了一条 MS 至 MSC 的 RR 连接。

(5) 业务请求：流程 6，MS 收到立即指配消息后在 SDCCH 信道上发送 CM 业务接入请求(CM Service Request)用于建立数据链路层的连接。

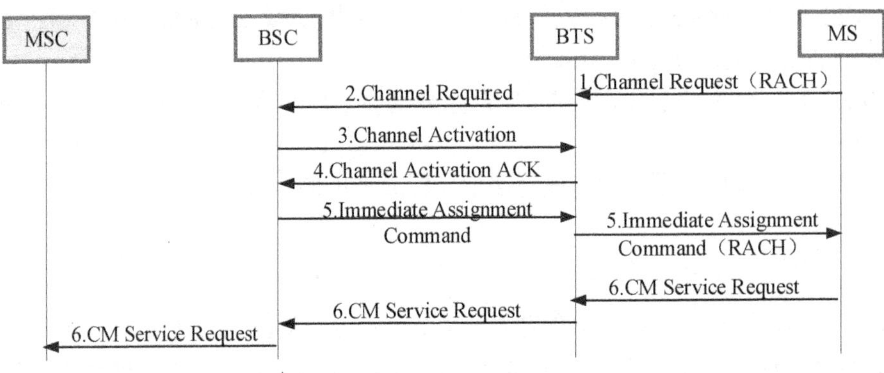

图 6-22　接入阶段信令流程

2. 鉴权加密阶段

鉴权加密阶段主要包括鉴权请求、鉴权响应、加密模式命令、加密模式完成、呼叫建立等几个步骤。经过这个阶段，主叫用户的身份已经得到了确认，网络认为主叫用户是一个合法用户，允许继续处理该呼叫。这个阶段是本章 6.3 节内容鉴权加密流程的一个应用。

3. TCH 指配阶段

TCH 指配阶段的信令流程如图 6-23 所示。经过这个阶段，主叫用户的话音信道已经确定，如果在后面被叫接续的过程中不能接通，主叫用户可以通过话音信道听到 MSC 的语音提示。

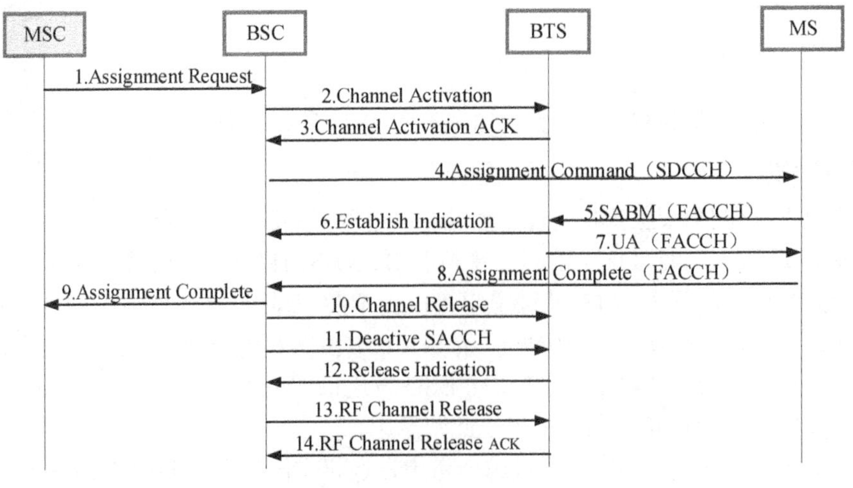

图 6-23　TCH 指配流程

(1) MSC 发起信道分配，向 BSC 发送指配请求命令(Assignment Request)。

(2) BSC 向 BTS 发送信道激活命令(Channel Activation)，指定激活一个空闲信道。

(3) BTS 确认该信道处于空闲状态，向 BSC 发送信道激活确认命令(Channel Activation ACK)。

(4) MS 收到信道指配命令(Assignment Command)，该命令对指配的 SDCCH 信道进行详细的描述。

(5) MS 使用 FACCH 信令，发起异步平衡模式(SABM)。

(6) BTS 收到 SABM 命令后，向 BSC 汇报建立指示消息(Establish Indication)。

(7) BTS 向 MS 回复异步平衡模式响应(UA)。

(8) MS 确定信道可用后，向 BSC 发送指配成功命令(Assignment Complete)。

(9) BSC 进一步将指配成功命令(Assignment Complete)汇报给 MSC。

(10) SDCCH 信道使用结束后，BSC 会发送信道释放命令(Channel Release)。

(11) SACCH 信道也同步停用(Deactive SACCH)。

(12) BTS 将信道置于空闲状态，并发送释放确认信令(Release Indication)。

(13) 释放 RF 信道(RF Channel Release)。

(14) RF 信道释放确认(RF Channel Release ACK)。

4. 移动用户主叫流程

由于移动用户主叫的详细流程比较长，先介绍前半部分：主叫接入阶段、鉴权加密阶段流程，如图 6-24 所示。

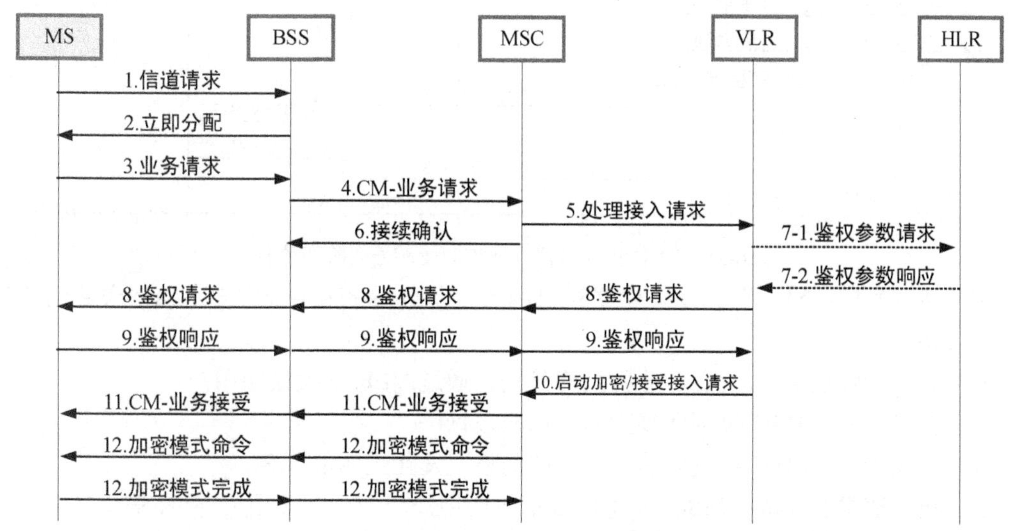

图 6-24　主叫接入阶段、鉴权加密阶段流程

(1) MS 发出信道请求，该请求是通过 RACH 信道发出的。

(2) 立即分配：基站子系统会通过 AGCH 信道应答，并且分配一条 SDCCH 信道给 MS。

(3) 业务请求：移动用户通过分配给它的 SDCCH 信道发送业务请求，要求呼叫。

(4) CM-业务请求：基站子系统并不能处理该请求，它将这个请求发送给 MSC。

(5) 处理接入请求：MSC 收到这个业务接入请求后，进入处理流程，首先送入 VLR 发起鉴权流程。

(6) 接续确认：MSC 还要向基站子系统发送接续确认消息，通知它已经进入接入处理流程。

(7) 索取鉴权参数：VLR 会向主叫所在地的 HLR 发起鉴权参数请求，通过当地的 AUC 生成鉴权参数，并且反馈给 VLR。

(8) 鉴权请求：VLR 会将收到的随机数发送给 MSC 并发出启动鉴权信令，MSC 会将鉴权请求通过 BSS 发送给 MS。

(9) 鉴权响应：MS 将自己计算出的鉴权参数连同随机数，经过 BSS、MSC 发送给 VLR，VLR 会将这些参数和自身存储的参数做对比，如果一致，鉴权成功。

(10) 启动加密/接受接入请求：鉴权成功后 VLR 会启动加密流程，并且通告 MSC 该用户合法，可以接收接入请求。

(11) 业务接受：MSC 会通告用户该业务已经被接受。

(12) 加密模式命令/完成：进入加密流程，MSC 发布加密命令，MS 配合完成加密协商。

TCH 指配阶段、取被叫漫游号码阶段流程如图 6-25 所示。

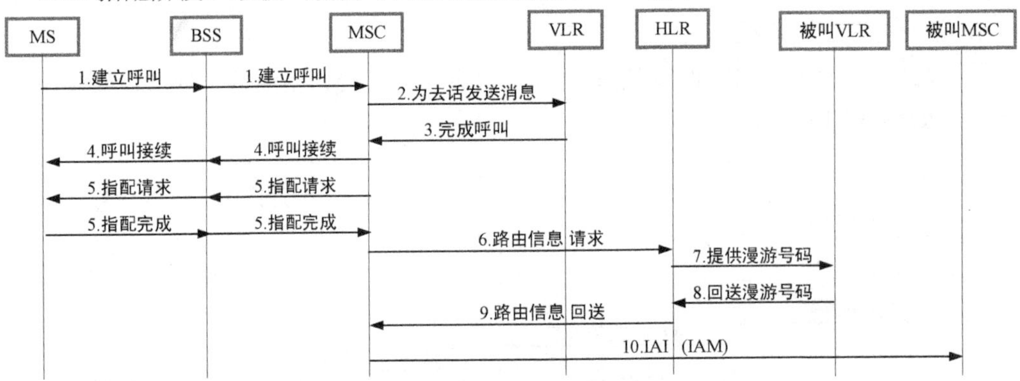

图 6-25　TCH 指配阶段、取被叫漫游号码阶段流程

(1) 建立呼叫：MS 正式发出建立呼叫请求，提出要呼叫某个用户，该请求通过 BSS 转发至 MSC。

(2) 为去话发送信息：MSC 分析被叫号码，通过 VLR 寻找被叫用户。

(3) 完成呼叫：MSC 收到回复主叫的用户数据。

(4) 呼叫接续：MSC 将收到的关于被叫的情况发往主叫的 MS。

(5) 指配请求及完成：MSC 通过 BSS 给主叫用户分配一个可用的 TCH 信道。

(6) 路由信息请求：MSC 要求 HLR 提供一个可以连接被叫所在 VLR 的路由。

(7) 提供漫游号码：HLR 要求被叫所在的 VLR 提供一个漫游号码，里面包含该 VLR 的地址信息。

(8) 回送漫游号码：被叫所在的 VLR 提供一个漫游号码回送给 HLR，里面包含该 VLR 的地址信息。

(9) 路由信息回送：HLR 反馈给 MSC 被叫所在 VLR 的地址信息。

(10) IAI(IAM)：将被叫用户号码发送至 MSC，等待被叫接听。

6.5.2　被叫信令流程

移动被叫流程

被叫信令流程包括取被叫用户路由信息阶段、被叫接入阶段(寻呼)、鉴权加密阶段和 TCH 指配阶段。

1. 取被叫用户路由信息阶段

(1) MSC 根据 MS 发起呼叫携带的 MSISDN(被叫号码)向被叫 MS 归属 HLR 发送请求路由信息(SRI，Sending Routing Information)。

(2) HLR 向 VLR 发送请求漫游号码信息(Provide MSRN Request)。

(3) VLR 找到空闲的 MSRN，回送被叫用户的漫游号码(Provide MSRN Response)。

(4) HLR 向 MSC 回送被叫用户的路由信息(Routing Information Response)。

(5) MSC 收到 MSRN 后，对被叫用户的路由信息进行分析，可以得到被叫用户端局的地址。然后进行话路接续，建立端到端的链路，漫游号码 MSRN 释放。

取被叫用户路由流程如图 6-26 所示。

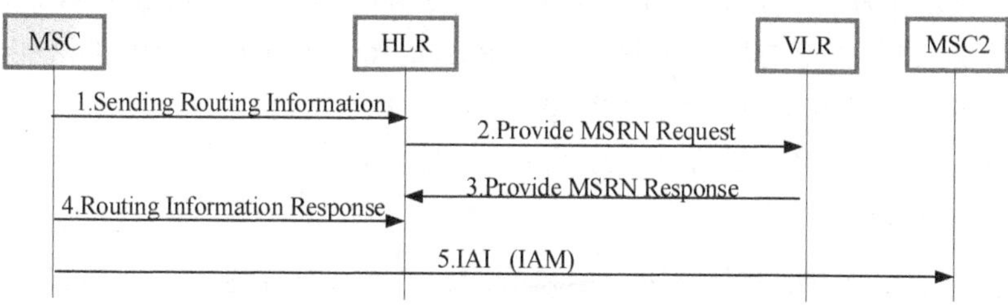

图 6-26　取被叫用户路由流程

2. 被叫接入阶段

被叫端 MSC 根据被叫的 IMSI，在 VLR 中可以查询到相关的位置信息手机。这样 MSC 指挥 BSC/BTS 根据 TMSI 或 IMSI 在 PCH 信道上发送寻呼消息(Paging)。

MS 在 PCH 信道上收到寻呼消息后，开始信道请求，信道激活，信道激活响应，立即指配，寻呼响应等一系列工作。经过这个阶段，手机和 BTS(BSC)建立了暂时固定的关系。这个过程是本章 6.3 节寻呼流程的一个应用。被叫接入阶段流程如图 6-27 所示。

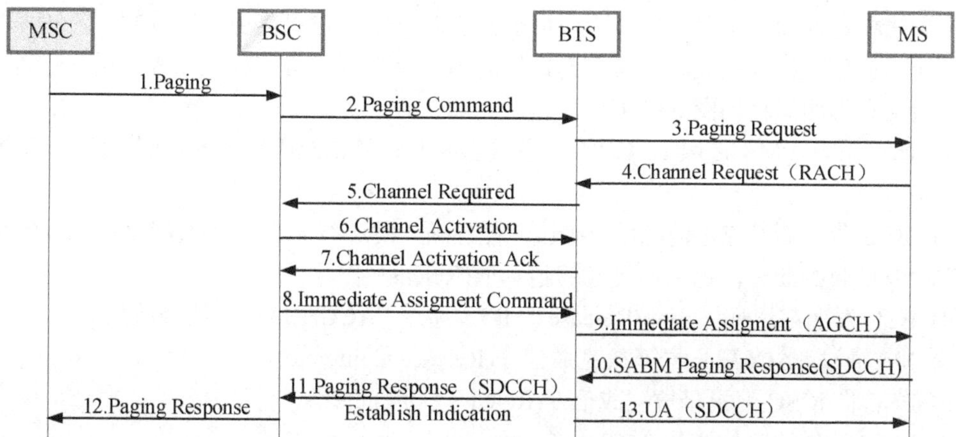

图 6-27　被叫接入阶段流程

(1) 有本 MSC 区用户被呼叫，MSC 发起寻呼流程(Paging)。

(2) BSC 找到被叫用户所在的位置区，对该位置区的所有 BTS 发送寻呼命令(Paging Command)，寻找并呼叫该用户。

(3) 每个收到寻呼命令的 BTS，均对覆盖区域发送寻呼请求消息(Paging Request)。

(4) 被叫 MS 发现呼叫的是自己，回应寻呼请求消息前，先发出信道请求消息(Channel Request)，该消息使用 RACH 信道。

(5) BTS 向上级 BSC 请求信道(Channel Required)。

(6) BSC 收到信道请求命令后，向 BTS 发送信道激活消息(Channel Activation)。

(7) BTS 收到信道激活消息后，确认该信道处于空闲状态，向 BSC 发送信道激活确认(Channel Activation Ack)。

(8) BSC 收到信道空闲可用消息后，向 BTS 发送立即指配命令(Immediate Assigment Command)。

(9) BTS 进一步将立即指配命令(Immediate Assigment)通过 AGCH 信道发送给 MS。

(10) 使用 SDCCH 信道发起 SABM 过程，发送寻呼响应命令(Paging Response)。

(11) BTS 向 BSC 发送寻呼响应建立指示(Paging Response Establish Indication)。

(12) BSC 将寻呼响应信令(Paging Response)发送给 MSC。

(13) BTS 也回应 SABM 过程，通过 SDCCH 信道发送 UA 消息。

3. 鉴权加密阶段

鉴权加密阶段主要包括鉴权请求、鉴权响应、加密模式命令、加密模式完成、呼叫建立等几个步骤。经过这个阶段，被叫用户的身份已经得到了确认，网络认为被叫用户是一个合法用户，允许继续处理该呼叫。这个阶段是本章 6.3 节内容鉴权加密流程的一个应用。

4. TCH 指配阶段

TCH 指配阶段主要包括指配命令、指配完成。被叫指配流程和主叫的指配流程一样。经过这个阶段，被叫用户的话音信道已经确定，被叫振铃，主叫听回铃音。如果这时被叫用户摘机，主被叫用户进入通话状态。

5. 通话和拆线阶段

用户摘机进入通话阶段。拆线阶段可能由主叫发起，也可能由被叫发起，流程基本类似：拆线、释放、释放完成。没有发起拆线的用户会听到忙音；释放完成，用户进入空闲状态。通话和拆线流程如图 6-28 所示。

(1) 通话结束，MS 使用 FACCH 信道发送断开连接消息(Disconnect)给 BTS，BTS 转发给 BSC。

(2) BSC 收到断开连接消息后，确认流程正确，发送断开连接消息(Disconnect)给 MSC。

(3) MSC 收到断开消息后，发起信道释放(Release)会话。

(4) BSC 发送信道释放指令(Release)，BTS 通过 FACCH 信道传达释放指令。

(5) MS 通过 FACCH 发送释放完成信令(Release Complete)。

(6) BSC 向 MSC 汇报释放完成信令(Release Complete)。

(7) MSC 发送清除信道信令(Clear Command)。

(8) BSC 通过 BTS 使用 FACCH 发送信道释放信令(Channel Release)。

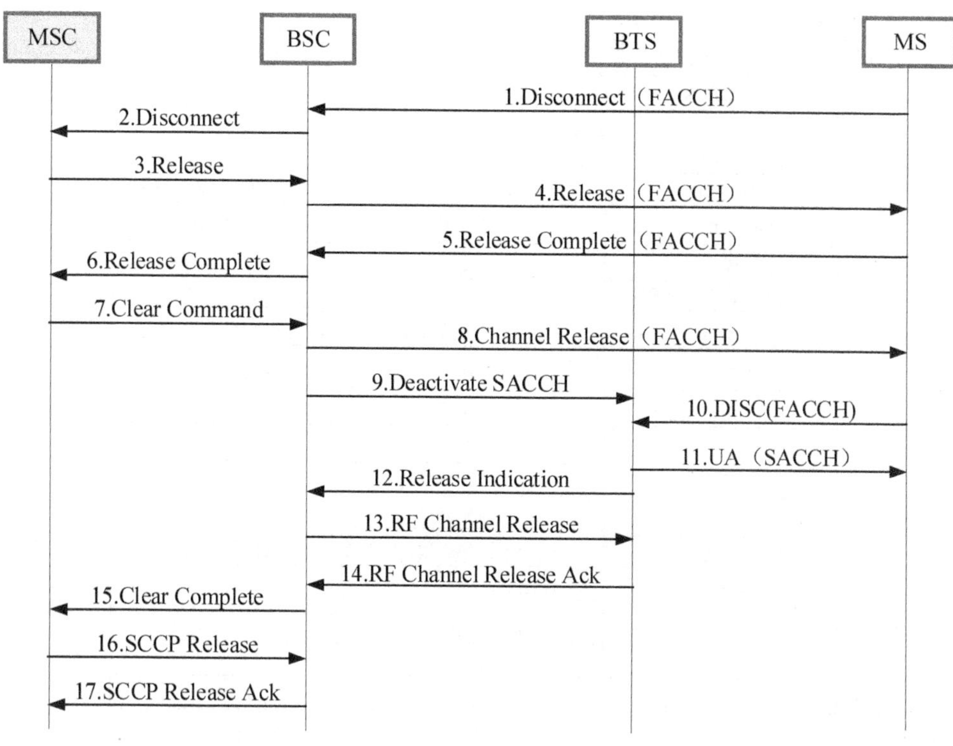

图 6-28　通话和拆线流程

(9) BSC 进一步发出停用 SACCH 信令(Deactivate SACCH)，停止功控和 TA 相关信令发送。

(10) MS 通过 FACCH 信道发送拆除链路帧(DISC)。

(11) MS 发送回应 UA，包含 SACCH 停用确认。

(12) BTS 向 BSC 发送释放反馈信令(Release Indication)，并将相关信道置于空闲状态。

(13) BSC 发起 RF 信道释放(RF Channel Release)。

(14) BTS 进行 RF 信道释放确认(RF Channel Release Ack)。

(15) BSC 向 MSC 汇报清除信道完成(Clear Complete)。

(16) MSC 最终进行 SCCP 信道释放(SCCP Release)。

(17) BSC 发送 SCCP 信道释放完成确认(SCCP Release Ack)。

移动用户被叫的完整流程如图 6-29 所示，涉及被叫的 MS、所在的 BTS、归属的 BSC 和 MSC。

(1) 寻呼：MSC/VLR 在数据库中查出用户的资料并向相关的 BSC 发送寻呼信息。该信息包含用户所在区域的 LAI 和用户的 IMSI 或者 TMSI。

(2) 寻呼命令：BSC 向 LAI 区域内的所有 BTS 发出寻呼命令。该信息包含 IMSI 或 TMSI、收发信息单元识别码、信道类型和时隙号。

(3) 寻呼请求：BTS 在 PCH 上向移动台发送寻呼信息。信息包含用户的 IMSI 或 TMSI。

(4) 信道请求：被寻呼的移动台在 RACH 上发送一个短的接入脉冲串至 BTS。BTS 接收该寻呼响应信号后记录该突发脉冲串的迟滞值。

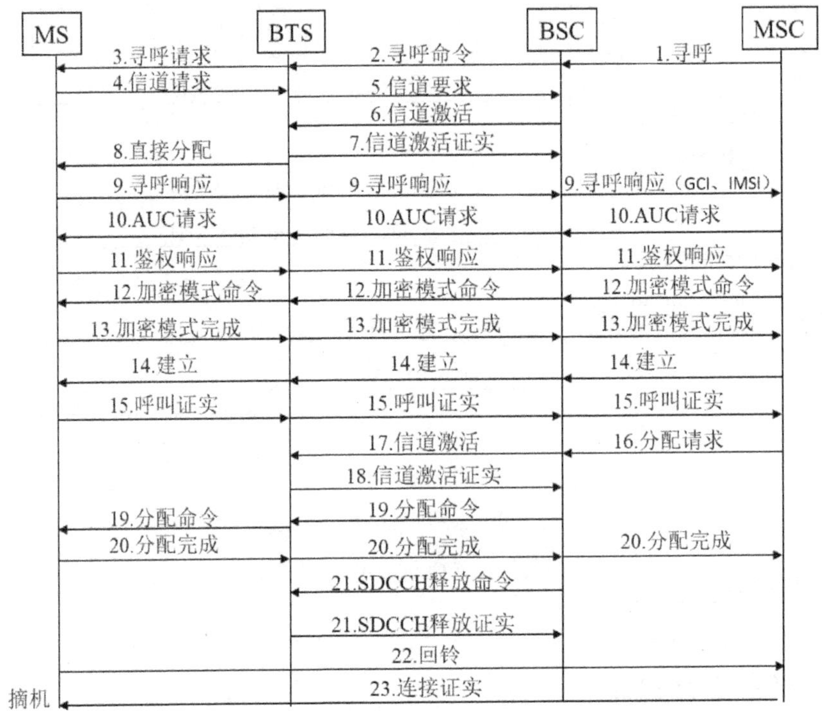

图 6-29 移动用户被叫的完整流程

(5) 信道要求：BTS 向 BSC 发送信道请求信息。该信息还包含移动台接入系统的迟滞值。

(6) 信道激活：BSC 选择一条空闲的 SDCCH 并指示 BTS 激活该信道。

(7) 信道激活证实：BTS 激活 SDCCH 后向 BSC 发信道激活证实信息。

(8) 直接分配：BSC 透过 BTS 经由 AGCH 向移动台发出允许接入系统信息。该信息包含频率、时隙号、SDCCH 信道号和移动台将要使用的时间提前值 TA 等。

(9) 寻呼响应：移动台通过 SDCCH 向 BSC 发送寻呼响应信息。该信息包含移动台的 IMSI 或 TMSI 和移动台的等级标记，BSC 加入 CGI 后把信息送往 MSC/VLR。

(10) AUC 请求：MSC/VLR 透过 BSC、BTS 向移动台发送鉴权请求，其中包含随机数 RAND，移动台进行鉴权运算。

(11) 鉴权响应：移动台经鉴权计算后向 MSC/VLR 发回鉴权响应信息，MSC/VLR 检查用户合法性，如用户合法，则开始启动加密程序。

(12) 加密模式命令：MSC/VLR 通过 BSC、BTS 向移动用户发送加密模式命令。该命令在 SDCCH 上传送。

(13) 加密模式完成：移动台进行加密运算后向 BTS 发出已加密的特定信号，BTS 解密成功后透过 BSC 向 MSC/VLR 发送加密模式完成信息。

(14) 建立：MSC 向移动台发送呼叫类型设置信息。该信息包含该次呼叫的类型，如传真、通话或数据通信等类型。

(15) 呼叫证实：移动台设置好呼叫类型后向 MSC 发出呼叫证实信息。

(16) 分配请求： MSC 要求 BSC 选择一条通往移动台的话音信道，同时 MSC 在一条通往 BSC 的 PCM 上选择一个空闲时隙，并把时隙的电路识别码 CIC 送往 BSC。

(17) 信道激活：如果 BSC 发现某小区上有一条空闲的 TCH，它将向 BTS 发送信道激活命令。

(18) 信道激活证实：BTS 激活 TCH 后向 BSC 发回信道激活证实信息。

(19) 分配命令：BSC 通过 SDCCH 向移动台发送信道切换指令，命令移动台切换至所指定的 TCH。

(20) 分配完成：移动台切换至所指定的 TCH 后向 BSC 发送信道分配完成信息，BSC 接收该信息后再将其送往 MSC/VLR。

(21) SDCCH 释放命令/释放证实：BSC 释放 SDCCH 信道并把它标记为空闲状态。

(22) 回铃：当移动台开始振铃时移动台要向 MSC 发送一个通知信息。

(23) 连接证实：当移动台摘机应答时，移动台向 MSC 发送一个连接信息，MSC 把移动台的电路接通，开始通话。

6.5.3　拆线部分流程

拆线部分流程分为主叫先拆线流程(如图 6-30 所示)和被叫先拆线流程(如图 6-31 所示)。

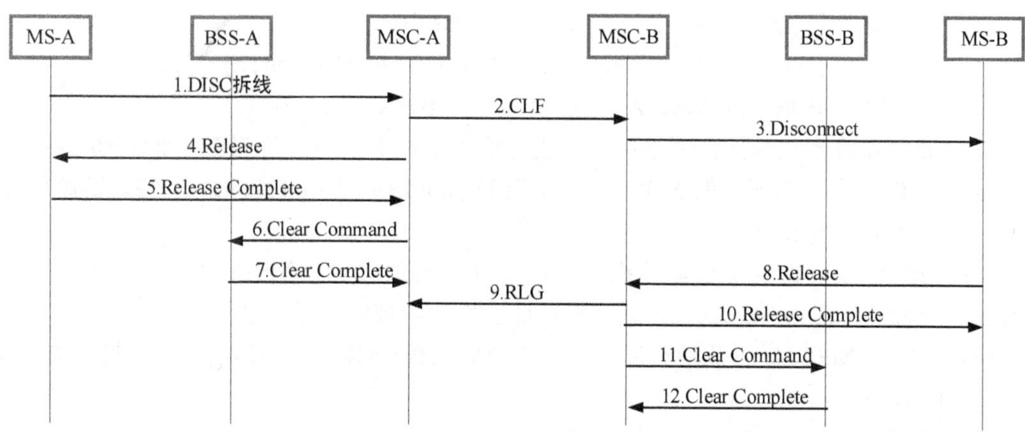

图 6-30　主叫先拆线流程

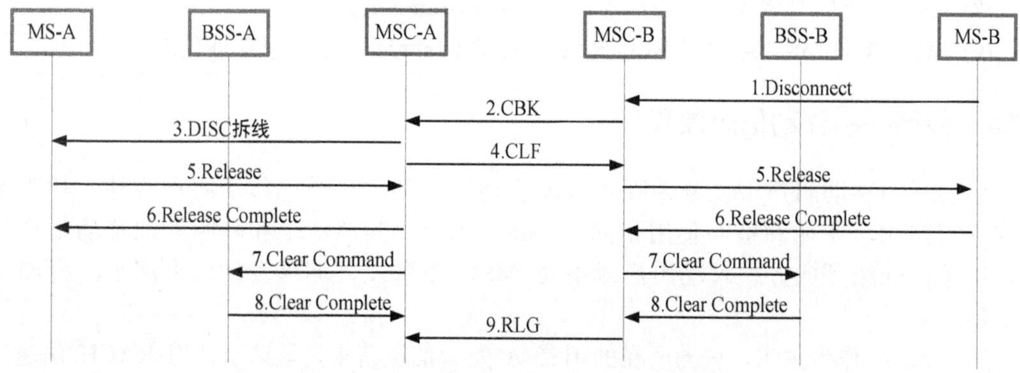

图 6-31　被叫先拆线流程

两个移动台 MS-A 和 MS-B 通话结束后，MS-A 作为主叫先拆线：

(1) 主叫移动台 MS-A 发送拆除链路帧(DISC)，发起拆线，拆线消息由 MS-A 所在的 MSC-A 处理。

(2) MSC-A 向被叫所在的 MSC-B 发送 CLF(Coordinated Link Failure，协调链路故障)消息，通告主叫已发起拆线。

(3) MSC-B 收到 CLF 消息后，向被叫 MS-B 发送分离(Disconnect)消息。

(4) 主叫方开始拆线会话，MSC-A 发送信道释放指令(Release)给 MS-A。

(5) MS-A 释放信道后，回复释放完成信令(Release Complete)。

(6) MSC-A 确定信道已经释放，向 BSS-A 发送清除信道信令(Clear Command)，将信道置于空闲状态。

(7) BSS-A 空置信道完成，回应清除命令(Clear Complete)。

(8) 被叫 MS-B 挂机后，也开始拆线会话，发送信道释放指令(Release)给 MSC-B。

(9) MSC-B 向 MSC-A 发送 RLG(Rate-Loss Guarantee)速率丢包保证信令。

(10) MSC-B 信道释放完成，回复给 MS-B 释放完成(Release Complete)信令。

(11) MSC-B 确定信道已经释放，向 BSS-B 发送清除信道信令(Clear Command)，将信道置于空闲状态。

(12) BSS-B 空置信道完成，回应清除命令(Clear Complete)。

(1) 被叫移动台 MS-B 挂机，向被叫 MSC-B 发送分离(Disconnect)消息。

(2) 被叫 MSC-B 向主叫 MSC-A 发送 CBK(Call BacK，回叫)。

(3) MSC-A 收到被叫挂机消息后，发送拆除链路帧(DISC)，向 MS-A 发起拆线。

(4) MSC-A 向被叫所在的 MSC-B 发送 CLF(Coordinated Link Failure，协调链路故障)消息，通告主叫已发起拆线。

(5) MS-A 收到拆线信令后挂机，主叫方开始拆线会话，MS-A 发送信道释放指令(Release)给 MSC-A；MSC-B 收到 CLF 消息后，也开始被叫方插线会话。

(6) 主叫方 MSC-A 释放信道后，回复释放完成信令(Release Complete)，被叫方这个信令由 MS-B 发送。

(7) MSC-A 和 MSC-B 确定信道已经释放，向自己管辖的 BSS 发送清除信道信令(Clear Command)，将信道置于空闲状态。

(8) BSS 空置信道完成，回应清除命令(Clear Complete)。

(9) MSC-B 向 MSC-A 发送 RLG(Rate-Loss Guarantee)速率丢包保证信令。

6.5.4　移动呼叫移动信令流程

移动呼叫移动用户可以分为呼叫本地移动用户和呼叫外地移动用户两种。呼叫本地移动用户中，主叫和被叫使用相同的 MSC/VLR，其他信令和呼叫外地移动用户相似。这里仅介绍呼叫外地移动用户即不同 MSC 下移动呼叫移动的信令演示流程如图 6-32 所示。

(1) MS-A 作为主叫，先向所在的 BSS-A 发起信道请求，该请求使用 RACH 信道，仅提出请求，不能描述请求详情，BSS-A 根据该请求分配 SDCCH 信道。

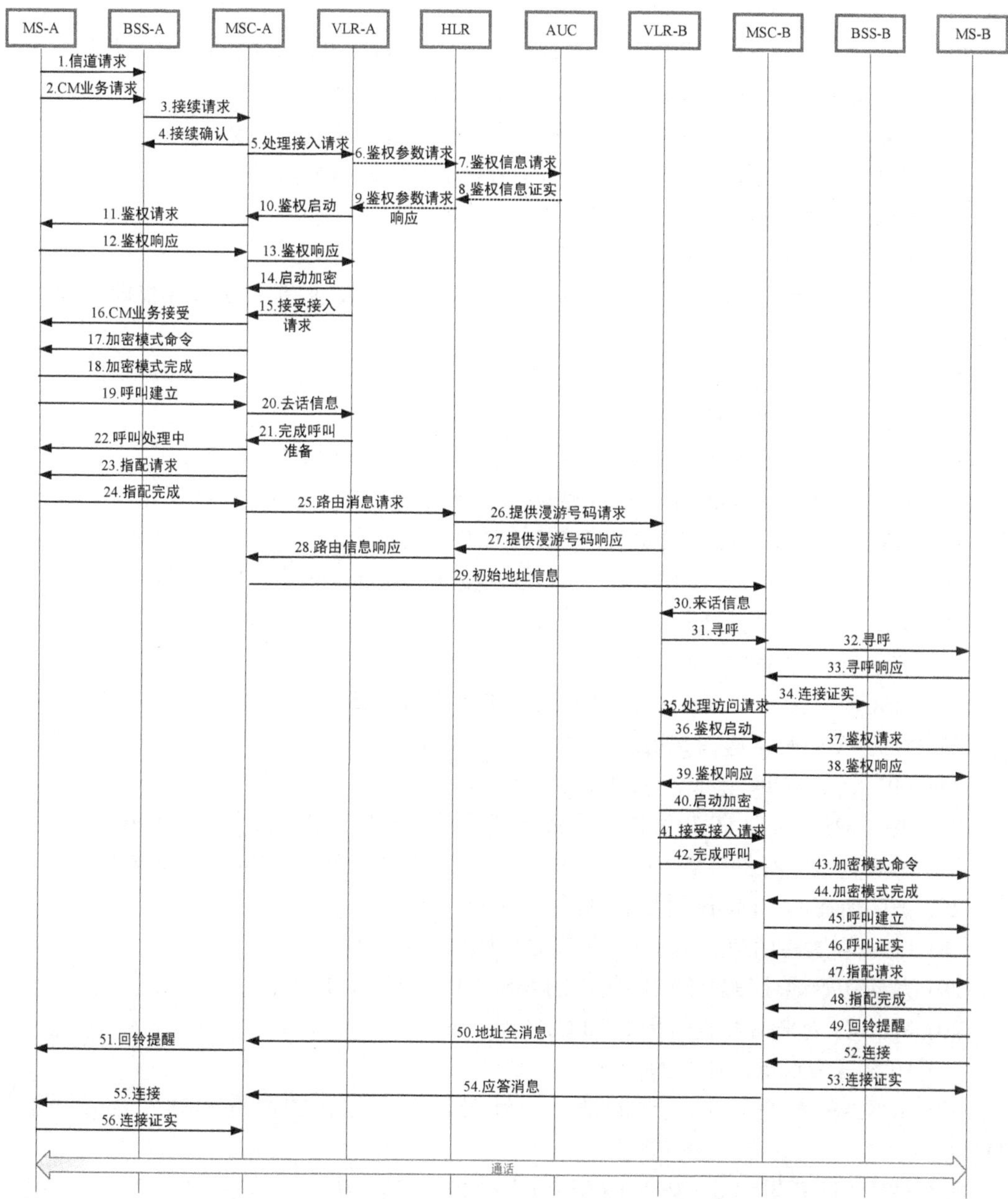

图 6-32　移动呼叫移动(不同 MSC 下)信令演示流程

(2) MS-A 使用 SDCCH 信道发送 CM 业务请求(CM_SERV_REQ)。

(3) BSS-A 无权处理 CM 业务请求，将该请求封装为接续请求(CON_REQ)发送给 MSC-A。

(4) MSC-A 收到接续请求消息后，会回复 BSS-A 接续确认消息(CON_CONF)，该消息只说明接到接续请求消息，不能说明接受接续请求。

(5) MSC-A 向 VLR-A 发送处理接入请求消息(PROC_ACCES_REQ)，向其请求鉴权参数。

(6) 如果 VLR-A 中没有主叫用户的鉴权参数，则向主叫所在的 HLR 发送鉴权参数请求。

(7) HLR 向对应的 AUC 发送鉴权信息请求消息(AUTH_INFO_REQ)。

(8) AUC 向 HLR 发送鉴权信息证实消息(AUTH_INFO_PROV)。

(9) HLR 向 VLR-A 返回鉴权参数请求响应，包含五组鉴权三参数。

(10) VLR-A 使用其中一组三参数中的参考随机数发起鉴权启动。

(11) MSC-A 向 MS-A 发送鉴权请求。

(12) MS-A 在 SIM 卡中进行计算，返回自己计算后的 SRES’。

(13) MSC-A 对比 SRES’和 SRES，确认一致，鉴权成功，发送鉴权响应命令给 VLR-A。

(14) VLR-A 使用同一组三参数中的秘钥启动加密。

(15) VLR-A 回复接受接入请求。

(16) MSC-A 向 MS-A 发送 CM 业务接受消息(CM_SERV_AOC)。

(17) 同时 MSC-A 向 MS-A 发送加密模式命令消息(CIP_MOD_COM)。

(18) MS-A 回复加密模式完成消息(CIP_MOD_CMP)。

(19) 开始进行呼叫建立，MS-A 向 MSC-A 发送呼叫建立消息(SET_UP)。

(20) MSC-A 为去话发送信息(S.F.O.C)。

(21) VLR-A 通过完成呼叫消息(COM_CALL)回送用户信息。

(22) MSC-A 发送呼叫处理中消息(CALL_RPOC)给 MS-A。

(23) MSC-A 同时发送指配请求消息(ASS_REQ)。

(24) MS-A 回复指配完成消息(ASS_COM)。

(25) 主叫 MSC-A 向 HLR 发送路由消息请求消息(SEND-ROUT_INFO-REQ)。

(26) HLR 向被叫所在的 VLR-B 发送提供漫游号码请求(PROV_MSRN)，请求 MSRN 号码。

(27) 被叫所在的 VLR-B 回复提供漫游号码响应(MSRN_ACK)。

(28) HLR 发送路由信息请求响应(ROUT_INFO_ACK)。

(29) 发送初始地址信息给被叫所在的 MSC-B，包含 LAI 信息。

(30) MCS-B 为来话发送信息(S.F.I.C)。

(31) VLR-B 发起寻呼(PAgNG)。

(32) MSC-B 根据被叫登记的地址，针对该地址包含的所有基站发送寻呼消息(PAING)。

(33) 被叫 MS-B 发出寻呼响应(RAING_RESP)。

(34) MSC-B 向 BSS-B 发送连接证实，分配 SDCCH 信道。

(35) MSC-B 发起处理访问请求。

(36) VLR-B 发起鉴权启动。

(37) MSC-B 向 MS-B 发起鉴权请求消息(AUTH_REQ)。

(38) MS-B 回应鉴权响应(AUTH_RES)。

(39) 鉴权响应最终被发送到 VLR-B。

(40) 启动加密(CIP_STA)。

(41) 同时发送接受接入请求消息(ACP_ACCES_REQ)。

(42) VLR-B 发送呼叫完成消息(COM_CALL)，回送用户信息。

(43) MSC-B 发送加密模式命令消息(CIP_MOD_CMD)。
(44) MS-B 回复加密模式完成消息(CIP_MOD_COM)。
(45) MSC-B 发送呼叫建立消息(SET_UP)。
(46) MS-B 回复呼叫证实消息(CALL_CONF)。
(47) MSC-B 发送指配请求消息(ASSIGN_REQ)。
(48) MS-B 回复指配完成消息(ASSIGN_COM)。
(49) MS-B 发送回铃提醒(ALERT)，指示被叫已准备连接就绪，开始振铃，等待用户接听。
(50) MSC-B 回复 MSC-A 地址全消息(ACM)。
(51) MS-A 收到回铃消息(ALERT)，主叫用户听到回铃音。
(52) 被叫用户接听电话，开始连接(CONN)。
(53) MSC-B 回复连接证实(CONN_ACK)。
(54) MSC-B 向 MSC-A 发送应答消息(ANC)。
(55) MS-A 收到连接消息(CONN)。
(56) MS-A 发送连接证实(CONN_ACK)。

经过以上步骤后，主叫和被叫开始通话。

移动呼叫固话信令演示流程如图 6-33 所示。步骤 1 到步骤 24 和图 6-32 的步骤相同；步骤 25，MSC 向网络终端(EXC)发送初始地址消息(IAM)，网络终端可以属于 PSTN 网络，也可以属于 ISDN 网络；步骤 26，网络终端回应发送地址全消息(ACM)；步骤 27，MS 收到回铃消息(ALERT)，主叫用户听到回铃音；步骤 28，网络终端发送应答消息(ANC)；步骤 29，MS 收到连接消息(CONN)；步骤 30，MS 发送连接证实(CONN_ACK)。经过以上步骤后，主叫和被叫开始通话。

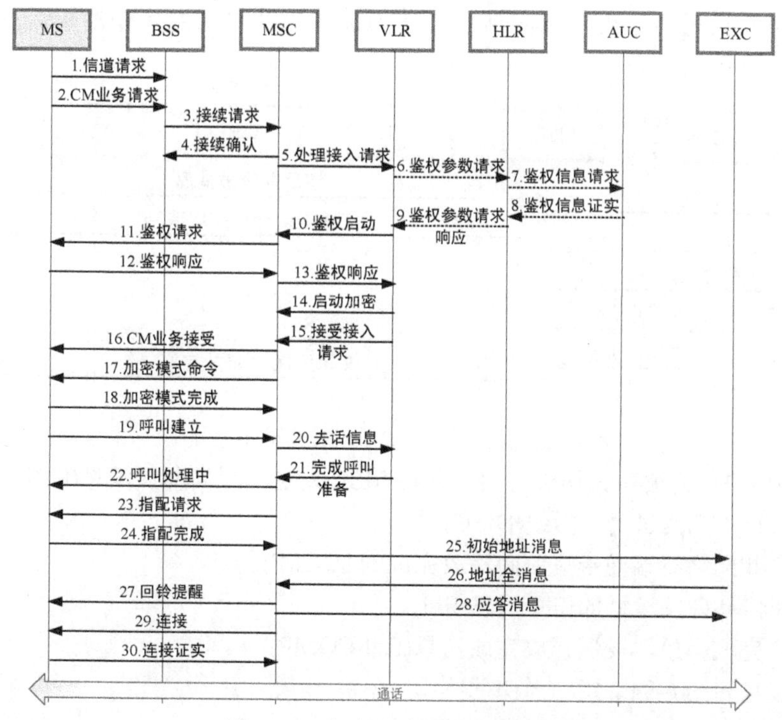

图 6-33　移动呼叫固话演示流程

6.5.5 移动呼叫固话信令流程

移动呼叫固话通话结束后，移动用户作为主叫先挂电话的信令演示流程如图 6-34 所示。

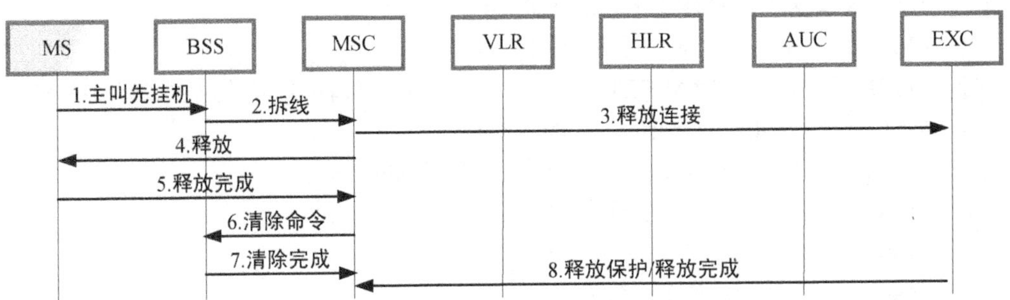

图 6-34　移动呼叫固话主叫挂机演示流程

(1) 移动用户作为主叫先挂机，MS 向 BSS 发送挂机信号(DISC)。

(2) BSS 向 MSC 汇报请求拆线(DISC)。

(3) MSC 和网络终端通告释放连接(CLF)。

(4) MSC 向 MS 发送释放信令消息(Rel)。

(5) MS 完成释放，发送释放完成消息(Rel-COMP)。

(6) MSC 发送清除命令消息(Clear CMD)。

(7) BSS 完成信道清除，回复 MSC 清除完成消息(Clear CCMP)。

(8) 网络终端向 MSC 发送释放保护/释放完成消息(RLG)。

移动呼叫固话通话结束后，固话用户作为被叫先挂电话的信令演示流程如图 6-35 所示。

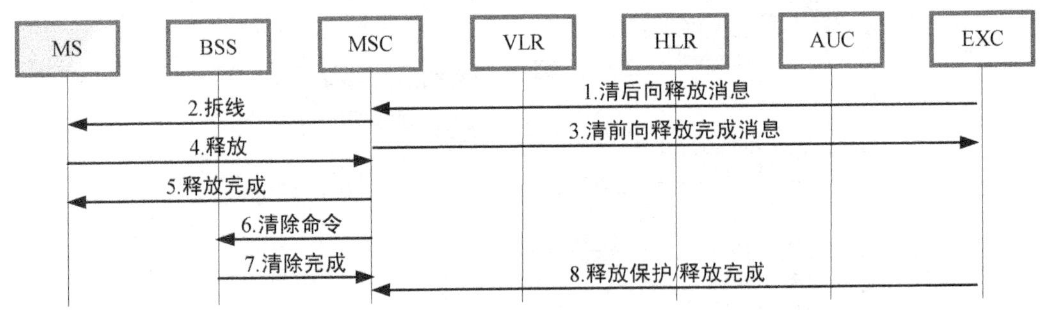

图 6-35　移动呼叫固话被叫挂机演示流程

(1) 固话用户作为被叫先挂机，向移动端 MSC 发送清后向释放消息(CBK)。

(2) MSC 向 MS 发送请求拆线(DISC)。

(3) MSC 和网络终端通告清前向释放完成消息(CLF)。

(4) MS 向 MSC 发送释放信令消息(Rel)。

(5) MSC 完成释放，发送释放完成消息(Rel-COMP)。

后三个步骤和图 6-34 的后三个步骤相同。

6.6 短信流程

SMS(Short Messaging Service，短消息服务)是一种使移动设备可以发送和接收文本信息的技术。SMS 采用存储转发模式，即短消息被发送出去之后，不是直接发送给接收方，而是先存储在 SMSC(短消息中心)，然后再由 SMSC 将短消息转发给接收方。

如果接收方当时关机或不在服务区内，SMSC 就会自动保存该短消息，等到接收方在服务区出现的时候再发送给他。

发送点对点(Point-to-Point)短信常用两种模式，PDU(Protocol Data Unit，协议数据单元)模式和文本(Text)模式。Text 模式发送短信代码简单，实现容易，但是其最大的缺点是不能收发中文短信。PDU 模式不仅支持中文短信，也能发送英文短信。

PDU 模式收发短信使用三种编码方式：7bit、8bit 和 UCS2 编码。7bit 编码用于发送普通的 ASCII 字符，它可以发送最多 160 个非中文字符；8bit 编码通常用于发送数据消息，比如图片和铃声等，使用 8bit 编码最多可以发送 140 个字符，通常无法直接通过手机显示；UCS2 编码用于发送 Unicode 字符(中文汉字)，使用 UCS2 编码时，无论英文还是中文，最多发送 70 个字符，可以被大多数的手机显示。

超过 70 个字的短信称为超长短信，处理的时候就是将超过 70 个字的短信分成几条进行发送，如要发送 200 字的短信，在手机里会将其分成 3 条短信来发，支持超长短信的手机在接收该条短信时会将 3 条短信合并成为一条短信，而不支持超长短信的手机则会接收到 3 条短信。手机最多可以合并多少条短信要根据手机短信支持的最大字节数确定。

短信流程包括短信始发和短信终结流程。短信流程都是通过短消息中心(SMSC)来转发的，所以在短信始发流程中，主叫将短信发到短消息中心；在被叫流程中短消息中心将短信发给被叫用户。

6.6.1 短信始发流程

短信始发流程的目的地是短消息中心，短消息中心地址可以在手机上设置，MSC 上会对短消息中心的合法性进行检查、也可以对短消息中心地址进行修改，以满足网络调整的需要。短信始发流程如图 6-36 所示。

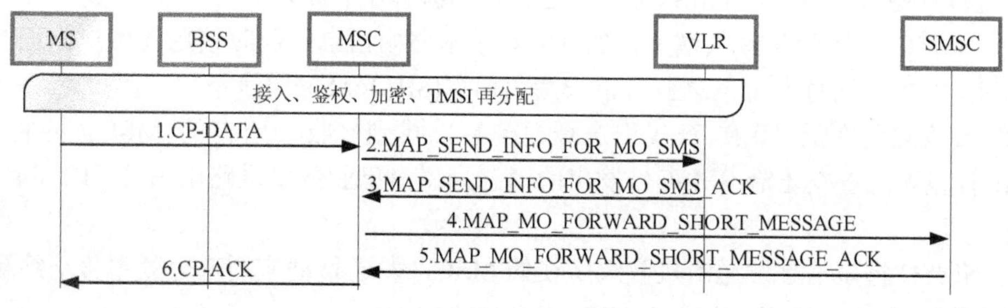

图 6-36　短信始发信令流程

短信的始发前要进行接入、鉴权、加密和 TMSI 再分配，这里略去这些步骤。

(1) 始发短消息，发送移动数据业务内容提供商数据(CP-DATA)信令，即发送短信内容给 MSC。

(2) MAC 向 VLR 发送信息，信息内容是移动应用部分发送由移动台发起的短消息业务(MAP_SEND_INFO_FOR_MO_SMS)信令。

(3) VLR 回复移动应用部分发送由移动台发起的短消息业务的确认消息(MAP_SEND_INFO_FOR_MO_SMS_ACK)信令。

(4) MSC 将这个短消息发送给短消息业务中心(SMSC)，发送移动应用部分处理由移动台发起转发的短消息(MAP_MO_FORWARD_SHORT_MESSAGE)信令。

(5) SMSC 回复给 VLR 移动应用部分处理由移动台发起转发的短消息的确认消息(MAP_MO_FORWARD_SHORT_MESSAGE_ACK)信令。

(6) 最终移动台会收到移动数据业务内容提供商数据确认消息(CP-ACK)信令。

6.6.2 短信终结流程

短信终结流程由短消息中心发起，首先到被叫用户归属的 HLR 取被叫用户所在的 MSC/VLR 号码，然后将短信转发到对应的 MSC/VLR，随后 MSC/VLR 发起寻呼流程/被叫接入流程，将短信发送到被叫用户。短信终结流程如图 6-37 所示。

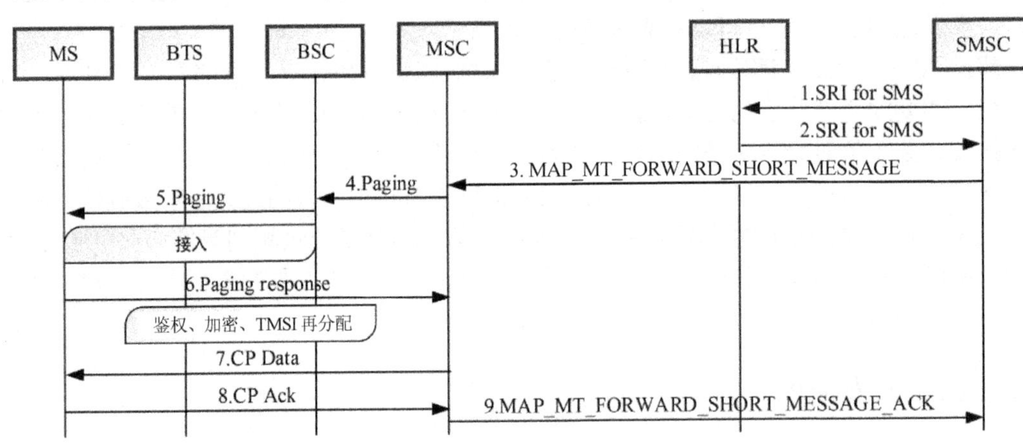

图 6-37 短信终结流程

短信终结流程是从短消息业务中心(SMSC)处理一条待转发短信息开始的，中间涉及的接入过程和鉴权、加密、TMSI 再分配过程在本流程中省略。

(1) SMSC 向短消息接收端所在的 HLR 请求路由消息，此时使用的用户标记方式是 MSISDN，发出的消息为短消息业务请求路由信息(SRI for SMS)信令。

(2) 接收端所在的 HLR 查找用户登记信息，找到接收端所在的 MSC，并将 MSC Number 打包消息重发还给 SMSC，发出的消息为短消息业务发送路由信息(SRI for SMS)信令。

(3) SMSC 将短消息发送给接收端所在的 MSC，发送移动应用部分处理移动终端转发的短消息(MAP_MT_FORWARD_SHORT_MESSAGE)信令。

(4) MSC 开始寻找接收端，发起寻呼(Paging)。

(5) SC 收到寻呼命令后，给接收端可能出现的区域所有移动台发送寻呼(Paging)信令。

(6) 接收端发现寻呼的是它自己，会向 MSC 发送寻呼响应(Paging response)。

(7) MAC 发送移动数据业务内容提供商数据(CP-DATA)信令，将短信息发送给接收端。

(8) 移动台会回复移动数据业务内容提供商数据确认消息(CP-Ack)信令。

(9) MSC 发送确认信息给 SMSC，内容为移动应用部分处理移动终端转发的短消息确认(MAP_MT_FORWARD_SHORT_MESSAGE)信令。

6.7 切换流程

切换

6.7.1 切换的原因

当用户从一个小区移至另一个小区时，必须要建立与目标小区的新连接，并释放与旧的小区的连接。

执行切换有两个原因：

(1) 由于测量结果引起的切换。当无线电信号的质量或强度下降以至低于 BSC 规定的参数值时执行切换。信号的衰减由不间断的信号测量探测到，该测量由移动台和 BTS 两方面完成。因此，连接将被切换至另一个信号更强的小区。

(2) 由于话务量的原因引起的切换。当小区的通信量已达到或接近达到它的最大值时执行切换。这种的情况下，小区边缘的移动台就可能被切换至具有较小话务量的相邻小区。

切换由 BSC 根据管理标准在检测到无线传输原因时执行切换判决。

MS 测量周围邻近小区下行信号的电平和质量，以搜寻可供选择的 BTS，并将结果报告正在服务的 BTS；正在服务的 BTS 对 MS 上行信号的电平、质量和距离进行测量；将 MS 测量结果与 BTS 测量结果送往 BSC 进行处理，BSC 根据传输质量标准作出切换判决。

6.7.2 切换类型

切换从 BSC 的角度看可以分为内部切换和外部切换。

内部切换就是由 BSS 控制进行，MSC 不参与切换控制过程，BSS 仅在切换完成后发送“切换完成消息”到 MSC。内部切换有小区切换(同一个无线频道的话务信道之间，不同的无线频道之间)和同基站内小区之间的切换两种。

外部切换(MSC 参与控制切换过程)，有同一 MSC 内不同 BSC 的基站间的切换，同 PLMN 不同 MSC 的基站间的切换，不同 PLMN 的基站间的切换等。

1. 小区内 BSC 内切换

最小的切换是小区内切换，即在同一小区内，用户的话务信道切换至另一信道(通常为另一频段)。在这一情况下，控制小区的 BSC 作出执行切换的决定。

2. 小区间 BSC 内切换

用户从小区 1 移至小区 2，这种情况切换过程由 BSC 控制。当 BSC 成功地建立了与小区 2 的连接后，与小区 1 的通信连接就被释放，如图 6-38 所示。

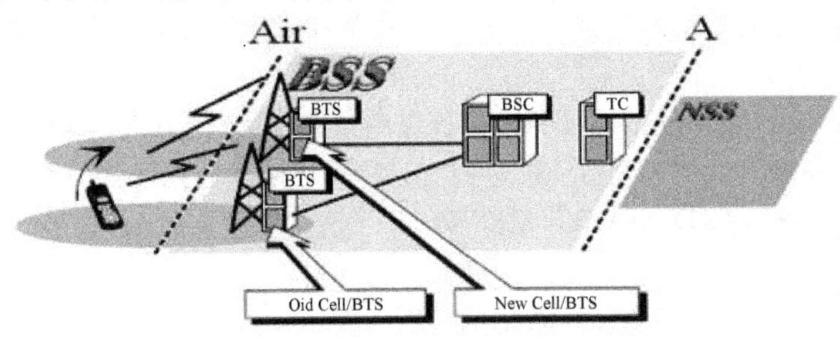

图 6-38 小区间 BSC 内切换示意图

3. 小区间 BSC 间切换

用户从小区 2 移至小区 3，该小区属于另一个 BSC。在这种情况下，切换过程由 MSC 执行，但是仍由第一个 BSC 作出切换决定。当与新的 BSC(和 BTS)成功地建立连接时，与第一个 BSC 的连接就被释放，如图 6-39 所示。

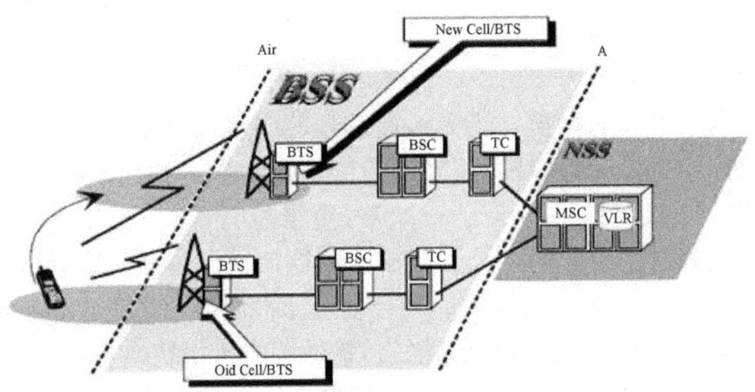

图 6-39 小区间 BSC 间的切换示意图

同一 MSC 的 BSC 间的切换演示流程如图 6-40 所示。属于同一 MSC 区的两个基站子系统 BSS-A 和 BSS-B 相邻，MS 在两个基站子系统间切换。

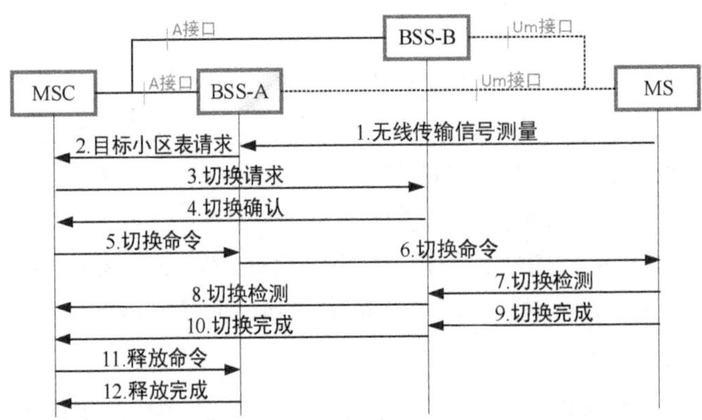

图 6-40 同一 MSC 的 BSC 间的切换演示流程

(1) MS 通过无线传输信号测量，发现 BSS-A 的信号变弱达到临界，向 BSS-A 进行通告。

(2) BSS-A 向 MSC 申请查询目标小区表，发送目标小区表请求消息(HAND OVER REQUIRED)。

(3) MSC 通过查询目标小区表，判断 BSS-B 为适合的切换目标，向 BSS-B 发送切换请求命令(HAND OVER REQUEST)，命令中包含 PCM 和信道类型(Channel Type)。

(4) BSS-B 验证本区域具备切换条件，向 MSC 发送切换确认告知(HAND OVER REQUEST ACK NOWLEDGE)消息，参数中的 L3 信息携带了无线接口上的切换命令消息，它包含 New TCH 号做为切换参考号。

(5) MSC 向 BSS-A 发送切换命令(HAND OVER COMMAND)，包含目标通道(Target channel)，并携带了无线接口上的切换命令消息。

(6) BSS-A 向 MS 发送切换命令(HAND OVER COMMAND)，该命令为无线接口消息，包含了 New TCH 号和切换参考号，通过原 BSS 通知 MS 转到新的信道。

(7) MS 向 BSS-B 发送切换检测信令(HAND OVER DETECT)。

(8) BSS-B 确认切换检测后向 MSC 发送切换检测消息(HAND OVER DETECT)，通告进入切换流程。

(9) MS 向 BSS-B 发送切换完成信令(HAND OVER COMPLETE)，表示该 MS 进入目标小区。

(10) BSS-B 向 MSC 发送切换完成信令(HAND OVER COMPLETE)。

(11) MSC 向 BSS-A 发送释放命令(CLEAR COMMAND)，释放相应资源。

(12) BSS-A 释放完成后，发送释放完成命令(CLEAR COMPLETE)。

4. 不同 MSC 的基站间的切换

用户从一个 MSC/VLR 控制的小区移至另一个 MSC/VLR 控制的小区，这种情况更加复杂。考虑到第一个 MSC/VLR 通过 PSTN 线路的链路连到 GMSC，很显然第二个 MSC/VLR 不能完全代替第一个 MSC/VLR。当前服务于用户的 MSC/VLR 联系目标 MSC，话务连接转接至目标 MSC/VLR。当两个 MSC 属于同一网络时，连接可以顺利地建立，如图 6-41 所示。

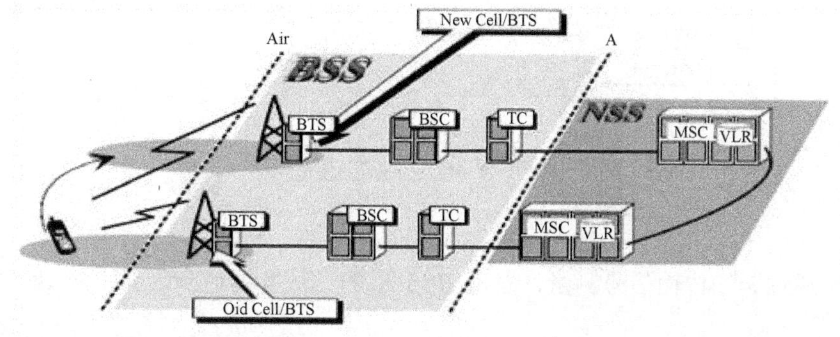

图 6-41　不同 MSC 的基站间切换示意图

同 PLMN 不同 MSC 的基站间的切换分为基本切换和后续切换，如图 6-42 所示。

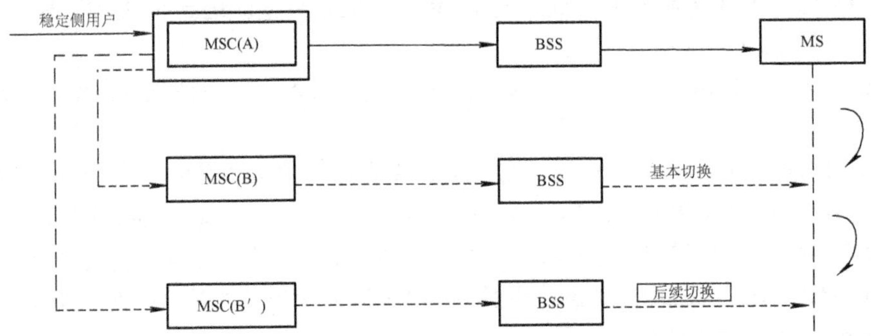

图 6-42　基本切换和后续切换示意图

基本切换：最初的 MSC(MSCA)的移动用户 MS 需要切换到另一个 MSC(MSCB)的基站去。

后续切换：同一个接续在基本切换之后，已在 MSCB 的 MS 又需切换到另一个 MSC(MSCB)或重新返回到 MSCA。

注意：无论是基本切换还是后续切换，MSCA 始终处于主控位置。

同 PLMN 不同 MSC 的基站间的切换流程如图 6-43 所示。

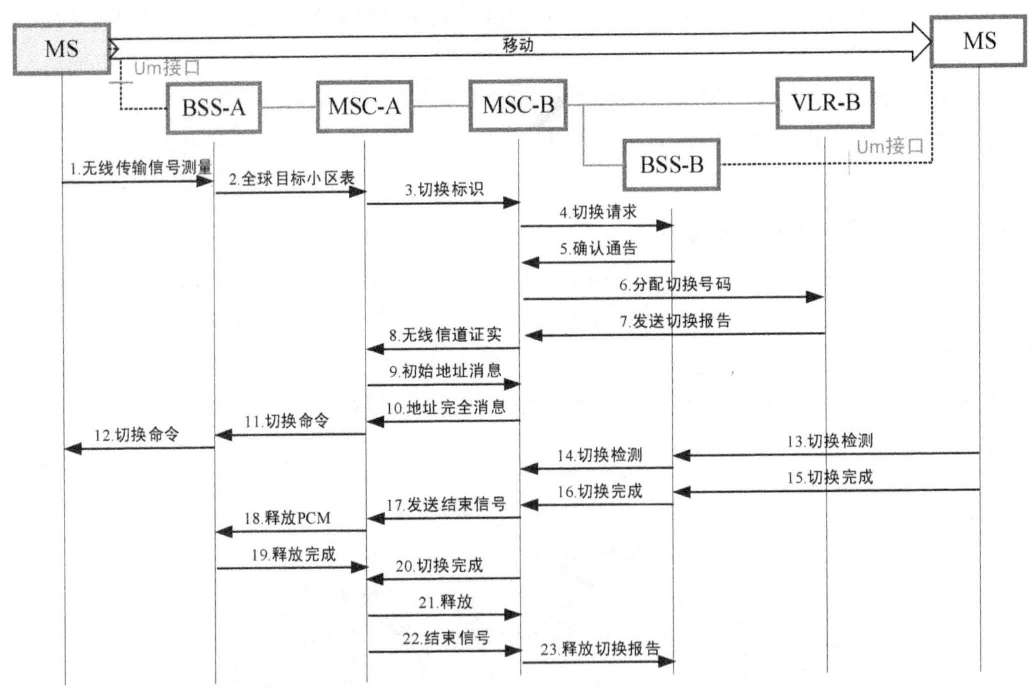

图 6-43　同 PLMN 不同 MSC 的基站间的切换流程

(1) MS 通过无线传输信号测量，发现 BSS-A 的信号变弱达到临界，向 BSS-A 进行通告。

(2) BSS-A 向 MSC-A 申请查询全球目标小区表，发送全球目标小区表请求消息(HANDOVER REQUIRED)。

(3) MSC-A 通过查询全球目标小区表，判断 MSC-B 中包含适合的切换目标，向

MSC-B 发送切换标识命令(PerformHAND OVER REQUEST)，命令中包含全球目标小区标识、全球服务小区标识和信道类型。

(4) MSC-B 收到切换标识消息后，根据标识向对应的 BSS-B 发送切换请求(HAND OVER REQUEST)，命令中包含 PCM 和信道类型(Channel Type)。

(5) BSS-B 验证本区域具备切换条件，向 MSC-B 发送切换确认告知(HAND OVER REQUEST ACK NOWLEDGE)消息，参数中的 L3 信息携带了无线接口上的切换命令消息，它包含 New TCH 号做为切换参考号。

(6) MSC-B 向 VLR-B 分配切换号码(Allocation Hand Over Number)。

(7) VLR-B 发送切换报告(Send Hand Over Report)。

(8) MSC-B 向 MSC-A 发送无线信道证实消息(Radio Channel Ack)，包含 New TCH 和 HON。

(9) MSC-A 向 MSC-B 请求初始地址消息(IAM)。

(10) MSC-B 回复地址完全消息(ACM)。

(11) MSC-A 向 BSS-A 发送切换命令(HAND OVER COMMAND)，包含目标通道(Target channel)，并携带了无线接口上的切换命令消息。

(12) BSS-A 向 MS 发送切换命令(HAND OVER COMMAND)，该命令为无线接口消息，包含了 New TCH 号和切换参考号，通过原 BSS 通知 MS 转到新的信道。

(13) MS 向 BSS-B 发送切换检测信令(HAND OVER DETECT)。

(14) BSS-B 确认切换检测后向 MSC-B 发送切换检测消息(HAND OVER DETECT)，通告进入切换流程。

(15) MS 向 BSS-B 发送切换完成信令(HAND OVER COMPLETE)，表示该 MS 进入目标小区。

(16) BSS-B 向 MSC-B 发送切换完成信令(HAND OVER COMPLETE)。

(17) MSC-B 向 MSC-A 发送结束信号。

(18) MSC-A 向 BSS-A 发送释放 PCM 命令(CLEAR COMMAND)。

(19) BSS-A 释放后发送释放完成命令(CLEAR COMPLETE)。

(20) 切换完成，MSC-B 向 MSC-A 通告释放两者之间的资源。

(21) MSC-A 释放 TUP/ISUP 资源。

(22) MSC-A 回复结束信号。

(23) MSC-B 向 BSS-B 发送释放切换报告(HAND OVER Report)。

本章小结

本章介绍了立即指配流程、无线链路建立流程、鉴权和寻呼流程、位置更新流程、语音呼叫流程、短信流程和切换流程。

通过本章的学习，读者应了解位置更新涉及的网元和参数及各网元间参数交互的流程；掌握鉴权的过程和相关参数的作用，鉴权过程中各网元的作用和相关动作；掌握主叫流程中主叫话路和信令的建立过程，被叫流程中被叫话路和信令建立过程；理解短消息终结流程中取被叫路由消息和语音呼叫的区别；理解切换流程中 MS、BSC、MSC 的各自动作和功能。

思政

“建用研”并举 5G 价值加速兑现(节选)

来源：人民邮电报

推动数字经济和实体经济融合发展，要把握数字化、网络化、智能化方向，以 5G 为代表的新一代信息技术在其中扮演了引领者的关键角色。2023 年是我国 5G 商用四周年，在政府相关部门和产业各方的扎实努力下，我国 5G 实现了建、用、研协同发展，成效斐然——网络基础不断夯实、用户规模持续扩大、赋能作用不断凸显、产业能力不断提升。

近日，工信部发布《2023 年 5G 工厂名录》，300 个项目榜上有名。从无到有，从少到多，从弱到强，我国在加快推进“5G+工业互联网”创新发展、推动 5G 工厂建设、打造 5G 工厂中国品牌方面取得积极成效。

如今，引入智能制造系统，中药制剂生产实现全流程质量追溯；通过工业互联网平台，炼钢加料、调温等工序可以自动精准完成；在 5G 高速通信模式下，工作人员坐在智能车间中控室里就可以用摇杆和按钮完成放矿作业……5G 已经由生产现场监测、厂区智能物流等辅助环节，深入远程设备操控、设备协同作业等核心控制环节，赋能作用持续显现。数据显示，全国已有超 8000 个“5G+工业互联网”项目正在深入实施。

事实上，不仅是工业领域，5G 已融入 67 个国民经济大类，在矿业、电力、港口、农业、医疗、教育、文旅、民生等领域，5G 正发挥着越来越重要的作用，全国 5G 应用案例数已由 2022 年年初的 2 万个迅速增加到目前的超 9.4 万个。河南平煤神马(中国平煤神马集团)的 5G 智慧煤矿、济南莱芜杨庄镇的 5G 智慧农场、新疆阿勒泰的 5G 智慧牧场、广西南宁的 5G 医疗专网、西藏所有 7 个地市的 5G 智慧教育……5G 在各地区与垂直行业深度融合，实现从“样板间”到“商品房”的转变，不断为经济社会高质量发展和人民生活水平持续提升贡献数智力量。

2023 年是《5G 应用“扬帆”行动计划(2021—2023 年)》的收官之年，据不完全统计，全国各地共出台相关政策举措 900 余个，在政策红利持续释放下，我国 5G 应用创新发展有望取得更加积极的成效。

附录 1 术语缩写对应表

英文缩写	英文全称	中文含义
16QAM	16 Quadrature Amplitude Modulation	16 正交幅度调制
2G	The Second Generation	第二代(移动通信系统)
3G	The Third Generation	第三代(移动通信系统)
3GPP	3rd Generation Partnership Project	第三代移动通信标准化伙伴项目
4G	The Fourth Generation	第四代(移动通信系统)
5G	The Fifth Generation	第五代(移动通信系统)
64QAM	64 Quadrature Amplitude Modulation	64 正交幅度调制
AAA	Authentication Authorization and Accounting	认证、鉴权和计费
AB	Access Burst	接入突发脉冲序列
ACK	Acknowledgement	确认
ADPCM	Adaptive Differential Pulse Code Modulation	自适应差分脉冲编码调制
AGCH	Access Grant Channel	准予接入信道
AI	Artificial Intelligence	人工智能
AOC	Advice of Charge	计费提示业务
APC	Adaptive Predictive Coding	自适应预测编码
AR	Augmented Reality	增强现实
ARQ	Automatic Repeat Request	自动重传请求
ATC	Adaptive Transform Coding	自适应变换编码
AUC	AUthentication Center	鉴权中心
BAIC	Barring of All Ingoing Calls	闭锁呼入呼叫
BAOC	Barring of All Outgoing Calls	闭锁所有呼出呼叫
BCCH	Broadcast Control Channel	广播控制信道
BCH	Broadcast Channel	广播信道
BIC-Roam	Barring of All Ingoing Calls When Roaming Outside Home Country	漫游时闭锁呼入呼叫
BOIC	Barring of All Outgoing International Calls	闭锁国际呼出
BOIC-exHC	Barring of All Outgoing International Calls Except Home PLMN Country	闭锁国际呼出，归属 PLMN 除外
BSC	Base Station Controller	基站控制器

续表一

英文缩写	英文全称	中文含义
BSIC	Base Station Identity Code	基站识别码
BSS	Base Station Subsystem	基站子系统
BSSMAP	Base Station Subsystem Manageement Application Part	基站子系统管理应用部分
BTS	Base Transceive Station	基站收发信台
Call back	call diversion Services	遇忙回叫
CAMEL	Customised Applications for Mobile network Enhanced Logic	移动网络增强逻辑的定制应用程序
CBCH	Cell Broadcast Channel	小区广播控制信道
CC	Call Control	呼叫控制
CCCH	Common Control Channel	公共控制信道
CCE	Control Channel Element	控制信元
CCH	Control Channel	控制信道
CCIR	Consulatative Committee on International Radio	国际无线电咨询委员会(国际电信联盟分会)
CDMA	Code Division Multiple Access	码分多址
CFB	call forwarding on mobile subscriber busy	被叫用户忙前转
CFNRc	call forwarding on mobile subscriber not reachable	被叫不可及前转
CFNRy	call forwarding on no reply	无应答前转
CFU	call forwarding unconditional	无条件前转
CGI	Cell Global Identification	小区全球识别码
CI	Cell Identity	小区识别
CINR	Carrier-to-Interference and Noise Ratio	载干噪比
CM	Succession Management	接续管理
CPFSK	Continuous Phase Frequency Shift Keying	二进制连续相位 FSK
CPU	Central Processing Unit	中央处理器
CQI	Channel Quality Indication	信道质量指示
CRC	Cyclic Redundancy Check	循环冗余校验
CS	Circuit Switched	电路交换
CUG	Closed user group	闭合用户群业务
CVSDM	Continuously variable slope delta modulation	连续可变斜率增量调制
CW	call waiting	呼叫等待

续表二

英文缩写	英文全称	中文含义
DAM	Diagnostic Acceptability Measure	判断满意度得分
DB	Dummy Burst	空闲突发脉冲序列
DCCH	Dedicated Control Channel	专用控制信道
DCS	Digital Cellular Service	数字蜂窝业务
DCS1800	Digital Cellular System at 1800 MHz	1800 MHz 数字蜂窝系统
DL	Downlink	下行
DM	Delta Modulation	增量调制
DPCM	Differential pulse-code modulation	差分脉冲编码调制
DPPS	Data post-Processing System	数据后处理系统
DRX	Discontinuous Reception	非连续性接收
DTAP	Direct Transfer Application Part	直接转移应用部分
DTX	Discontinuous Transmission	非连续性发射
EARFCN	E-UTRA Absolute Radio Frequency Channel Number	E-UTRA 绝对无线频率信道号
EFR	Enhanced Full Rate	增强型全速率
EGSM900	Extended Global System for Mobile at 900 MHz	900 MHz 增强型全球移动通信系统
eMBB	Enhanced Mobile Broadband	增强移动宽带
FACCH	Fast Associated Control CHannel	快速随路控制信道
FB	Frequency Correction Burst	频率校正突发脉冲序列
FCCH	Frequency Correction Channel	频率校正信道
FDD	Frequency Division Duplex	频分双工
FDM	Frequency Division Multiplexing	频分多路复用
FDMA	Frequency Division Multiple Access	频分多址
FEC	Forward Error Correction	前向纠错
FFSK	FastFrequency–ShiftKeying	快速频移键控
FN	Frame Number	帧号
FPLMTS	Future Public Land Mobile Telecommunications System	未来公众陆地移动通信系统
FR	Full Rate	全速率
FTP	File Transport Protocol	文件传输协议
GMSC	Gateway Mobile Switching Center	网关移动业务交换中心

续表三

英文缩写	英文全称	中文含义
GMSK	Gaussian Filtered Minimum Shift Keying	高斯最小频移键控
GP	Guard Period	保护间隔
GPRS	General Packet Radio System	通用分组无线系统
GSM	Global System for Mobile communication	全球移动通信系统
GSMA	GSM Association	GSM 协会
HARQ	Hybrid Automatic Repeat Request	混合自动重传请求
HLR	Home Location Register	归属用户位置寄存器
HPLMN	Home PLMN	归属 PLMN
HR	Half Rate	半速率
HSS	Home Subscriber Server	归属用户服务器
HTTP	Hyper Text Transport Protocol	超文本传输协议
IDMA	Interleaving Division Multiple Access	基于交织器的交织分割多址接入
IMEI	International Mobile Equipment Identity	国际移动设备识别码
IMSI	International Mobile Subscriber Identification Number	国际移动用户识别码
IMT Advanced	International Mobile Telecommunications Advanced	国际移动通信 Advanced
IMT-2000	International Mobile Telecommunications - 2000	国际移动通信-2000
INAP	Intelligent Network Application Protocol	智能网应用部分
IP	Internet Protocol	因特网协议
ISDN	Integrated Services Digital Network	综合业务数字网
ISI	Inter Symbol Interference	符号间干扰
ISO	International Organization for Standardization	国际标准化组织
ISUP	ISDN User Part	ISDN 用户部分
ITU	International Telecommunication Union	国际电信联盟
ITU-R	Radiocommunication Sector of International Telecommunication Union	国际电信联盟无线委员会
LAC	Location Area Code	位置区号
LAI	Location Area Identity	位置区识别码
LAP-D	Link Access Protocol on the Dchannel	D 信道链路接入协议
LPC	Linear Predictive Coding	线性预测编码
LTP	Long Term Prediction	长期预测器

续表四

英文缩写	英文全称	中文含义
MAC	Medium Access Control	媒质接入控制
MAP	Mobile Application Part	移动应用部分
MIMO	Multiple Input Multiple Output	多入多出
MM	Mobility Management	移动性管理
MME	Mobility Management Entity	移动性管理实体
mMTC	massive Machine Type Communication	大规模机器通信
MOS	Mean Opinion Score	平均意见得分
MRC	Maximum Ratio Combining	最大比合并
MS	Mobile Station	移动台
MSC	Mobile Switching Center	移动业务交换中心
MSISDN	The Mobile Station ISDN number	移动台国际用户识别码
MSK	Minimum Shift Keying	最小频移键控
MSRN	Mobile Station Roaming Number	移动台漫游号码
MTP	Message Transfer Part	信息传递部分
NACK	Negative Acknowledgement	非确认
NB	Normal Burst	普通突发脉冲序列
NMC	Network Management Center	网络管理中心
NOMA	Non-Orthogonal Multiple Access	非正交多址接入
NSA	Non Stand Alone	非独立组网
NSS	Network Support System	网络子系统
OMA	Orthogonal Multiple Access	正交多址接入
OMC	Operation and Maintenance Center	操作维护中心
OSI	Open System Interconnection	开放系统互连
OSS	Operation Support System	操作支持子系统
PCH	Paging Channel	寻呼信道
PCM	pulse code modulation	脉冲编码调制
PCS	Personal Identification Card Service	用户识别卡个人化中心
PCS1900	Personal Communications Service at 1900 MHz	1900 MHz 私人通信系统
PDCP	Packet Data Convergence Protocol	分组数据汇聚协议
PDMA	Pattern Division Multiple Access	基于稀疏扩频的图样分割多址接入
PDN	Packet Data Network	分组数据网

续表五

英文缩写	英文全称	中文含义
PDN	Public Data Network	公用数据网
PD-NOMA	Power Division based NOMA	基于功率分配的 NOMA
PF	Paging Frame	寻呼帧
PHY	Physical Layer	物理层
PLMN	Public Land Mobile Network	公共陆地移动网
PS	Packet Switched	分组交换
PSTN	Public Switched Telephone Network	公共交换电话网络
PTT	Push To Talk	按—讲
QAM	Quadrature Amplitude Modulation	正交幅度调制
QCI	QoS Class Identifier	业务质量级别标识
QoS	Quality of Service	业务质量
RA	Random Access	随机接入
RACH	Random Access Channel	随机接入信道
RAM	Random Access Memory	随机存取存储器
RB	Radio Bearer	无线承载
REFP	Linear prediction of baseband Remainder Excitation	基带余数激励线性预测
RF	Radio Frequency	射频
RFN	Reduce the Frame Number	缩减帧号
RFU	Radio Frequency Unit	射频单元
ROM	read only memory	只读存储器
RPE-LTP	Regular Pulse Excitation-Long Term Prediction	规则脉冲激励—长时预测编码
RR	Radio Resource management	无线资源管理
RSMA	Resource Spread Multiple Access	基于扰码的资源扩展多址接入
RTT	Round-Trip Time	往返时延
SA	Stand Alone	独立组网
SABM	Set Asynchronous Balance Mode	设置异步平衡模式
SACCH	Slow Associated Control CHannel	慢速随路控制信道
SB	Synchronization Burst	同步突发脉冲序列
SBC	Sub-band coding	子带编码
SCCP	Signaling Connection Control Part	信令连接控制部分

续表六

英文缩写	英文全称	中文含义
SCCP	Signal Connection Control Protocol	信令连接控制协议
SCH	Signalling　Channel	信令信道
SCH	Synchronization Channel	同步信道
SCH	Synchronization Signal	同步信号
SCMA	Sparse Code Multiple Access	稀疏码多址接入
SCF	Service Control Function	服务控制功能
SCTP	Stream Control Transmission Protocol	流控制传输协议
SDCCH	Stand-Alone Dedicated Control Channel	独立专用控制信道
SEMC	SEcurity Management Center	安全性管理中心
SFN	System Frame Number	系统帧号
SIB	System Information Block	系统消息块
SIC	Successive Interference Cancellation	串行干扰消除
SIM	Subscriber Identity Module	用户识别模块
SINR	Signal-to-Interference and Noise Ratio	信干噪比
SM	Sub-Multiplexing device	子复用设备
SMS	Short Message Service	短消息业务管理
SMSC	Short Message Service Center	短消息业务中心
SNR	Signal to Noise Ratio	信噪比
SP	signaling point	信令点
SP	service provider	业务提供商
S-P	Serial to Parallel	串并转换
SRB	Signaling Radio Bearer	信令无线承载
SRES	Signed Response	符号响应
SRF	Specialized Resource Functions	专用资源功能
SS	Supplementary Services	补充业务管理
SS7	Signaling System 7	7 号信令系统
SSF	Service Switch Function	服务开关功能
STEP	Signaling Transfer and End Point	信令转/端接点(综合信令点)
STP	signaling transfer point	信令转接点
TAC	Tracking Area Code	跟踪区码
TAI	Tracking Area Identity	跟踪区标识

续表七

英文缩写	英文全称	中文含义
TC	Transcoder	码变换器
TCAP	Transaction Capabilities Application Part	事务处理应用部分
TCH	Traffic Channel	业务信道
TDD	Time Division Duplex	时分双工
TDM	Time Division Multiplexing	时分多路复用
TDMA	Time Division Multiple Access	时分多址
TD-SCDMA	Time Division Synchronous CDMA	时分同步码分多址
TM	Transparent Mode	透明模式
TMSI	Temporary Mobile Subscriber Identification Number	临时移动用户识别码
TN	Time Slot Number	时隙号码
TRX	Transceiver	收发信机
TUP	Telephone User Part	电话用户部分
TX	Transmit	发送
UA	Unnumbered Ack	无编号包
UDP	User Datagram Protocol	用户数据报协议
UDPAP	User Datagram Protocol Application Part	用户数据报协议应用部分
UE	User Equipment	用户设备
UL	Uplink	上行
UM	Unacknowledged Mode	非确认模式
UMTS	Universal Mobile Telecommunications System	通用移动通信系统
uRLLC	ultra Reliable Low Latency Communication	超高可靠低时延通信
VAD	Voice Activity Detection	话音激活检测
VLR	Visitor Location Register	来访用户位置寄存器
VoIP	Voice over IP	IP 语音业务
VP	Video Phone	视频电话
VR	Virtual Reality	虚拟现实
VRB	Virtual Resource Block	虚拟资源块
WAP	Wireless Application Protocol	无线应用通讯协议
WCDMA	Wideband CDMA	宽带码分多址

附录 2　术语对应表

英文全称	中文含义
Basic Telecommunication Services	基本电信业务
Bearer Services	承载业务
Burst	突发脉冲序列
Call completion Services	呼叫完成类业务
call hold	呼叫保持
Call offering Services	呼叫前转业务
Call restriction Services	呼叫闭锁业务
calling line identification presentation	主叫号码显示业务
calling line identification restriction	主叫号码隐藏业务
Carrier Signal	载波信号
channel associated signaling	随路信令
common channel signaling	共路信令
Frame	帧
Frequency Slot	频隙
GSM Basic Telecommunication Services	GSM 附加业务
Hot billing	热线计费
Logical Channel	逻辑信道
Multi-party service	多方通话业务
NON-GSM BasicTelecommunication Services	非 GSM 附加业务
Number identification Services	号码识别业务
Physical Channel	物理信道
Radio Frequency Channel	无线频道
signaling link	信令链路
Supplementary Services	附加业务
Telecommunication Services	电信业务
Wireless Communication	无线通信

参 考 文 献

[1] ANDREAS F MOLISCH 著. 田斌，贴翊，任光亮，译. 无线通信. [M]北京：电子工业出版社，2008.

[2] 吕红卫，冯征，吴成林，等. 核心网架构与关键技术[M]. 北京：人民邮电出版社，2016.

[3] 高鹏，陈崴嵬，曾沂粲，等. 无线通信技术与网络规划实践[M]. 北京：人民邮电出版社：2016.

[4] 石明卫，莎柯雪，刘原华. 无线通信原理与应用[M]. 北京：人民邮电出版社，2014.

[5] 邢小琴. 高速铁路 GSM-R 网络检测/监测数据分析关键技术研究[D]. 中国铁道科学研究院，2014.

[6] 吴端坡. GSM-R 多普勒效应与切换掉话分析及车载分析系统研究[D]. 浙江大学，2014.

[7] YD/T 2100-2010，基于 GSM 技术的数字集群系统总体技术要求[S].

[8] YD/T 2101-2010，基于 GSM 技术的数字集群系统接口技术要求 BSS 与核心网间接口[S].

[9] YD/T 2103-2010，基于 GSM 技术的数字集群系统接口技术要求 空中接口[S].

[10] YD/T 2105-2010，基于 GSM 技术的数字集群系统接口技术要求 网络子系统接口[S].

[11] YD/T 2107-2010，基于 GSM 技术的数字集群系统设备技术要求 调度子系统[S].

[12] YD/T 2109-2010，基于 GSM 技术的数字集群系统设备技术要求 基站子系统[S].

[13] YD/T 2111-2010，基于 GSM 技术的数字集群系统设备技术要求 网络子系统[S].

[14] YD/T 2113-2010，基于 GSM 技术的数字集群系统设备技术要求 移动台[S].